普通高等教育“十二五”规划教材

现代生物仪器分析

聂永心　主编

化学工业出版社

·北京·

现代生物仪器分析是一个崭新而年轻的领域，它是与生物学、电子学、计算机科学、现代信息技术科学交叉发展而产生的新领域。考虑到生命科学的特殊性和篇幅的限制，重点介绍在生物科学中应用非常广泛的仪器分析方法，全书共分 16 章，内容包括：在生物科学领域常用的四大谱学——紫外光谱、红外光谱、核磁共振和生物质谱；现代生物样品分离技术——离心、电泳、气相色谱、高效液相色谱和毛细管电泳等；生物材料中元素分析技术——原子发射光谱和原子吸收光谱等；生物电子显微技术——透射电子显微技术和扫描电子显微技术。另根据生物样品分析的特殊需要，专辟章节介绍生物样品前处理技术。

本书可作为高等农、林院校农林生物类各专业本科生教材，也可作为食品、药学、环境、医学等相关专业学生的参考教材。

图书在版编目（CIP）数据

现代生物仪器分析/聂永心主编. —北京：化学工业出版社，2014.4 （2025.1重印）

普通高等教育“十二五”规划教材

ISBN 978-7-122-19849-5

Ⅰ. 现… Ⅱ. ①聂… Ⅲ. ①生物分析-仪器分析-高等学校-教材 Ⅳ. ①Q-33②O657

中国版本图书馆 CIP 数据核字（2014）第 033180 号

责任编辑：赵玉清　周　旭　　文字编辑：魏　巍

责任校对：顾淑云　王　静　　装帧设计：尹琳琳

出版发行：化学工业出版社（北京市东城区青年湖南街 13 号　邮政编码 100011）

印　　装：河北延风印务有限公司

787mm×1092mm　1/16　印张 14　字数 349　千字　2025 年 1 月北京第 1 版第 9 次印刷

购书咨询：010-64518888　　售后服务：010-64518899

网　　址：http：//www. cip. com. cn

凡购买本书，如有缺损质量问题，本社销售中心负责调换。

定　　价：32.00 元

《现代生物仪器分析》编写人员名单

主　　编： 聂永心

副 主 编： 陈长宝　林爱华　姜红霞　刘学春　张　坤

参编人员：（按姓名汉语拼音排列）

柴　委（枣庄职业学院）

陈长宝（山东农业大学）

崔英杰（泰山医学院）

冯　蕾（泰山医学院）

冀海伟（泰山医学院）

姜红霞（泰山医学院）

李　祥（山东农业大学）

林爱华（中南民族大学）

刘彬彬（山东农业大学）

刘学春（山东农业大学）

聂永心（山东农业大学）

杨冬芝（徐州医学院）

张　坤（山东农业大学）

赵燕熹（中南民族大学）

朱元娜（济南大学）

前　言

生命科学的发展总是与分析技术的进步密切相关，比如诞生于20世纪80年代的生物质谱技术，为当今功能基因组——蛋白质组的研究奠定了基础。随着科学技术的不断进步，各种高灵敏度、高选择性、自动化的分析仪器以及相关的新技术、新方法不断涌现，必将极大地加速生命科学基础研究和应用研究的发展，因此熟练掌握和使用生物仪器分析技术逐渐成为从事生命科学研究人员必备的技能。

本书从生命科学工作者的角度，简明扼要地讲授生物仪器的测定原理、基本结构及其用途。本书尽量避免一般仪器分析教程中常有的仪器发展沿革、冗长的公式推导、过细的操作步骤以及仪器运行等的介绍，突出现代分析仪器及相关技术的最新进展，强调在生物科学研究中的应用与举例，同时兼顾农林生物类专业前续课程内容的连续性和后续课程内容的延续性，避免内容重复，是一本特色鲜明的参考书。希望生物类专业的学生及相关科研人员通过本书的学习，了解现代仪器分析的基本原理和应用，特别是仪器分析技术在生命科学研究中的关键作用、所产生的重要突破以及对未来生命科学研究可能带来的影响，为其他相关学科的学习和今后的科学研究奠定基础。

本书作者由在仪器分析及生物、医学应用研究领域有较丰富经验的研究人员及长期从事本课程教学的教师组成：第一章（聂永心）；第二章（姜红霞）；第三章（姜红霞、杨冬芝）；第四章（姜红霞、崔英杰）；第五章（聂永心、冯蕾）；第六章（聂永心、冀海伟）；第七章（聂永心、刘彬彬）；第八章（陈长宝）；第九章（陈长宝、朱元娜）；第十章（林爱华、赵燕熹）；第十一章（张坤）；第十二章（张坤、柴委）；第十三章（林爱华、赵燕熹）；第十四章（聂永心、李祥）；第十五章（刘学春）；第十六章（刘学春）。

本书在编写过程中，参考了国内外出版的一些教材和著作，并引用了其中某些数据和图表，在此向有关作者表示衷心感谢。另外，本书的出版得到了山东农业大学名校工程项目的资助及生命科学学院领导的大力支持，在此表示衷心感谢。

本书由主编与副主编审稿、修改，最后由主编通读、定稿。由于编者水平有限，书中欠妥之处敬请读者批评指正。

编者

2014年1月

目　录

第一章　绪论 …… 1
第一节　仪器分析概述 …… 1
第二节　现代生物仪器的发展概况 …… 2
第三节　定量分析方法的评价指标 …… 4
思考题与习题 …… 7
第二章　生物样品分析前处理技术 …… 8
第一节　生物样品的预处理 …… 8
第二节　细胞的破碎 …… 10
第三节　生物样品的提取与纯化 …… 12
第四节　生物样品的浓缩、干燥和保存 …… 20
思考题与习题 …… 22
第三章　离心分离技术 …… 23
第一节　离心技术的基本原理 …… 23
第二节　离心机的主要结构和类型 …… 25
第三节　制备离心的分离方法 …… 27
第四节　离心技术在生物学研究中的应用 …… 31
思考题与习题 …… 31
第四章　电泳分离技术 …… 32
第一节　概述 …… 32
第二节　基本原理 …… 33
第三节　常用的电泳分析方法 …… 34
思考题与习题 …… 40
第五章　气相色谱分离技术 …… 41
第一节　概述 …… 41
第二节　色谱流出曲线及常用术语 …… 43
第三节　色谱分析的基本理论 …… 45
第四节　色谱定性和定量的方法 …… 49
第五节　气相色谱仪的结构 …… 52
第六节　气相色谱的固定相 …… 56
第七节　气相色谱分离条件的选择 …… 58
第八节　气相色谱法的应用 …… 60
思考题与习题 …… 61
第六章　高效液相色谱分离技术 …… 62
第一节　概述 …… 62
第二节　高效液相色谱仪的结构 …… 63
第三节　高效液相色谱的固定相和流动相 …… 67
第四节　高效液相色谱法的主要类型 …… 70
第五节　高效液相色谱法的应用 …… 72
思考题与习题 …… 73
第七章　毛细管电泳分离技术 …… 74
第一节　高效毛细管电泳的基本理论 …… 74
第二节　毛细管电泳仪的基本结构 …… 76
第三节　影响毛细管电泳的因素 …… 78
第四节　高效毛细管电泳的类型 …… 80
第五节　毛细管电泳的应用 …… 82
思考题与习题 …… 83
第八章　原子吸收光谱法 …… 84
第一节　基本原理 …… 84
第二节　原子吸收光谱仪的结构 …… 85
第三节　仪器分析方法 …… 89
第四节　生物样品的前处理 …… 90
思考题与习题 …… 90
第九章　原子发射光谱法 …… 92
第一节　概述 …… 92
第二节　基本原理 …… 93
第三节　原子发射光谱仪的结构 …… 96
第四节　仪器分析方法 …… 100
第五节　生物样品的前处理 …… 101
思考题与习题 …… 102
第十章　红外吸收光谱法 …… 103
第一节　红外吸收光谱基本原理 …… 104
第二节　红外光谱仪的基本构成 …… 110
第三节　试样处理与制备 …… 114
第四节　红外光谱图的分析 …… 115
第五节　红外光谱的应用 …… 117
思考题与习题 …… 118
第十一章　紫外-可见吸收光谱法 …… 119
第一节　基本原理 …… 119
第二节　紫外-可见吸收光谱仪的结构 …… 123
第三节　仪器分析方法 …… 126
第四节　生物样品的前处理 …… 127
思考题与习题 …… 128
第十二章　分子发光分析法 …… 129
第一节　分子荧光分析法 …… 129

第二节　分子磷光分析法 …………………… 135
第三节　化学发光分析法 …………………… 137
思考题与习题 ………………………………… 139
第十三章　核磁共振波谱法 ……………… 140
第一节　核磁共振的基本原理 ……………… 140
第二节　化学位移 …………………………… 143
第三节　自旋偶合和自旋裂分 ……………… 147
第四节　核磁共振波谱仪 …………………… 150
第五节　核磁共振波谱法的应用 …………… 153
第六节　其他核的核磁共振波谱简介 ……… 156
思考题与习题 ………………………………… 160
第十四章　质谱分析法 …………………… 162
第一节　质谱仪的工作原理及性能指标 …… 162
第二节　质谱仪的基本结构和分类 ………… 164
第三节　质谱中离子峰的类型及其裂解规律 …………………………………… 175
第四节　质谱分析的应用 …………………… 181
第五节　生物质谱技术及其应用 …………… 184
思考题与习题 ………………………………… 187
第十五章　透射电子显微技术 …………… 189
第一节　透射电子显微镜的基本原理 ……… 189
第二节　透射电子显微镜的结构 …………… 190
第三节　透射电子显微镜样品前处理 ……… 193
第四节　透射电子显微镜在生物科学中的应用 ………………………………… 202
思考题与习题 ………………………………… 203
第十六章　扫描电子显微技术 …………… 204
第一节　扫描电子显微镜的基本原理 ……… 204
第二节　扫描电子显微镜的结构 …………… 206
第三节　扫描电子显微镜样品前处理 ……… 207
第四节　负染色技术 ………………………… 209
第五节　扫描电子显微镜在生物科学中的应用 ………………………………… 216
思考题与习题 ………………………………… 217
参考文献 …………………………………… 218

第一章　绪　　论

科学仪器是科学技术发展的重要“工具”。著名科学家王大珩院士指出，“机器是改造世界的工具，仪器是认识世界的工具”。1992年诺贝尔化学奖获得者 R. R. Ernst 指出，“现代科学的进步越来越依靠尖端仪器的发展”。人类在科学技术上的重大成就和科学研究新领域的开辟，往往是以实验仪器和技术方法的突破为先导。从宇宙世界到基本粒子、从生命起源到人类自我认识等研究的重大突破越来越依赖于先进的科学仪器。据不完全统计，一个多世纪以来，诺贝尔自然科学奖项中，有68.4%的物理学奖、74.6%的化学奖和90%的生物医学奖的获奖成果是借助各种先进的科学仪器完成的。

生命科学的发展也总是与分析技术的进步相关联，X射线晶体衍射对DNA双螺旋结构的阐述奠定了现代分子生物学的基础，使人类对微观领域的认识迈出了决定性的一步。以阵列毛细管电泳和激光荧光技术为基础的大规模、自动化基因测序技术的问世，使20世纪生命科学领域最宏大的研究项目——人类基因组计划得以提前完成。诞生于20世纪80年代的生物质谱技术，为当今功能基因组——蛋白质组的研究奠定了基础。随着科学技术的不断进步，各种高灵敏度、高选择性、自动化的分析仪器以及相关的新技术、新方法不断涌现，必将极大地加速生命科学基础研究和应用研究的发展。

第一节　仪器分析概述

一、分析化学和仪器分析

分析化学是研究物质的组成、状态和结构的科学，它包括化学分析和仪器分析两大部分。化学分析是指利用化学反应和它的计量关系来确定被测物质的组成和含量的一类分析方法。测定时需使用化学试剂、天平和一些玻璃器皿。仪器分析是指采用比较复杂或特殊的仪器设备，通过测量物质的某些物理或物理化学性质的参数及其变化来获取物质的化学组成、成分含量及化学结构等信息的一类方法，测定时常常需要使用比较复杂的仪器。仪器分析和化学分析是分析化学相辅相成的两个重要组成部分。化学分析主要用于测定含量大于0.1%的常量组分，它是分析化学的基础；仪器分析具有准确、灵敏、快速、自动化程度高等特点，常用来测定含量很低的微、痕量组分，是分析化学发展的方向。

二、仪器分析的特点

与化学分析相比，仪器分析具有以下特点。

1. 灵敏度高，检出限低。样品用量由化学分析的毫升、毫克级降低到仪器分析的微克、微升级，甚至更低，适合于微量、痕量和超痕量成分的测定。

2. 选择性好。很多的仪器分析方法可以通过选择或调整测定条件，使共存的组分在测定时，相互间不产生干扰。

3. 操作简便，分析速度快，容易实现自动化。

4. 准确度高。相对标准偏差一般较小（许多仪器分析方法为2%左右），测定含量1×

10^{-9}～1×10^{-6}时的相对误差小于1%～10%。

5. 仪器分析法具有更广泛的用途。可用于成分分析，价态、状态及结构分析，在线分析等；而化学分析一般只能用于离线的成分分析。

6. 需要价格比较昂贵的专用仪器。

三、仪器分析方法的分类

仪器分析的方法根据用以测量的物质性质进行分类。通常包括：电化学分析法、光学分析法、色谱分析法、其他仪器分析法。

1. 电化学分析法（electrochemical analysis） 电化学分析法是根据物质在溶液中的电化学性质建立的一类分析方法，是以电讯号作为计量关系的一类方法，主要包括：电导分析法、电位分析法、库仑分析法、伏安分析法、极谱分析法等。

2. 光学分析法（optical analysis） 光学分析法是根据物质发射的电磁辐射或电磁辐射与物质相互作用而建立起来的一类分析化学方法，可分为光谱法和非光谱法。光谱法是基于物质与辐射能作用时，测量由物质内部发生量子化的能级之间的跃迁而产生的发射、吸收或散射辐射的波长和强度进行分析的方法。非光谱法是基于物质与辐射相互作用时，测量辐射的某些性质，如折射、散射、干涉、衍射、偏振等变化的分析方法。

光谱法可分为原子光谱法和分子光谱法。原子光谱法是由原子外层或内层电子能级的变化产生的，它的表现形式为线光谱。属于这类分析方法的有原子发射光谱法（AES）、原子吸收光谱法（AAS），原子荧光光谱法（AFS）、X射线荧光光谱法（XFS）等。分子光谱法是由分子中电子能级、振动和转动能级的变化产生的，表现形式为带光谱。属于这类分析方法的有紫外-可见分光光度法（UV-Vis），红外光谱法（IR），分子荧光光谱法（MFS）和分子磷光光谱法（MPS）等。

3. 色谱分析法（chromatographic analysis） 色谱分析法是利用混合物中的各组分在互不相溶的两相（固定相与流动相）中的吸附、分配、离子交换等性能方面的差异进行分离分析测定的一类分析方法。色谱分析法主要包括气相色谱法（GC）、高效液相色谱法（HPLC）、薄层色谱法（TLC）和离子色谱法（IC）等。此外，还有新近发展起来的超临界流体色谱（SFC）和毛细管电泳技术（CE），也属色谱分析的范畴。

4. 其他分析法 除以上三类分析方法外，还有利用热学、力学、声学、动力学等性质进行测定的仪器分析法。其中最主要的有：（1）质谱法（MS） 根据物质带电粒子的质荷比在电磁场作用下进行定性、定量和结构分析的方法；（2）热分析法 依据物质的质量、体积、热导、反应热等性质与温度之间的动态关系来进行分析的方法；（3）放射分析法 依据物质的放射性辐射来进行分析的方法，如同位素稀释法、中子活化分析法等。

第二节 现代生物仪器的发展概况

现代生物仪器分析是一个崭新而年轻的领域，它是与生物学、电子学、计算机科学、现代信息技术科学交叉发展而产生的新领域。现代生命科学领域的发展推动了仪器分析学科的突飞猛进，特别是近年来新的仪器设备不断涌现，新的仪器分析方法和技术不断产生，熟练掌握和使用生物仪器分析技术逐渐成为当代生命科学研究人员必备技能。

一、仪器分析技术的发展过程

分析化学自产生以来，经历了三个发展阶段，实现了三次重大变革。

第一阶段：随着天平的出现，分析化学具有了科学的内涵；20 世纪初，依据溶液中四大反应平衡理论，形成分析化学的理论基础，分析化学由一门操作技术变成一门科学。在这个阶段，化学分析占主导地位，仪器分析种类少而且精度低。

第二阶段：20 世纪 40 年代后，仪器分析的大发展时期。仪器分析使分析速度加快，促进化学工业发展；化学分析与仪器分析并重，仪器分析自动化程度低；这一时期一系列重大科学发现，为仪器分析的建立和发展奠定基础。仪器分析的发展引发了分析化学的第二次变革。

第三阶段：20 世纪 80 年代初，以计算机应用为标志的分析化学第三次变革。计算机控制的分析数据采集与处理，实现分析过程的连续、快速、实时、智能，促进了化学计量学的建立。以计算机为基础的新仪器的出现，如傅里叶变换红外光谱仪、色谱-质谱联用仪等。

二、现代生物仪器分析的发展趋势

20 世纪 40～50 年代兴起的材料科学，20 世纪 60～70 年代发展起来的环境科学都促进了分析化学学科的发展。20 世纪 80 年代以来，生命科学的发展也促进分析化学的巨大发展。仪器分析是分析化学的重要组成部分，也随之不断发展，不断地更新自己，为科学技术提供更准确、更灵敏、专一、快速、简便的分析方法。如生命科学研究的发展，需要对多肽、蛋白质、核酸等生物大分子进行分析，对生物药物分析，对超微量生物活性物质，如单个细胞内神经传递物质的分析以及对生物活体进行分析。现代生物仪器分析技术正向智能化、数字化方向发展。基于微电子技术和计算机技术的应用实现分析仪器的自动化，通过计算机控制器和数字模型进行数据采集、运算、统计、分析、处理，提高分析仪器数据处理能力，数字图像处理系统实现了分析仪器数字图像处理功能的发展；分析仪器的联用技术向测试速度超高速化、分析试样超微量化、分析仪器超小型化的方向发展。

1. 提高灵敏度　将现代技术引入分析化学，提高分析方法的灵敏度，如激光技术的引入，促进了激光共振电离光谱、激光拉曼光谱、激光诱导荧光光谱、激光光热光谱、激光光声光谱和激光质谱的发展，提高了分析方法灵敏度，使检测单个原子或分子成为可能。

2. 解决复杂体系的分离问题及提高分析方法的选择性　新化合物快速增长，复杂体系的分离和测定已成为仪器分析所面临的艰巨任务。由液相色谱、气相色谱、超临界流体色谱和毛细管电泳等所组成的色谱学是现代分离、分析手段的主要组成部分并获得了长足的进展。联用分析技术已成为当前仪器分析的重要发展方向，将几种方法结合起来，特别是分离方法（如色谱法）和检测方法（红外光谱法、质谱法、核磁共振波谱法、原子发射光谱法等）的结合，汇集了各自的优点，弥补了各自的不足，可以更好地完成试样的分析任务。

3. 扩展时空多维信息　现代仪器分析的发展已不再局限于将待测组分分离出来进行表征和测量，而成为一门为物质提供尽可能多的化学信息的科学。例如现代核磁共振波谱、红外光谱、质谱等的发展，可提供有机物分子的精细结构、空间排列构型及瞬态等变化的信息，为人们对化学反应历程及生命过程的认识展现了光辉的前景。化学计量学的发展，更为处理和解析各种化学信息提供了重要基础。

4. 微型化及微环境的表征与测定　微型化及微环境分析是现代仪器分析认识自然从宏观到微观的延伸。电子学、光学和工程学向微型化发展，人们对生物功能的了解，促进了分析化学深入微观世界的进程。电子显微技术、电子探针 X 射线微量分析、激光微探针质谱等微束技术已成为进行微区分析的重要手段。在表面分析方面，电子能谱、次级离子质谱、脉冲激光原子探针等的发展，可检测和表征一个单原子层，因而在材料科学、催化剂、生物学、物理学和理论化学研究中占据重要的位置。

5. 形态、状态分析及表征　在环境科学中，同一元素的不同价态和所生成的不同的有机化合物分子的不同形态都可能存在毒性上的极大差异。在材料科学中物质的晶态、结合态更是影响材料性能的重要因素。目前已报道利用诸如阳极溶出伏安法、X射线光电子能谱、X射线荧光光谱、X衍射、热分析、各种吸收光谱方法和各种联用技术来解决物质存在的形态和状态问题。

6. 生物大分子及生物活性物质的表征与测定　在欧美等国家具有战略意义的研究规划“尤利卡计划”，“人类基因图”及“人体研究新前沿”中，生物大分子的结构分析研究都占据重要地位。我国在发展高技术战略的规划中，也把生物技术列为重点领域。一方面生命科学及生物工程的发展向分析化学提出了新的挑战。另一方面仿生过程的模拟，又成为现代分析化学取之不尽的源泉。当前采用以色谱、质谱、核磁共振、荧光、磷光、化学发光和免疫分析以及化学传感器、生物传感器、化学修饰电极和生物电分析化学等为主体的各种分析手段，在生命体和有机组织及分子和细胞水平上来研究生命过程中某些大分子及生物活性物质的化学和生物本质。

7. 非破坏性检测及遥测　许多物理和物理化学分析方法都已发展为非破坏性检测。这对生产流程控制，自动分析及难取样的如生命过程等的分析是极为重要的。遥测技术应用较多的是激光雷达、激光散射和共振荧光、傅里叶变换红外光谱等，已成功地用于测定远距离的气体、某些金属的原子和分子、飞机尾气组成、炼油厂周围大气组成等，并为红外制导和反制导系统的设计提供理论和实验根据。

8. 自动化及智能化　微电子工业、大规模集成电路、微处理器和微型计算机的发展，使分析仪器进入了自动化和智能化的阶段。机器人是实现基本化学操作自动化的重要工具。专家系统是人工智能的最前沿。在分析化学中，专家系统主要用作设计实验和开发分析方法，进行谱图说明和结构解释。过程分析已使分析化学家摆脱传统的实验室操作，进入到生产过程、生态过程控制的行列。

第三节　定量分析方法的评价指标

一、仪器性能及其表征

1. 精密度（precision）　精密度是指使用同一方法或步骤进行多次重复测量所得分析数据之间符合的程度。精密度常用测定结果的标准偏差（*SD*）或相对标准偏差（*RSD*）量度。

标准偏差（standard deviation，*SD*）也称标准离差或均方根差，是反映一组测量数据离散程度的统计指标，是指统计结果在某一个时段内误差上下波动的幅度。标准偏差计算公式如下：

$$S=\sqrt{\frac{\sum_{i=1}^{N}(x_i-\overline{x})^2}{N-1}}$$

式中　S——标准偏差，%；

N——试样总数或测量次数；

x_i——物料中某成分的各次测量值；

$\overline{x}$——物料中某成分的测量平均值。

相对标准偏差（relative standard deviation，*RSD*）是指标准偏差与计算结果算术平均值的比值，即：相对标准偏差（*RSD*）=标准偏差（*SD*）/计算结果的算术平均值（*X*）×100%。

2. 误差（bias） 测量值的总体平均值 x 与“真值 μ”接近的程度。即误差 $=x-\mu$。通过多次测量已知浓度或含量的物质（称为标准物质），得到总体平均值与标准物质含量（真实值）比较。在建立新的分析方法时，对标准物质的测量可找出误差的来源，并通过空白分析和仪器校正来消除误差。

3. 灵敏度（sensitivity） 反映了仪器或方法区别微小浓度或含量变化的能力，也就是说，当浓度或含量有微小变化时，仪器或方法均可以检测出来。影响灵敏度的因素主要有：①校正曲线的斜率；②分析的重现性或精密度。International Union of Pure & Applied Chemists，即 IUPAC 推荐使用“校正灵敏度”或者“校正曲线斜率”作为衡量灵敏度高低的标准。图 1-1 为仪器和方法的灵敏度描述。

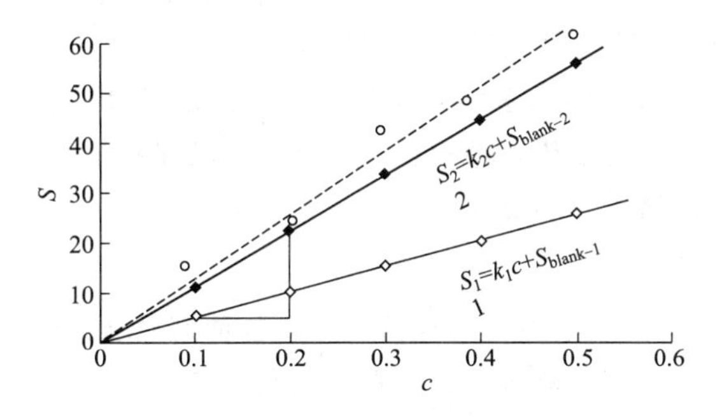

图 1-1 仪器和方法的灵敏度描述

k_1，k_2 分别为两条校正曲线的斜率，即灵敏度，但未考虑测定重现性的影响

4. 检测限（detection limit，DL） 在已知置信水平，可以检测到的待测物的最小质量或浓度。它和分析信号（signal）与空白信号的波动（噪音，noise）有关，或者说与信噪比（*S*/*N*）有关。只有当有用的信号大于噪音信号时，仪器才有可能识别有用信号，如图 1-2 所示。

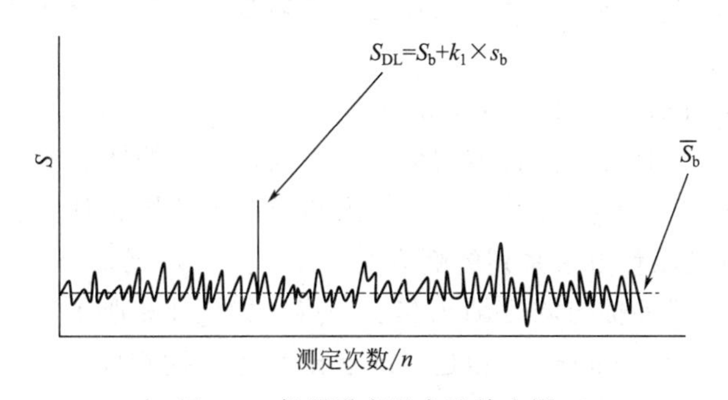

图 1-2 仪器噪音及方法检出限

检出限的计算：测定空白样品（或浓度接近空白值）20～30 次，求其平均值 S_b 及其标准偏差 s_b，则可分辨的最小信号 $S_{DL}=S_b+k_1\times s_b$。

通过校正曲线的斜率 k，将最小待测物信号 S_{DL} 转化为浓度值 C_{DL}，即：

$$C_{DL}=\frac{S_{DL}-S_b}{k}$$

经统计学的 t 和 z 检验，当 $k_1=3$ 时，大多数情况下，检测结果的置信度为 95%。因此上式可转换为：

$$C_{DL}=\frac{k_1 s_b}{k}=\frac{3s_b}{k}$$

5. 信噪比（singnal-to-noise ratio，S/N） 任何测量值均由两部分组成：信号及噪音。其中信号反映了待测物的信息，是我们所关心的，而噪音是不可避免的，它降低分析的准确度和精密度，提高检出限，是我们不希望的。多数情况下，N 是恒定的，与 S 大小无关。当测量信号较小时，测量的相对误差将增加。因此信噪比 S/N 是恒量仪器性能和分析方法好坏最为有效的指标。当 $S/N<2\sim3$ 时，分析信号将很难测定。

$$\frac{S}{N}=\frac{\text{平均值}}{\text{标准偏差}}=\frac{\bar{x}}{s}=\frac{1}{RSD}$$

6. 线性范围（linear range） 是指仪器检测系统检测信号与被测物质浓度或质量成线性关系的范围；线性范围可以用被检测物质在线性范围内的最大和最小进样量之比表示。线性范围越宽，说明在定量分析中可测定浓度范围越大。

7. 选择性（selectivity） 样品基体中其他组分对测定待测物的干扰程度。在分析中没有哪种测定不受到诸多因素的干扰，换句话说，分析的过程就是消除或减少干扰对测定影响的过程，也就是提高分析选择性的过程。

二、仪器分析校正方法

所谓校正（calibration）就是将仪器分析产生的各种信号与待测物浓度联系起来的过程。除重量法和库仑法之外，所有仪器分析方法都要进行“校正”。校正方法常用的有三种：标准曲线法、标准加入法和内标法。

1. 标准曲线法（calibration curve，working curve，analytical curve）

具体做法：①准确配制已知待测物浓度的系列溶液：0（空白），c_1，c_2，c_3，c_4，…；②通过仪器分别测量以上各待测物的响应值 S_0，S_1，S_2，S_3，S_4，…以及样品溶液中待测物的响应值 S_x；③以响应信号 S 对浓度 c 作图得到标准曲线，然后通过测得的 S_x 从图中求得 c_x；或者通过最小二乘法获得其线性方程，再直接进行计算。

标准曲线法的准确性与两个因素有关：①标准物浓度配制的准确性；②标准基体与样品基体的一致性。

2. 标准加入法（standard addition method）

具体做法：①将一系列已知量待测物分别加入到几等份的样品中，配制成浓度为（c_x+0），（c_x+c_1），（c_x+c_2），（c_x+c_3），…，得到和样品有相同基体的标准系列（加标，spiking）；②通过仪器分别测量以上系列的响应值 S_0，S_1，S_2，S_3，S_4，…；③以响应信号 S 对浓度 c 作图，再将直线外推与浓度轴相交于一点（如图 1-3 所示），求得样品中待测物浓度 c_x。该法的优点是基体（matrix）相近，或者说基体干扰相同，因此定量结果比较准确；缺点是麻烦，适于小数量的样品分析。

3. 内标法（internal standard method）

该法可以说是上述两种校正曲线的改进，可用于克服或减少仪器或方法的不足等引起的随机误差或系统误差。具体作法：①寻找一种物质或内标物，该内标物必须是样品中大量存在的或完全不存在的。然后，在所有样品、标准及空白中加入相同量的上述内标物；②分别测量样品及标准样品中待测物及内标物的响应值，然后以 S_x/S_i 比值对浓度 c 作图；③按前述校正方法获得 c_x。

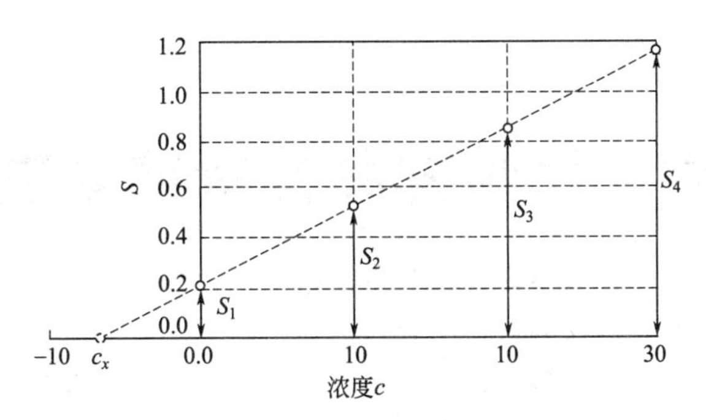

图 1-3　标准加入法定量分析示意图

当待测物与内标物的响应值的波动一致时，其比值可抵消因仪器信号的波动和操作上的不一致所引起的测定误差；例如 Li 可作为血清中 K、Na 测定的内标物（Li 与 K、Na 性质相似，但在血清中不存在）。但寻找合适的内标物（与待测物性质相似而且仪器可以识别各自的信号），或重复引入内标物往往有一定的困难。因此，寻找合适内标物是十分费时的。

思考题与习题

1. 仪器分析与化学分析的关系？
2. 仪器分析法有何特点？
3. 现代仪器分析主要包括哪些分析方法？
4. 现代仪器分析的发展方向如何？
5. 分析仪器的性能应从哪些方面进行评价？
6. 仪器分析常用的校正方法有哪些？各自有何特点？

第二章　生物样品分析前处理技术

样品前处理技术在分析方法中占有极其重要的地位，很多分析问题都可以通过样品前处理得以解决。虽然最新的分析仪器对样品处理的要求降低了，但由于分析技术涉及的样品种类繁多、样品组成及其浓度复杂多变、样品物理形态范围广泛，直接分析测定的干扰因素特别多，因此选择科学有效的前处理方法和技术是很有必要的，同时也是分析方法建立成败的关键。

生物样品的前处理主要是指从动物、植物或微生物样品中提取和纯化其新陈代谢时产生的蛋白质（包括酶类）、核酸和多糖等生物物质。生物样品较其他样品相比具有以下特征：①目标产物浓度普遍较低，悬浮液大部分是“水”，组分复杂，是含有细胞、细胞碎片、蛋白质、核酸、脂类、糖类、无机盐类等多种物质的混合物；②分离过程很容易发生失活现象，pH 值、离子强度、温度等变化常常造成产物的失活；③性质不稳定，易随时间变化，如受空气氧化，微生物污染，蛋白水解作用等。而且生物材料纷繁多样，因此前处理方法也有很大差别。生物样品前处理步骤一般包括：①选材（预处理）；②细胞的破碎；③目标产物的分离纯化；④产物的浓缩、干燥和保存。

第一节　生物样品的预处理

生物样品中往往含有大量有机物、无机物及各种微量元素等，因此对目标组分进行初步富集和分离，对干扰组分进行初步去除等工作都属于预处理。

一、生物材料的选择

植物、动物、微生物均可作为制备生物物质的原材料，例如植物的花、茎、叶、根、种子，动物的毛发、肌肉、组织器官，植物或动物细胞培养液，微生物发酵液，动物血液，乳液等。制备生物大分子，首先要选择适当的生物材料。选择的材料应含量高、来源丰富、制备工艺简单、成本低，尽可能保持新鲜，尽快加工处理。动物组织要先除去结缔组织、脂肪等非活性部分，绞碎后在适当的溶剂中提取，如果所要求的成分在细胞内，则要先破碎细胞。植物要先去壳、除脂。微生物材料要及时将菌体与发酵液分开。生物材料如暂不提取，应冰冻保存。动物材料则需深度冷冻保存。

二、不同来源样品分离的预处理

（一）植物组织中活性物质的提取

1. 酶的提取　植物组织中所存在的酚类化合物使植物中提取酶的过程变得复杂。植物组织被破坏时，酶和酚类处混合接触状态，很易发生反应。产物苯醌和单宁酸类会继续和酶蛋白反应，使目的酶失去活性。酚类化合物与蛋白质可通过以下两种方式结合，一是可逆结合，酚类化合物的羟基与蛋白质分子形成氢键，例如肽键的—CO 端和—NH 端；二是不可逆结合，酚类化合物的两个相邻羟基被氧化为邻苯醌之后，通过共价键与蛋白质分子中的自由氨基以及巯基结合，引起蛋白质活性基团集合，导致聚集、交叉结合和沉淀（酶促褐变作用）。为此去除酚类化合物或避免反应发生是必须进行的步骤。

酶的提取预处理时需要注意以下条件：①温度尽可能低；②提取液的量要保证“充分浸入”；③加入足量酚类吸附剂；④加入足量氧化酶抑制剂；⑤搅拌转速要恰当；⑥pH 值要控制在合适范围，一般 5.5～7。天然和合成的聚合物都可用作酚类吸附剂，如清蛋白、尼龙粉、聚乙烯吡咯烷酮-PVP（可溶）、聚乙烯聚吡咯烷酮-PVPP（不溶）、聚乙烯和聚丙烯树脂（如离子交换树脂 XAD-2、XAD-4 和 XAD-7）、聚苯乙烯的离子交换树脂（如阴离子交换树脂 Bio-Rad AG1-X8，AG2-X8 和 Dowex-1；阳离子交换树脂 Dowex-50）。常用的氧化酶抑制剂有：2-巯基乙醇，二硫苏糖醇（DTT），二硫赤藓糖醇（DTE），抗坏血酸盐等。前三种既是多酚氧化酶的抑制者又是醌的清除剂；抗坏血酸盐能阻止醌重新还原成酚，在低浓度的醌存在下就很易被消耗，因此须在相对较高的浓度条件下使用（50mmol/L）。

2. RNA 的提取　从植物组织中提取 RNA 是进行植物分子生物学方面研究的必要前提。Northern 杂交分析、纯化 mRNA 用于体外翻译或建立 cDNA 文库、RT-PCR 及差示分析等过程中需要高质量的 RNA，能否有效地去除多糖、酚类化合物、萜类化合物、RNase 和干扰 RNA 提取的其他代谢产物是提取高质量植物 RNA 成败的关键。

（1）酚类化合物的干扰及对策　酚类化合物与 RNA 不可逆结合导致 RNA 活性丧失、用苯酚或氯仿抽提时 RNA 丢失、形成不溶性复合物。常采用的对策有：①还原剂法，2-巯基乙醇（ME）、二硫苏糖醇（DTT）或半胱氨酸 Cys 来防止酚类物质被氧化，硼氢化钠（$NaBH_4$）是可还原醌的还原剂；②螯合剂法，PVP 和 PVPP 中的—CO—N═基有很强的结合多酚化合物的能力，其结合能力随着多酚化合物中芳环羟基数量的增加而加强；③Tris-硼酸法，硼酸可与酚类靠氢键形成复合物，抑制了酚类物质的氧化及其与 RNA 的结合；④牛血清白蛋白（BSA）法，原花色素类物质与 BSA 间可产生类似于抗原-抗体间的相互作用，形成可溶性的或不溶性的复合物，减小了原花色素类物质与 RNA 结合的机会；⑤丙酮法，用－70℃的丙酮抽提冷冻研磨后的植物材料，可有效从云杉、松树、山毛榉等富含酚类化合物的植物材料中分离到高质量的 RNA；⑥通过 Li^+ 或 Ca^{2+} 沉淀 RNA 的方法可以将未被氧化的酚类化合物去除。与 PVP、不溶性 PVPP 或 BSA 结合的多酚，可以直接通过离心去除掉，或在苯酚、氯仿抽提时除去。

（2）多糖的干扰及对策　植物组织往往富含多糖，而多糖的许多理化性质与 RNA 很相似，较难将它们分开。含多糖的 RNA 沉淀难溶于水，或溶解后产生黏稠状的溶液，对 RNA 提取造成较大的干扰。常采取的对策有：SDS-盐酸胍处理；高浓度 Na^+ 或 K^+ 离子下，苯酚、氯仿抽提；低浓度乙醇沉淀多糖；醋酸钾沉淀多糖。

（3）蛋白杂质的影响及对策　蛋白质是污染 RNA 样品的又一个重要因素。由于 RNase 和多酚氧化酶亦属于蛋白质，因而要获得完整的、高质量的 RNA 就必须有效地去除蛋白杂质。采取的常规方法：冷冻条件下研磨植物材料以抑制 RNase 等的活性；提取缓冲液中含有蛋白质变性剂，如苯酚、胍、SDS、十六烷基三甲基溴化铵（CTAB）等，这样在匀浆时可以使蛋白质变性，凝聚；利用蛋白酶 K 来降解蛋白杂质，进一步可以用苯酚、氯仿抽提去除蛋白质。

（4）次级代谢产物的影响及对策　从植物组织中提取高质量 RNA 的另一个难点是许多高等植物组织尤其是成熟组织能产生某些水溶性的次级代谢产物，这些次级代谢产物很容易与 RNA 结合并与 RNA 共同被抽提出来而阻碍具有生物活性的 RNA 的分离。由于不能确定次级代谢产物具体是什么物质，目前还没有统一的方法来解决这个问题。

3. 多糖的提取　多糖广泛存在于植物、微生物（细菌和真菌）和海藻中，来源很广。我国是中药的起源之地，而糖类是中药材中普遍存在的成分，在对各种中药材的化学成分研究的过程中，人们都少不了对其中多糖的关注。多糖提取液中除去蛋白质是一个很重要的步骤，常用的方法有 Sevag 法、三氟三氯乙烷法、三氯乙酸法、酶解法等。研究表明三氯乙酸法和 Sevag 法的脱蛋白效果相近，并且蛋白酶法与 Sevag 法相结合除蛋白的效果较好。

（二）动物组织材料的预处理

对动物组织，一般选择有效成分含量丰富的脏器组织为原材料，先进行绞碎、脱脂等处理。另外，对预处理好的材料，若不立即进行实验，应冷冻保存，对于易分解的生物大分子应选用新鲜材料制备。

动物组织材料常含有较多的脂肪，脂肪不仅容易氧化酸败，导致样品变质，还会影响提取和纯化效果。常用的脱脂方法有：手工剥去组织中的脂肪；用绞肉机将动物组织在脂溶性有机溶剂如丙酮、乙醚中脱脂；快速加热（约 50℃）和快速冷却的方法，使熔化的油脂冷却后凝聚成油块后除去；液体样品可利用油脂分离器使油脂与水溶液分离。

脱脂后的动物组织样品应进一步脱去水分，以利保存。常将脱脂后的动物样品置丙酮液中浸泡，并更换丙酮液 2～3 次，丙酮可交换出样品中的水分，然后再挥发掉样品中的丙酮，即得到干燥的样品，磨粉后贮存备用。对于耐高温的有效成分，样品可在沸水中蒸煮处理，烘干后磨粉保存。

（三）微生物材料的预处理

各种发酵产品，由于菌种不同和发酵液特性不同，其预处理方法的选择也有所不同。大多数发酵产物存在于发酵液中，也有少数产物存在于菌体中或发酵液和菌体中都有。对于胞外产物，经预处理应尽可能使目的产物转移到液相，然后经固液分离除去固相；对于胞内产物，则应首先收集菌体或细胞，经细胞破碎后，目的产物进入液相，随后再将细胞碎片分离。

第二节　细胞的破碎

细胞的破碎是指用一定方法（机械法、物理法、化学法、酶法等）打开细胞壁或膜，使细胞内含物有效地释放出来，将生物体细胞内及多细胞生物组织中的待测组分（如激素、酶、基因工程产物等）充分释放到溶液中。不同的生物体或同一生物体的不同部位的组织，其细胞破碎的难易不一，使用的方法也不相同，如动物脏器的细胞膜较脆弱，容易破碎，植物和微生物由于具有较坚固的纤维素、半纤维素组成的细胞壁，要采取专门的细胞破碎方法。

一、机械法

这是一类利用机械运动产生的剪切力破碎细胞的方法，常用的机械法有：

（一）组织捣碎法

将材料配成稀糊状液，放置于筒内约 1/3 体积，盖紧筒盖，将调速器先拨至最慢处，开动开关后，逐步加速至所需速度。适用于硬度较大的动、植物组织，转速可高达 10000r/min 以上。由于旋转刀片的机械切力很大，制备一些较大分子（如核酸）时，则很少使用。

（二）高速匀浆法

高速匀浆法的原理是利用高压使细胞悬浮液通过针形阀，由于突然减压和高速冲击撞击使细胞破裂。此法细胞破碎程度比高速组织捣碎法高，而其机械剪切力对生物大分子的破坏较少，处理量大，适合于较柔软、易分散的组织细胞。但易造成堵塞的团状或丝状真菌、较小的革兰氏阳性菌以及一些亚细胞器质地坚硬，易损伤匀浆阀，不适合用该法处理。

（三）研磨法与珠磨法

研磨法（实验室规模）：由陶瓷的研钵和研杆组成，加入少量研磨剂（如精制石英砂、玻璃粉、硅藻土）；珠磨法（工业规模）进入珠磨机的细胞悬浮液与极细的玻璃小珠、石英砂、氧化铝等研磨剂（直径<1mm）一起快速搅拌或研磨，研磨剂、珠子与细胞之间的互相剪切、碰撞，使细胞破碎，释放出内含物。在珠液分离器的协助下，珠子被滞留在破碎室内，浆液流出从而实现连续操作。适用于微生物（细菌）与植物细胞。

（四）挤压法

微生物细胞在高压下通过一个狭窄的孔道高速冲出，因突然减压而引起一种“空穴效应”，使细胞破碎。适用于细菌（革兰氏阴性菌）。

二、物理法

（一）超声波破碎

在超声波作用下，液体发生空化作用（cavitaton），空穴的形成、增大和闭合产生极大的冲击波和剪切力，使细胞破碎。超声波的细胞破碎效率与细胞种类、浓度和超声波的声频、声能有关。其优点是：操作简单，重复性较好，节省时间；多用于微生物和组织细胞的破碎。其不利的因素是超声处理会引起诸如游离基这样的化学效应，破坏目的产物，可通过加入游离基清除剂（组氨酸，谷胱甘肽等）予以消除。

影响破碎细胞的主要因素有：①振幅，直接与声能有关，影响目标产物的释放量；②黏度，影响能耗，并抑制空穴现象；③表面张力，表面活性剂显著影响声波破碎效率，因起泡使蛋白质变性，空穴清除；④悬浮液体体积，大体积需要高的声能；⑤加入珠粒体积与直径，加入细小珠粒，利于空穴形成，并有辅助“研磨效应”，提高破碎率；⑥探头的材料和形状：选择具有良好声学和机械性能并对生物物质无毒的金属材料，如钛、不锈钢等；探头的振幅与其面积呈反比，小直径探头，声能限制在较小范围内，并且效率低。超声波破碎在实验室规模应用较普遍，处理少量样品时操作简便，液量损失少，但是超声波产生的化学自由基团能使某些敏感活性物质变性失活。而且大容量装置声能传递，散热均有困难，应采取相应降温措施。对超声波敏感的核酸应慎用。空化作用是细胞破坏的直接原因，同时会产生活性氧，所以要加一些巯基保护剂。

（二）渗透压冲击法

渗透压冲击（osmotic shock）是在各种细胞破碎法中最为温和的一种，它是利用高渗突然低渗，反复后可造成细胞破碎，促使内含物释放，适用于易于破碎的细胞，如动物细胞和革兰氏阴性菌。

（三）冻融法

将细胞急剧冻结后在室温缓慢融化，此冻结融化操作反复进行多次，使细胞受到破坏。冻结的作用是破坏细胞膜的疏水键结构，增加其亲水性和通透性。另一方面，由于胞内水结晶使胞内外产生溶液浓度差，在渗透压作用下引起细胞膨胀而破裂。适用于动物细胞。

（四）干燥法

将细胞用不同的方法干燥（真空、冷冻、喷雾和气流等），细胞膜结合水丧失，渗透性发生变化而破裂。缺点是条件变化剧烈，易引起生物物质变性。

三、化学渗透法

某些有机溶剂（如苯、甲苯）、抗生素、表面活性剂、金属螯合剂、变性剂等化学药品都可以改变细胞壁或膜的通透性从而使内合物有选择地渗透出来。其化学渗透取决于化学试剂的类型以及细胞壁和膜的结构与组成。多适用于破碎细菌，且作用比较温和；提取核酸时，常用此法破碎细胞。其缺点是时间长，效率低；化学试剂毒性较强，同时对产物也有毒害作用，进一步分离时需要用透析等方法除去这些试剂；通用性差，某种试剂只能作用于某些特定类型的微生物细胞。

四、生物化学法

（一）自溶法

在一定 pH 值和适当的温度下，利用组织细胞内自身酶系统的作用，将细胞破坏使胞内物质释放。此过程需较长时间，常用少量防腐剂如甲苯、氯仿等防止细胞的污染。制备有活性的蛋白和核酸时，很少使用自溶法。

（二）外加酶法

利用溶解细胞壁的酶处理菌体细胞，使细胞壁受到部分或完全破坏后，再利用渗透压冲击等方法破坏细胞膜，进一步增大胞内产物的渗透性。溶菌酶适用于革兰氏阳性菌细胞壁的分解，应用于革兰氏阴性菌时，需辅以 EDTA 使之更有效地作用于细胞壁。真核细胞的细胞壁不同于原核细胞，需采用不同的酶。酵母细胞的酶溶需用 Zymolyase（酵母裂解酶，几种细菌酶的混合物）、β-1,6-葡聚糖酶（或甘露糖酶）；破坏植物细胞壁需用纤维素酶。

该法的优点是：①适用于多种微生物；②作用条件温和；③内含物成分不易受到破坏；④细胞壁损坏的程度可以控制。但也存在一些问题：易造成产物抑制作用，这可能是导致胞内物质释放率低的一个重要因素。而且溶酶价格高，限制了大规模利用。若回收溶酶，则又增加分离纯化溶酶的操作。另外酶溶法通用性差，不同菌种需选择不同的酶，有一定局限性，不适宜大量的蛋白质提取，给进一步纯化带来困难。

无论用哪一种方法破碎组织细胞，都会使细胞内蛋白质或核酸水解酶释放到溶液中，使生物大分子降解，导致天然物质量的减少，加入二异丙基氟磷酸（DFP）可以抑制或减慢自溶作用；加入碘乙酸可以抑制那些活性中心需要有巯基的蛋白水解酶的活性，加入苯甲磺酰氟化物（PMSF）也能清除蛋白水解酶活力，但不是全部，还可通过选择 pH 值、温度或离子强度等，使这些条件都要适合于目的物质的提取。以上介绍的各种细胞破碎的方法，各有千秋，在实际应用中，应尽量考虑全面，选择最科学、有效的方法。

第三节　生物样品的提取与纯化

生物样品的提取与纯化是用一定的溶剂将目标产物从样品中抽提出来并与其共存物质初步分离，是生物样品分析的一个重要环节，也是整个分离分析过程中最繁琐的一个步骤。与原料药物和制剂等其他样品相比，生物样品更为复杂，目标产物含量低而且往往分布在大量生物介质中，对分析仪器的分辨率和灵敏度提出了更高的要求；样品中含有大量内源性物质，不仅能与目标产物相结合，而且常干扰测定。因此，生物样品中的产物必须经过分离、纯化与浓缩，必要时还需对待测组分进行化学改性处理，从而为最后测定创造良好的条件。

传统的样品提取方法仍为溶剂萃取法，方法耗时、危害人体、污染环境，萃取使用大量溶剂，分析时需浓缩，会导致有效组分的损失。近年报道较多的生物样品前处理技术主要有超临界流体萃取、微波萃取、固相萃取等方法。

一、超临界流体萃取技术

超临界流体萃取（supercritical fluid extraction，SFE）是 20 世纪 70 年代开始用于工业生产中有机化合物萃取的，它是用超临界流体作为萃取剂，从各种组分复杂的样品中，把所需要的组分分离提取出来的一种分离萃取技术。超临界流体萃取作为一种独特、高效、清洁的新型提取、分离手段，在食品工业、中药分析、精细化工、生物技术、医药保健、环境等领域已展现出良好的应用前景，成为取代传统化学方法的首选。目前，世界各国都集中人力物力对超临界技术的基础理论、萃取设备和工业应用等方面进行系统研究，取得了长足进展。

（一）超临界流体萃取的基本原理

1. 超临界流体（SCF）的特性　任何一种物质都存在三种相态——气相、液相、固相。三相呈平衡态共存的点称为三相点。气、液两相呈平衡状态的点称为临界点。在临界点时的温度和压力称为临界温度和临界压力。不同的物质其临界点所要求的压力和温度各不相同（表 2-1 所示）。超临界流体既不同于气体，也不同于液体，是介于液体和气体之间的单一相态，具有许多独特的物理化学性质。超临界流体兼具气体和液体的优点，其密度接近于液体，溶解能力较强，而黏度与气体相近，扩散系数远大于一般的液体，有利于传质。另外，超临界流体具有零表面张力，很容易渗透扩散到被萃取物的微孔内。因此，超临界流体具有良好的溶解和传质特性，能与萃取物很快地达到传质平衡，实现物质的有效分离。

表 2-1　常用超临界流体的临界温度与压力

流体	临界温度/℃	临界压力/MPa	流体	临界温度/℃	临界压力/MPa
乙烯	9.3	5.04	丙烷	96.7	4.25
二氧化碳	31.3	7.18	氨	132.5	11.28
乙烷	32.2	4.88	己烷	234.2	3.03
丙烯	91.6	4.62	水	374.2	22.05

2. 超临界流体萃取分离的原理　超临界流体萃取分离过程是利用其溶解能力与密度的关系，即利用压力和温度对超临界流体溶解能力的影响而进行的。在超临界状态下，流体与待分离的物质接触，使其有选择性地依次把极性大小、沸点高低和分子质量大小的不同成分萃取出来。当然，对应各压力范围所得到的萃取物不可能是单一的，但可以控制条件得到最佳比例的混合成分，然后借助减压、升温的方法使超临界流体变成普通气体，被萃取物质则完全或基本析出，从而达到分离提纯的目的，所以在超临界流体萃取过程是由萃取和分离组合而成的。

3. 超临界流体萃取的溶剂　超临界流体萃取过程能否有效地分离产物或除去杂质，关键是萃取中使用的溶剂必须具有良好的选择性。常见的超临界流体如表 2-1 所示，但其中最引人注目的是超临界 CO_2，因其性能优良而研究最多、应用最为广泛。CO_2 的临界温度（31.3℃）、临界压力（7.18MPa）较易达到；对大多数溶质具有较强的溶解能力，而对水的溶解度却很小，有利于萃取分离有机水溶液；而且还具有不燃、不爆、不腐蚀、无毒害、化学稳定性好、廉价易得、极易与萃取产物分离等一系列优点。

（二）超临界流体萃取主要特点

与传统化学分离提取方法相比，SFE 技术具有许多优点：①SFE 可以在接近室温下进行提取，有效地防止了热敏性物质的氧化和逸散；②SFE 是最干净的提取方法，防止了提取过程中对人体有害物的存在和对环境的污染，保证了其纯天然性；③萃取和分离合二为一，当饱和溶解物的流体进入分离器时，由于压力的下降或温度的变化，使得流体与萃取物迅速成为两相（气液分离）而立即分开，不仅萃取的效率高，而且能耗较少，提高了生产效率，也降低了费用成本；④流体在生产中可以重复循环使用，从而有效地降低了成本；⑤压力和温度是调节萃取过程的主要参数，通过改变温度和压力达到萃取的目的，从而使工艺简单，容易掌握。但也存在许多问题，主要是处理成本高、设备生产能力低、对有些成分提取率低，另外还有能源的回收、堵塞、腐蚀等技术问题有待解决。

（三）超临界流体萃取流程

超临界流体萃取工艺流程如图 2-1 所示。将需要萃取的植物粉碎，称取 300～700g 装入萃取器 6 中，用 CO_2 反复冲洗设备以排除空气。操作时先打开阀 12 及气瓶阀门进气，再启动高压阀 4 升压，当压力升到预定压力时再调节减压阀 9，调整好分离器 7 内的分离压力，然后打开放空阀 10 接转子流量计测流量，通过调节各个阀门，使萃取压力、分离压力及萃取过程中通过 CO_2 流量均稳定在所需操作条件，半闭阀门 10，打开阀门 11 进行全循环流程操作，萃取过程中从放油阀 8 把萃取液提出。

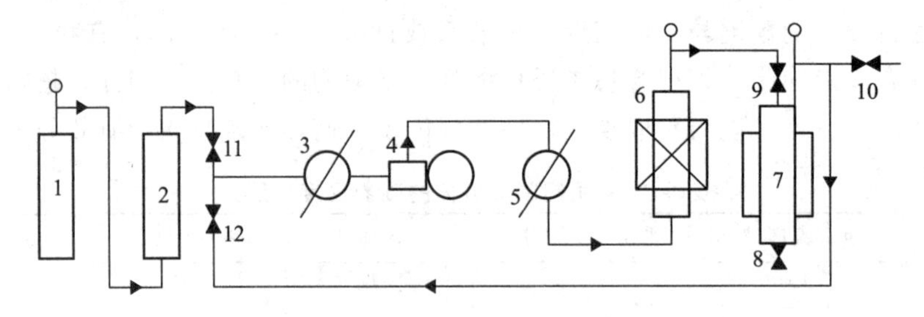

图 2-1 CO_2 超临界流体萃取工艺流程示意图

1— CO_2 气瓶；2—纯化器；3—冷凝器；4—高压阀；5—加热器；6—萃取器；7—分离器；8—放油阀；9—减压阀；10、11、12—阀门

总之，SFE 技术基本工艺流程为：原料经除杂、粉碎或轧片等一系列预处理后装入萃取器中。系统冲入超临界流体并加压。物料在 SCF 作用下，可溶成分进入 SCF 相。流出萃取器的 SCF 相经减压、调温或吸附作用，可选择性地从 SCF 相分离出萃取物的各组分，SCF 再经调温和压缩回到萃取器循环使用。CO_2 超临界流体萃取工艺流程由萃取和分离两大部分组成。在特定的温度和压力下，使原料同超临界 CO_2 流体充分接触，达到平衡后，再通过温度和压力的变化，使萃取物同溶剂超临界 CO_2 分离，超临界 CO_2 循环使用。整个工艺过程可以是连续的、半连续的或间歇的。

（四）超临界流体萃取过程的影响因素

超临界流体萃取效果的各种影响因素，主要包括以下方面：物料的预处理方式、萃取压力、萃取温度、CO_2 流量、萃取时间、夹带剂、分离压力及分离温度。(1) 物料的预处理方式：预处理过程中影响萃取效果的主要因素是物料含水量及粒度，二者对萃取的过程影响很大，严重时会使得萃取过程无法进行。(2) 萃取压力：超临界流体的溶解能力与压力有明显的相关性，而且不同萃取物受压力影响的范围不同。实际中要考虑设备投资、安全和生产成本等因素，综合考虑产品资源和整体操作参数。(3) 萃取温度的影响：温度对超临界流体溶解能力影响比较复杂，在一定压力下，升高温度，被萃取物挥发性增加，这样就增加了被萃取物在超临界气相中的浓度，从而使萃取量增大；但另一方面，温度升高，超临界流体密度降低，从而使化学组分溶解度减小，导致萃取数减少。因此，在选择萃取温度时要综合考虑这两个因素。(4) CO_2 流量：溶剂流量过低，萃取率不高；但是流量过大时，会导致萃取剂耗量增多，从而增加成本。所以在实际处理过程中，必须综合考虑，通过试验来确定合适的萃取剂流量。(5) 萃取时间：在确定萃取时间时，应综合考虑设备能耗和萃取率的关系，选择能使系统能耗经济节约的最佳时间和方式。(6) 夹带剂的选择：对于极性较大的溶质，在超临界 CO_2 中溶解较差，SFE 很难萃取出来，但若加入一定的夹带剂，以改变溶剂的活性，在一定条件下，就可以萃取出来，而且萃取条件会更低，萃取率更高。常用的夹带剂有甲醇、氯仿等。夹带剂的种类可根据萃取组分的性质来选择，加入的量一般通过实验来确定。另外，分离条件的选择也很重要，合理调整分离釜的工艺参数，是使得不同物质分离的关键所在。

二、微波萃取技术

微波萃取 (microwave extraction，ME)，又称微波辅助提取 (microwave-assisted extraction，MAE)，是微波和传统的溶剂萃取法相结合而成的一种萃取方法。它是利用微波的热效应对样品及其有机溶剂进行加热，从而将目标组分从样品基体中分离出来的一种新型高效分离技术。微波萃取技术是一种很有发展潜力的绿色萃取分离技术，它已经广泛应用到很多行业中，如在医药工业中，可用于中草药有效成分的提取，热敏性生物制品药物的精制及脂质类混合物的分离；在食品工业中，如啤酒花的提取，色素的提取等；在香料工业中，天然及合成香料的精制；在化学工业中，混合物的分离等。

(一) 微波萃取技术的基本原理

微波是一种波长在 1mm～1m (其相应的频率为 300～300000MHz) 的电磁波。常用的微波频率为 2450MHz 的波长。微波萃取的基本原理是微波直接与被分离物作用，即微波能直接作用于样品基体内。当它作用于分子时，促进了分子的转动运动，分子若此时具有一定的极性，便在微波作用下瞬时极化，当频率为 2450MHz 时，分子就以 24.5 亿次每秒的速度做极性变换运动，从而产生键的振动、撕裂和粒子之间的相互摩擦、碰撞，促进分子活性部分 (极性部分) 更好地接触和反应，同时迅速生成大量的热能，引起温度升高。由于不同物质的介电常数不同，从而吸收微波能的程度也各不相同，产生的热能及传递到周围环境的热能也是各不相同的，在微波场作用下，基体物质的某些区域或萃取体系中的某些组分由于吸收微波能力的不同被选择性地加热，这样可以从基体或体系中分离出被萃物。微波能量是通过极性分子的偶极旋转和离子传导两种作用直接传递到物质上，导致分子整体快速转向及定向排列，从而产生撕裂和相互摩擦而发热。而传统的加热方式中，因实际操作需要，容器壁大多由热的不良导体制成，热由器壁传导到溶液内部需要时间；相反，微波加热是一个内部加热过程，它不同于普通的外部加热方式将热量由外向内传递，而是同时直接作用于内部和外部的介质分子，使整个物料同时被加热，从而保证了能量的快速传导和充分利用。

(二) 微波萃取技术的特点

微波具有波动性、高频性、热特性和非热特性四大特点，这决定了微波萃取具有以下特点：(1) 试剂用量少、节能、污染小。(2) 加热均匀，且热效率较高。传统热萃取是以热传导、热辐射等方式自外向内传递热量，而微波萃取是一种“体加热”过程，即内外同时加热，加热均匀，热效率较高。微波萃取时没有高温热源，可消除温度梯度，且加热速度快，物料的受热时间短，有利于热敏性物质的萃取。(3) 微波萃取不存在热惯性，过程易于控制。(4) 微波萃取无需干燥等预处理，简化了工艺，减少了投资。(5) 微波萃取的处理批量较大，萃取效率高、省时。与传统的溶剂提取法相比，可节省50%～90%的时间。(6) 微波萃取的选择性较好。由于微波可对萃取物质中的不同组分进行选择性加热，可使目标组分与基体直接分离开来，从而可提高萃取效率和产品纯度。(7) 微波萃取的结果不受物质含水量的影响，回收率较高。基于以上特点，微波萃取常被誉为“绿色提取工艺”。

当然，微波萃取也存在一定的局限性：(1) 微波萃取仅适用于热稳定性物质的提取，对于热敏性物质，微波加热可能使其变性或失活；(2) 微波萃取要求材料具有良好的吸水性，否则细胞难以吸收足够的微波能而将自身击破，产物也就难以释放出来；(3) 微波萃取过程中细胞因受热而破裂，一些不希望得到的组分也会溶解于溶剂中，从而使微波萃取的选择性显著降低。

（三）微波萃取设备及工艺流程

1. 微波萃取设备　微波萃取装置一般为带有功率选择和控温、控压、控时附件的微波制样设备。用于微波萃取的设备分两类：一类为微波萃取罐（如图2-2所示），另一类为连续微波萃取线。两者主要区别：一个是分批处理物料，类似多功能提取罐；另一个是以连续方式工作的萃取设备。一般由聚四氟乙烯材料制成专用密闭容器作为萃取罐，它能允许微波能自由通过、耐高温高压且不与溶剂反应。一般设计每个系统可容纳多个萃取罐，因此试样的批处理量大大提高。

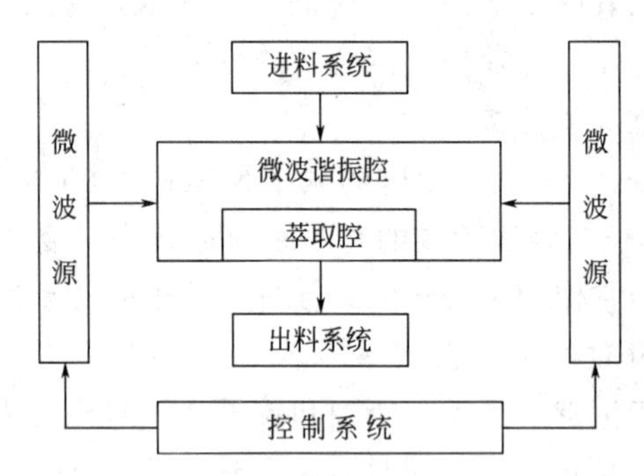

图2-2　微波萃取罐结构框图

2. 微波萃取工艺流程　微波萃取工艺流程为：将极性溶剂或极性溶剂和非极性溶剂混合物与被萃样品混合装入微波制样容器中，在密闭状态下，用微波制样系统加热，加热后样品过滤得到的滤液可进行分析测定，或作进一步处理。微波萃取溶剂应选用极性溶剂，如乙醇、甲醇、丙酮、水等，纯非极性溶剂不吸收微波能量，使用时可在非极性的溶剂中加入一定浓度的极性溶剂，不能直接使用纯非极性溶剂。在微波萃取中要求控制溶剂温度保持在沸点以下和在待测物分解温度以下。微波萃取工艺流程可归纳为：选料→清洗→粉碎→微波萃取→分离→浓缩→干燥→粉化→产品。

（四）影响微波萃取的主要因素

微波萃取操作过程中，萃取参数包括萃取溶剂、萃取功率和萃取时间。影响萃取效果的因素很多，包括萃取剂、物料含水量、微波剂量、温度、时间、操作压力及溶剂pH值等。

1. 萃取温度的影响　用微波萃取可以达到常压下使用同样溶剂所达不到的萃取温度，但温度过高有可能使欲萃取的化合物分解。所以要根据萃取化合物的热稳定性来选择适宜的萃取温度，达到既可以提高萃取效率，又不至于分解欲萃取化合物的目的。

2. 萃取溶剂的影响　由于微波加热时只有极性物质能吸收微波能量而升高温度，非极性物质不能吸收微波能量，故不能升高温度。所以使用非极性溶剂时一定要加入一定比例的极性溶剂，同时不同溶剂比时，萃取效率也不同。

3. 萃取功率及时间的影响　在萃取功率足够高的情况下，萃取时间对萃取效率的影响不大。所以选择较高的萃取功率在尽可能短的时间内将待测样品消解完全，可以防止因消解时间过长引起消解容器内压力的升高，避免可能发生的爆炸危险。对于难萃取的样品可适当延长萃取时间，循环多次进行微波辐射可将化合物充分地萃取出来。

4. 样品基体的影响　水具有较高的介电常数，能强烈吸收微波而使样品快速加热。所以样品中少量水的存在，在某种程度上能促进微波萃取的进程。

5. 样品杯材料吸附及记忆效应的影响　用有机材料做容器往往对被萃取的有机化合物容易产生吸附或污染，而用聚四氟乙烯制成的样品杯在用于微波萃取时，无论是新样品杯，还是用过的样品杯，对回收率均没有明显的影响。所以一般用聚四氟乙烯作为微波萃取的容器材料。

三、固相萃取技术

固相萃取（solid phase extraction，SPE）是近年发展起来一种样品预处理技术，它是利用固体吸附剂将液体样品中的目标化合物吸附，与样品的基体和干扰化合物分离，然后再用洗脱液洗脱或加热解吸附，达到分离和富集目标化合物的目的。

（一）固相萃取技术的基本原理

SPE 技术基于液-固色谱理论，采用选择性吸附、选择性洗脱的方式对样品进行富集、分离、纯化，是一种包括液相和固相的物理萃取过程；也可以将其近似的看做一种简单的色谱过程。较常用的方法是使液体样品通过一吸附剂，保留其中被测物质，再选用适当强度溶剂冲去杂质，然后用少量溶剂洗脱被测物质，从而达到快速分离净化与浓缩的目的。也可选择性吸附干扰杂质，而让被测物质流出；或同时吸附杂质和被测物质，再使用合适的溶剂选择性洗脱被测物质。

（二）固相萃取技术的特点、应用及分类

SP 技术是一种用途广泛而且越来越受欢迎的样品前处理技术，它建立在传统的液-液萃取（LLE）基础之上，结合物质相互作用的相似相溶机理和目前广泛应用的 HPLC、GC 中的固定相基本知识逐渐发展起来的。SPE 大多用来处理液体样品，萃取、浓缩和净化其中的半挥发性和不挥发性化合物，也可用于固体样品，但必须先处理成液体。与传统的液液萃取法相比，SPE 具有如下优点：①分析物的高回收率；②更有效地将分析物与干扰组分分离；③不需要使用超纯溶剂，有机溶剂的低消耗减少对环境的污染；④能处理小体积试样；⑤无相分离操作，容易收集分析物级分；⑥操作简单、省时、省力、易于自动化。

SPE 已广泛应用于水中有机污染物的痕量富集，适用于地表水、地下水及废水中半挥发性有机物的测定。除了环境水样外，固相萃取也被用于大气样品的前处理，通常使用各种类型的吸附管，它们不但可以萃取大气中的污染物，而且可以捕集气溶胶和降尘等，固相萃取技术处理大气样品也可以起浓缩的作用。固相萃取法也与其他分析技术在线联用，随着固

相萃取法的广泛使用而日益发展，逐渐发展了 SPE-GC/GC-MS、SPE-HPLC 在线分析方法，逐渐受到人们的重视。近年来，发展了许多专属性 SPE 固定相，是针对特定的环境、毒品和生物试样而设计的。为了检测体液中的毒品，已有针对不同分析物的 SPE 柱。已经建立了许多 SPE 方法应用于试样的预处理，SPE 在环境分析、药物分析、临床分析、刑事鉴定和食品饮料分析中得到广泛的应用，SPE 已被广泛应用于众多农药残留物的分析中，主要包括鱼、水果等食品和水中农药残留的分析，还被用于人血清和牛奶中有机氯的分析，并被用于农药毒性对人影响的评价。

SPE 根据其相似相溶机理可分为三种：正相 SPE、反相 SPE、离子交换 SPE。

（1）正相 SPE　正相固相萃取所用的吸附剂都是极性的。主要靠目标化合物的极性官能团与吸附剂表面的极性官能团之间相互作用，其中包括了氢键，π-π 键相互作用，偶极-偶极相互作用和偶极-诱导偶极相互作用以及其他的极性-极性作用。

（2）反相 SPE　反相固相萃取所用的吸附剂和目标化合物通常是非极性的或极性较弱的，主要是靠非极性-非极性相互作用，是范德华力或色散力。

（3）离子交换 SPE　离子交换固相萃取是靠目标化合物与吸附剂之间的相互作用，是静电吸引力。又可分为阳离子交换 SPE 和阴离子交换 SPE。

（三）固相萃取技术的操作过程

固相萃取过程要求样品以溶液形式存在，没有干扰，而且有足够的浓度以被检测。固相萃取的操作过程一般分为五步，如图 2-3 所示。

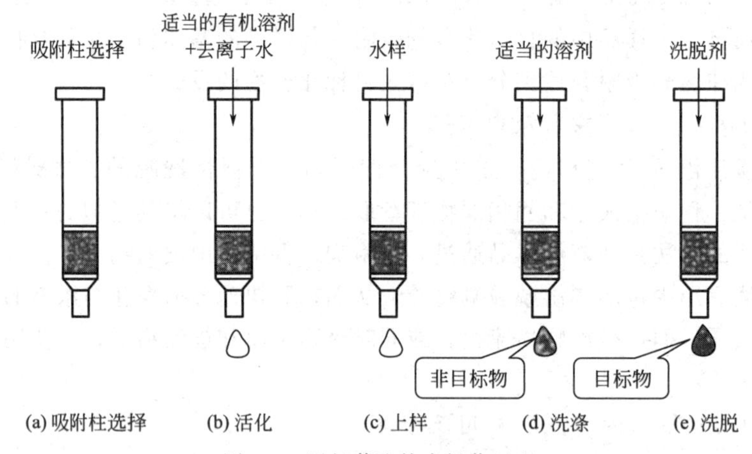

图 2-3　固相萃取技术操作过程

1. 选择 SPE 小柱或滤膜　首先应根据待测物的理化性质和样品基质，选择对待测物有较强保留能力的固定相。若待测物带负电荷，可用阴离子交换填料，反之则用阳离子交换填料。若为中性待测物，可用反相填料萃取。SPE 小柱或滤膜的大小与规格应视样品中待测物的浓度大小而定。对浓度较低的体内样品，一般应选用尽量少的固定相填料萃取较大体积的样品。

2. 活化　萃取前先用充满小柱的溶剂冲洗小柱或用 5～10mL 溶剂冲洗滤膜。一般可先用甲醇等水溶性有机溶剂冲洗填料，因为甲醇能润湿吸附剂表面，并渗透到非极性的硅胶键合相中，使硅胶更容易被水润湿，之后再加入水或缓冲液冲洗。加样前应使 SPE 填料保持湿润，如果填料干燥会降低样品保留值；而各小柱的干燥程度不一，则会影响回收率的重现性。

3. 上样　一般可采取以下措施：（1）用 0.1mol/L 酸或碱调节，使 pH＜3 或 pH＞9，离心取上层液萃取；（2）用甲醇、乙腈等沉淀蛋白质后取上清液，以水或缓冲液稀释后萃取；（3）用酸或无机盐沉淀蛋白质后取上清液，调 pH 值后萃取；（4）超声 15min 后加入水、缓冲液，取上清液萃取。尿液样品中的药物浓度较高，加样前先用水或缓冲液稀释，必要时可用酸、碱水解反应破坏药物与蛋白质的结合，然后萃取。流速应控制为 2～4mL/min，流速快不利于待测物与固定相结合。

4. 洗涤　反相 SPE 的清洗溶剂多为水或缓冲液，可在清洗液中加入少量有机溶剂、无机盐或调节 pH 值。加入小柱的清洗液应不超过一个小柱的容积，而 SPE 滤膜为 5～10mL。

5. 洗脱　应选用 5～10mL 离子强度较弱但能洗下待测物的洗脱溶剂。体内样品洗脱后多含有水，可选用冷冻干燥法。保留能力较弱的 SPE 填料可用小体积、较弱的洗脱液洗下待测物，再用极性较强的 HPLC 分析柱如 C_{18} 柱分析洗脱物。若待测物可电离，可调节 pH 值，抑制样品离子化，以增强待测物在反相 SPE 填料中的保留，洗脱时调节 pH 值使其离子化并用较弱的溶剂洗脱，收集洗脱液后再调节 pH 值使其在 HPLC 分析中达到最佳分离效果。在洗脱过程中应减慢流速，用两次小体积洗脱代替一次大体积洗脱，回收率更高。

（四）固相萃取技术的影响因素

1. 吸附剂　目前常用的吸附剂有正相吸附剂、反相吸附剂、离子交换吸附剂和抗体键合吸附剂等，试验时尽量选择与目标化合物极性相似的吸附剂，其用量大小与目标物性质（极性、挥发性）及其在水样中的浓度直接相关。常见吸附剂的类型及应用如表 2-2 所示。

表 2-2　SPE 常用吸附剂的类型及应用

硅胶填料		
类　型	填　料	应　用
ODS(C_{18})	硅胶上键合十八烷基	反相萃取，适合于非极性到中等极性的化合物。比如，抗生素、巴比妥酸盐、酞嗪、咖啡因、药物、染料、芳香油、脂溶性维生素、杀真菌剂、除草剂、农药、碳水化合物、对羟基甲苯酸取代酯、苯酚、邻苯二甲酸酯、类固醇、表面活性剂、茶碱、水溶性维生素
Octyl(C_8)	硅胶上键合辛烷	反相萃取，适合于非极性到中等极性的化合物。比如，抗生素、巴比妥酸盐、酞嗪、咖啡因、药物、染料、芳香油、脂溶性维生素、杀真菌剂、除草剂、农药、碳水化合物、对羟基甲基酸取代酯、苯酚、邻苯二甲酸酯、类固醇、表面活性剂、水溶性维生素
Ethyl(C_2)	硅胶上键合乙基	相对 C_{18} 和 C_8 链短，保持作用小得多，适合非极性化合物
Phenyl	硅胶上键合苯基	反相萃取，适合于非极性到中等极性的化合物
Silica	无键合硅胶	极性化合物萃取，如乙醇，醛，胺，药物，染料，除草剂，农药，酮，含氮类化合物，有机酸，苯酚，类固醇
Cyano(CN)	硅胶上键合丙氰基烷	反相萃取，适合于中等极性的化合物；正相萃取，适合于极性化合物。比如，黄曲霉毒素、抗生素、染料、除草剂、农药、苯酚、类固醇。弱阳离子交换萃取，适合于碳水化合物和阳离子化合物
Amino(NH_2)	硅胶上键合丙氨基	正相萃取，适合于极性化合物；弱阴离子交换萃取，适合于碳水化合物、弱性阴离子和有机酸化合物
Strong Anion Exchange	硅胶上键合卤化季铵盐	强阴离子交换萃取，适合于阴离子，有机酸、核酸、核苷酸、表面活性剂
Strong Cation Exchange	硅胶上键合磺酸钠盐	强阳离子交换萃取，适合于阳离子，抗生素、药物、有机碱、氨基酸、儿茶酚胺、除草剂、核酸碱、核苷、表面活性剂

续表

Al$_2$O$_3$ 填料		
类　型	填　料	应　用
Alumina A(acidic)	酸性 pH≈5	极性化合物离子交换和吸附萃取，如维生素
Alumina B(basic)	碱性 pH≈8.5	吸附萃取和阳离子交换
Alumina N(neutral)	中性 pH≈6.5	极性化合物吸附萃取，调节 pH 值，阳离子交换，阴离子交换，适合于维生素、抗生素、芳香油、酶、糖苷、激素

2. 洗脱溶剂　在 SPE 中，洗脱溶剂的选择与目标物性质及使用的吸附剂有关，常见溶剂的极性（如表 2-3 所示），试验过程中可根据被测物的物理、化学性质选用。洗脱剂体积应以淋洗完全为前提，体积最小的为最佳，可通过多次洗脱法（小体积），根据回收率的变化曲线找到最佳的洗脱液体积。显然，洗脱体积越小富集倍数越高。

表 2-3　常用溶剂的极性

正己烷	异辛烷	四卤化碳	三卤甲烷	二卤甲烷	四氢呋喃	乙醚	乙醚乙酯	丙酮	乙腈	异丙醇	甲醇	水	醋酸
非极性←													→极性

3. 保留体积　在加样过程中，保留体积是 SPE 技术的关键因素之一，它代表了进行痕量富集时能有效处理的水样体积。根据色谱分析仪的最小检出量和水样中有机物的浓度，可以估算出欲富集的最小水样体积。另外，样液的 pH 值也影响样品的吸附效率。

4. 流速　流速的控制对 SPE 至关重要，流速过大将引起 SPE 柱的穿漏，流速太小则处理速度太慢。柱预处理过程中流速适中，保证溶液充分湿润吸附剂即可，上样和洗脱过程则要求流速尽量慢些，以使分析物尽量保留在柱内或达到完全洗脱，否则会导致分析物流失，影响回收率的大小。尤其离子交换过程，进行比较缓慢，应采用较低的流速（0.5～2.0mL/min）。

第四节　生物样品的浓缩、干燥和保存

一、生物样品的浓缩

生物样品在制备过程中，由于过柱纯化而使样品浓度变得很低，为了进一步的保存和鉴定，往往需要进行浓缩。常用的浓缩方法有：

1. 真空旋转蒸发浓缩

真空旋转蒸发器主要用于医药、化工和生物制药等行业的浓缩、结晶、干燥、分离及溶媒回收。其原理为在真空条件下，恒温加热，使旋转瓶恒速旋转，物料在瓶壁形成大面积薄膜，高效蒸发。溶媒蒸气经高效玻璃冷凝器冷却，回收于收集瓶中，大大提高蒸发效率。特别适用对高温容易分解变性的生物制品的浓缩提纯。

2. 空气流动蒸发浓缩

空气流动蒸发是借助空气的流动使液体加速蒸发。将铺成薄层的溶液，表面不断通过空气流；或将生物大分子溶液装入透析袋内置于冷室，用电扇对准吹风，使透过膜外的溶剂不断蒸发，而达到浓缩目的，此法浓缩速度慢，不适于大量溶液的浓缩。

3. 冰冻法

冰冻法是生物大分子及其他有机化合物浓缩的一种有效方法。生物大分子在冰冻时，水分子结成冰，盐类及生物大分子不进入冰内而留在液相中。操作时先将待浓缩的溶液冷却使之变成固体，然后缓慢地融解，利用溶剂与溶质融解点的差别而达到除去大部分溶剂的目的。如蛋白质和酶的盐溶液，用此法浓缩时，不含蛋白质和酶的纯冰结晶浮于液面，蛋白质和酶则集中于下层溶液中，移去上层冰块，可得蛋白质和酶的浓缩液。

4. 吸收法

通过吸收剂直接吸收除去溶液中溶剂分子使溶液浓缩的方法。使用的吸收剂必须与溶液不起化学反应，对生物大分子不起吸附作用，易与溶液分开，吸收剂除去溶剂后能重复使用。实验室中最常用的吸收剂有聚乙二醇、聚乙烯吡咯酮、蔗糖和凝胶等。使用凝胶时，首先选择凝胶粒度大小恰好使溶剂及低分子物质能渗入凝胶内，而生物大分子却完全排除于凝胶之外的，然后将洗净和干燥的凝胶直接投入待浓缩的稀溶液中，凝胶亲水性强，在水中溶胀时，溶剂及小分子被吸收到凝胶内，生物大分子留在剩余的溶液中，离心或过滤除去凝胶颗粒，即得已浓缩的生物大分子溶液。凝胶溶胀时吸收水分及小分子物质可同时起到浓缩及分离纯化两种作用，对生物大分子结构和生物活性都没有影响，是近年来生物化学及分子生物学日益广泛使用的浓缩和分离方法之一。

5. 超滤法

超滤法是使用一种特别的薄膜对溶液中各种溶质分子进行选择性过滤的方法，液体在一定压力下（氮气压或真空泵压）通过膜时，溶剂和小分子透过，大分子受阻保留，这是近年来发展起来的新方法，最适于生物大分子尤其是蛋白质和酶的浓缩或脱盐，并具有成本低，操作方便，条件温和，能较好地保持生物大分子的活性，回收率高等优点。应用超滤法关键在于膜的选择，不同类型和规格的膜，水的流速，分子量截留值（即大体上能被膜保留分子最小分子量值）等参数均不同，必须根据工作需要来选用。另外，超滤装置形式、溶质成分及性质、溶液浓度等都对超滤效果的一定影响。Diaflo 超滤膜的分子量截留值如表 2-4 所示。用表中的超滤膜制成空心的纤维管，将许多根纤维管拢成一束，管的两端与低离子强度的缓冲液相连，使缓冲液不断地在管中流动。然后将纤维管浸入待透析的蛋白质溶液中。当缓冲液流过纤维管时，则小分子很易透过膜而扩散，大分子则不能。由于透析面积增大，因而使透析时间大大缩短，这就是纤维过滤透析法。

表 2-4　不同 Diaflo 超滤膜的分子量截留值和孔径

膜名称	分子量截留值	平均孔径/μm
XM-300	300,000	140
XM-200	100,000	55
XM-50	50,000	30
PM-30	30,000	22
PM-20	20,000	18
PM-10	10,000	15
UM-2	1,000	12
UM05	500	10

二、生物样品的干燥

生物样品制备得到产品，为防止变质，易于保存，常需要干燥处理，最常用的方法是真空干燥和冷冻干燥。

1. 真空干燥

真空干燥，又名解析干燥，是一种将生物样品置于负压条件下，并适当通过加热达到负压状态下的沸点或者通过降温使得样品凝固后通过溶点来干燥样品的干燥方式。生物样品内水分在负压状态下溶点和沸点都随着真空度的提高而降低，同时辅以真空泵间隙抽湿降低水汽含量，使得样品内水等溶液获得足够的动能脱离样品表面。真空干燥由于处于负压状态下隔绝空气使得部分在干燥过程中容易被氧化的生物样品更好的保持原有的特性，也可以通过注入惰性气体后抽真空的方式更好的保护样品。常见的真空干燥设备有：真空干燥箱，连续真空干燥设备等。

2. 冷冻干燥

冷冻干燥机是生化与分子生物学实验室必备的仪器之一，由于大多数生物大分子分离纯化后的终极产品多数是水溶液，要从水溶液中得到固体产品，最好的办法就是冷冻干燥，由于生物大分子容易失活，通常不能使用加热蒸发浓缩的方法。冷冻干燥是先将生物大分子的水溶液冷冻，然后在低温和高真空下使冰升华，留下固体干粉。冷冻干燥得到的生物大分子固体样品有突出的优点：①由于是由冷冻状态直接升华为气态，所以样品不起泡，不暴沸；②得到的干粉样品不粘壁，易取出；③冻干后的样品是疏松的粉末，易溶于水。冷冻干燥特别适用于那些对热敏感、易吸湿、易氧化及溶剂蒸发时易产生泡沫而引起变性的生物大分子，如蛋白质、酶、核酸、抗菌素和激素等。对于极个别的在冻干时易变性失活的生物大分子则要十分谨慎，务必先做小量试验证实冻干无害后方可进行大量处理。

三、贮存

生物大分子的稳定性与保存方法有很大关系。干燥的制品一般比较稳定，在低温条件下其活性可在数日甚至数年无明显变化，贮藏要求简单，只要将干燥的样品置于干燥器内（内装有干燥剂）密封，保持0～4℃冰箱即可，液态贮藏时应注意以下几点。

1. 样品浓度不能太低，必须浓缩到一定浓度才能封装贮藏，浓度太低易使生物大分子变性。

2. 一般需加入防腐剂和稳定剂，常用的防腐剂有甲苯、苯甲酸、氯仿、百里酚等。蛋白质和酶常用的稳定剂有硫酸铵糊、蔗糖、甘油等，如酶也可加入底物和辅酶以提高其稳定性。此外，钙、锌、硼酸等溶液对某些酶也有一定保护作用。核酸大分子一般保存在氯化钠或柠檬酸钠的标准缓冲液中。

3. 贮藏温度要求低，大多数在0℃或－20℃左右冰箱保存，有的则要求超低温保存（－60℃以下），应视不同物质而定。

思考题与习题

1. 生物样品前处理主要包括哪些步骤？
2. 不同来源的生物材料应分别如何进行处理？
3. 细胞破碎的方法有哪些？各自的特点及适用于什么样品处理？
4. 超临界流体萃取技术的原理、特点及影响因素？
5. 微波萃取技术的原理、特点及影响因素？
6. 固相萃取技术的原理、特点及影响因素？
7. 生物样品常用的浓缩方法有哪些？
8. 生物样品常用的干燥方法及贮存条件？

第三章　离心分离技术

离心技术是一种通过高速旋转所产生的强大离心力场来使样品颗粒移动和沉降，从而对其进行分离和分析的技术，是从细胞匀浆中分离出亚细胞成分或蛋白、核酸、酶等生物大分子最常用的方法之一。在生命科学特别是在生物化学和分子生物学研究领域，已得到十分广泛的应用。

第一节　离心技术的基本原理

将处于悬浮状态的细胞、细胞器、病毒和生物大分子等称为“颗粒”。每个颗粒都有一定大小、形状、密度和质量。当离心机转子高速旋转时这些颗粒在介质中发生沉降或漂浮，它的沉降速度与作用在颗粒上的力的大小和力的方向有关。颗粒除受到离心力（F_c）外，还受到颗粒在介质中移动时的摩擦阻力（F_f）、与离心力方向相反的浮力（F_B）、颗粒处于重力场之下的重力（F_g）和与重力方向相反的浮力（F_b）。

一、离心力

当溶液中质量为 m 的颗粒（生物大分子或细胞器）以一定角速度做圆周运动时要受到一个向外的离心力 F_c。这种力的大小取决于角速度（ω，以弧度/秒表示）和旋转半径（r，用 cm 计算），由下式定义，即：

$$F_c = mr\omega^2 = mr\left(\frac{2\pi N}{60}\right)^2 \tag{3-1}$$

式中，m 为沉降颗粒的有效质量（g）；r 为离心半径（cm），即沉降颗粒到转子中心轴之间的距离；N 为离心机每分钟的转数（r/min）。

二、重力

重力（F_g）是颗粒质量（m）与重力加速度（g）的乘积用下式表示：

$$F_g = mg \tag{3-2}$$

重力的方向与离心力的方向互相垂直，同离心力相比非常小，可以忽略不计。例如：离开旋转中心 9cm 的颗粒，在 $N=1800$r/min 时离心，产生的离心力与重力相比：

$$\begin{aligned} F_c/F_g &= mr\omega^2/mg = \omega^2 r/g = (2\pi N/60)^2 r/980 \\ &= (2\times3.1416\times1800/60)^2\times9/980 = 32598 \end{aligned}$$

如在超速离心机中进行离心分离，其离心力更大，重力更可以忽略不计。同时颗粒由重力而产生的浮力（F_b）也可忽略不计。

三、介质的摩擦阻力

介质对颗粒的摩擦阻力（F_f）用 Stocke 阻力方程表示：

$$F_f = 6\pi\eta r_p \mathrm{d}x/\mathrm{d}t \tag{3-3}$$

式中，η 是介质的黏滞系数（厘泊，cP）；r_p 是颗粒的半径（cm）；$\mathrm{d}x/\mathrm{d}t$ 是颗粒在介质中的移动速度（cm/s），又称为沉降速度，即单位时间内颗粒沉降的距离。

四、浮力

在重力场中，浮力的定义是指被物体所排开周围介质的重量。但在离心场的情况下，颗粒的浮力与离心力方向相反，为颗粒排开介质的质量与离心加速度之乘积。用下式表示：

$$F_B = P_m(m/P_p)\omega^2 r = P_m/P_p m\omega^2 r \tag{3-4}$$

式中，P_p 为颗粒密度（g/cm^3）；P_m 为介质密度（g/cm^3）；m/P_p 为介质的体积；$P_m(m/P_p)$ 为颗粒排开介质的质量。

综上所述，在离心场中，作用于颗粒上的力主要有离心力 F_c、浮力 F_B 和摩擦阻力 F_f。当离心转子从静止状态加速旋转时，原来处于悬浮状态的颗粒如果密度大于周围介质的密度，则颗粒离开轴心方向移动，即发生沉降；如果颗粒密度低于周围介质的密度，则颗粒朝向轴心方向移动，即发生漂浮。无论沉降或漂浮，离心力的方向与摩擦阻力和浮力方向均相反；当离心力增大时，反向的两个力也增大，到最后离心力与摩擦阻力和浮力平衡，颗粒的沉降（或漂浮速度）达到某一极限速度，这时颗粒运动的加速度等于零，速度 dx/dt 变成恒速运动。那么

$$F_c = F_B + F_f \tag{3-5}$$

将式(3-1)，(3-3)，(3-4) 代入式(3-5) 得：

$$m\omega^2 R = 6\pi\eta r_p dx/dt + (P_m/P_p)m\omega^2 r \tag{3-6}$$

式中，球形体积 $V=4\pi r_p^3/3$，$m=VP_p=(4\pi r^3 p/3)P_p$，故式(3-6) 可写成：

$$(4\pi r_p^3/3)(P_p)(\omega^2 r) = 6\pi\eta r_p dx/dt + (4\pi r^3/3)(P_p)(\omega^2 r)$$

整理后得：

$$dx/dt = 4r_p^2(P_p - P_m)\omega^2 r/18\eta \tag{3-7}$$

从式(3-7) 可见：①颗粒的沉降速度与颗粒半径的平方、颗粒与介质的密度差和离心加速度成正比，而与介质的黏滞度成反比；②当颗粒的密度 $P_p > P_m$ 时颗粒发生沉降，当 $P_p < P_m$ 时颗粒漂浮，当 $P_p = P_m$ 时颗粒不沉不浮；③在离心加速度 $\omega^2 R$ 不变的情况下，颗粒的沉降速度主要决定于颗粒的直径大小和颗粒的形状，而颗粒的密度所起的作用较小。

五、相对离心力

通常离心力常用地球引力的倍数来表示，因而称为相对离心力（*RCF*）。相对离心力是指在离心场中，作用于颗粒的离心力相当于地球重力的倍数。可用下式计算：

$$RCF = \left[\frac{2\pi N}{60}\right]^2 \cdot r \cdot m/m \cdot g = 1.119 \times 10^{-5} \times N^2 \cdot r$$

式中，*RCF* 为相对离心力，单位是重力加速度“*g*”（$9.8m/s^2$）；由上式可见，只要给出旋转半径 r，则 *RCF* 和 N 之间可以相互换算。但是由于转头的形状及结构的差异，使每台离心机的离心管，从管口至管底的各点与旋转轴之间的距离是不一样的，所以在计算时规定旋转半径均用平均半径“r_{av}”代替：$r_{av}=(r_{min}+r_{max})/2$。

r_{max}、r_{min} 分别指从离心管底或管口到旋转轴中心的距离。离心半径 r 的测量如图 3-1 所示。

六、沉降系数

1924 年，Svedberg 定义沉降系数为颗粒在单位离心力场作用下的沉降速度。即：

$$S = (dR/dt)/\omega^2 R \tag{3-8}$$

沉降系数的物理意义是颗粒在离心力作用下从静止状态到达极限速度所经过的时间。沉

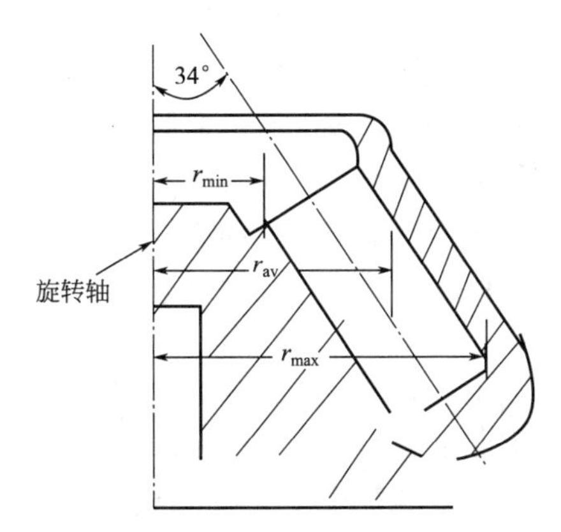

图 3-1　离心半径 r 的测量

降系数的单位用 svedberg 表示，量纲为秒，1 svedberg=10^{-13}秒，简称 S。

将式(3-7) 两边同除以 ω^2R，得到沉降系数的表示式：

$$S=(\mathrm{d}x/\mathrm{d}t)/\omega^2R=d^2(P_\mathrm{p}-P_\mathrm{m})/18\eta \qquad (3\text{-}9)$$

从上式可知：在给定的介质中沉降系数的大小主要是由颗粒直径的平方和介质的黏滞系数 η 所决定。

第二节　离心机的主要结构和类型

一、离心机的基本结构

离心机的结构主要包括转头、驱动和速度控制系统、温控系统、真空系统四个部分。

制备型离心机广泛用于各种细胞器、病毒以及生物大分子的分离、纯化，是实验室不可缺少的离心设备。制备型超速离心机具有超过 500000g 的离心力，是制备型离心机发展的最高形式。现以这种离心机为例介绍离心机的结构。

1. 转头　在制备型超速离心机中所采用的转头种类繁多，一般可分为五类：角式转头、水平式转头、垂直式转头、区带转头和连续转头。其中角式转头和水平转头最为常见。

(1) 角式转头：角式转头是指离心管腔与转轴成一定倾角的转头。它是由一块完整的金属制成的，其上有 4～12 个装离心管用的机制孔穴，即离心管腔，孔穴的中心轴与旋转轴之间的角度在 20°～40°之间，角度越大沉降越结实，分离效果越好。这种转头的优点是具有较大的容量，且重心低，运转平衡，寿命较长，颗粒在沉降时先沿离心力方向撞向离心管，然后再沿管壁滑向管底，因此管的一侧就会出现颗粒沉积，此现象称为“壁效应”，壁效应容易使沉降颗粒受突然变速所产生的对流扰乱，影响分离效果。

(2) 水平式转头：这种转头是由吊着的 4 或 6 个自由活动的吊桶（离心套管）构成。当转头静止时，吊桶垂直悬挂，当转头转速达到 200～800r/min 时，吊桶荡至水平位置，这种转头最适合做密度梯度区带离心，其优点是梯度物质可放在保持垂直的离心管中，离心时被分离的样品带垂直于离心管纵轴，而不像角式转头中样品沉淀物的界面与离心管成一定角度，因而有利于离心结束后由管内分层取出已分离的各样品带。其缺点是颗粒沉降距离长，离心所需时间也长。

(3) 区带转头：区带转头无离心管，主要由一个转子桶和可旋开的顶盖组成，转子桶中装有十字形隔板装置，把桶内分隔成四个或多个扇形小室，隔板内有导管，梯度液或样品液从转头中央的进液管泵入，通过这些导管分布到转子四周，转头内的隔板可保持样品带和梯度介质的稳定。沉降的样品颗粒在区带转头中的沉降情况不同于角式和外摆式转头，在径向的散射离心力作用下，颗粒的沉降距离不变，因此区带转头的效应小，可以避免区带和沉降颗粒的紊乱，分离效果好，而且还有转速高，容量大，回收梯度容易和不影响分辨率的优点，使超离心用于制备和工业生产成为可能。区带转头的缺点是样品和介质直接接触转头，耐腐蚀要求高，操作复杂。

（4）垂直转头：其离心管是垂直放置，样品颗粒的沉降距离最短，离心所需时间也短，适合用于密度梯度区带离心，离心结束后液面和样品区带要做九十度转向，因而降速要慢。

（5）连续流动转头：可用于大量培养液或提取液的浓缩与分离，转头与区带转头类似，由转子桶和有入口、出口的转头盖及附属装置组成，离心时样品液由入口连续流入转头，在离心力作用下，悬浮颗粒沉降于转子桶壁，上清液由出口流出。

2. 离心管　离心管主要用塑料和不锈钢制成，塑料离心管常用材料有聚乙烯（PE），聚碳酸酯（PC），聚丙烯（PP）等，其中PP管性能较好。塑料离心管的优点是透明（或半透明），硬度小，可用穿刺法取出梯度。缺点是易变形，抗有机溶剂腐蚀性差，使用寿命短。

不锈钢管强度大，不变形，能抗热，抗冻，抗化学腐蚀。但用时也应避免接触强腐蚀性的化学药品，如强酸、强碱等。离心管都有管盖，离心前管盖必须盖严，防止漏液。管盖有三种作用：①防止样品外泄，用于有放射性或强腐蚀性的样品时，这点尤其重要；②防止样品挥发；③支持离心管，防止离心管变形。

3. 驱动和速度控制系统　大多数超速离心机的驱动装置是由水冷或风冷电动机通过精密齿轮变速，或直接用变频马达连接到转头轴构成。由于驱动轴的直径仅仅0.48cm左右，在旋转中细轴可有一事实上的弹性弯曲，以便适应转头不平衡，而不引起震动或转轴损伤。但是，离心管及其内含物必须精密地被平衡到相互之差不超过0.1g。除速度控制系统以外，还有一个过速保护系统，以防止转速超过转头最大规定转速，引起转头的撕裂或爆炸。因此离心腔总是用能承受此种爆炸的装甲钢板密闭。

4. 温度控制系统　超速离心机的温度控制是由安置在转头下面的红外线射量感受器直接并连续监测转头的温度，以保证更准确更灵敏的温度调控。

5. 真空系统　当转速超过40000r/min时，空气与旋转的转轴以及转头之间的摩擦产热较多，会影响样品的生物活性，因此，超速离心机配置了真空系统。

普通制备离心机和高速制备离心机的结构较简单，其转子多是角式和水平式转子两种，没有真空系统。普通制备离心机多数室温下操作，速度不能严格控制。高速制备型离心机有消除空气和转子间磨擦热的致冷装置，速度和温度控制较严格。

6. 分析型超速离心机　分析型超速离心机主要是为了研究生物大分子物质的沉降特征和结构。因此，它使用了特殊设计的转头和检测系统，以便连续地监测物质在离心场中的沉降过程。其转头是椭圆形的，此转头通过一个有柔性的轴连接到一个超速的驱动装置上，转头在一个冷冻的和真空的腔中旋转。转头上有2～6个离心杯小室，离心杯是扇形的，可以上下透光。离心机中装有光学系统，在整个离心期间都能通过紫外吸收或折射率的变化监测离心杯中沉降着的物质。在预定的时间可以拍摄沉降物质的照片。物质沉降时，在重颗粒和轻颗粒之间形成的界面就像一个折射的透镜，结果在检测系统的照相底板上产生一个峰，由于沉降不断进行，界面向前推进，因此峰也移动。从峰移动的速度可以得到有关物质沉降速度的指标。分析型超速离心机的主要特点就是能在短时间内，用少量样品就可以得到一些重要信息，能够确定生物大分子是否存在，估计其含量，计算生物大分子的沉降系数，结合界面扩散，估计分子的大小，检测分子的不均一性及混合物中各组分的比例，测定生物大分子的分子量，还可以检测生物大分子的构象变化等。

二、离心机的种类

离心机可分为工业用离心机和实验用离心机。实验用离心机又分为制备型离心机和分析型离心机，制备型离心机主要用于分离各种生物材料，每次分离的样品容量比较大，分析型离心机一般都带有光学系统，主要用于研究纯的生物大分子和颗粒的理化性质，依据待测物质在离心场中的行为（用离心机中的光学系统连续监测），能推断物质的纯度、形状和分子量等。离心机的种类可以按转速、使用温度、用途进行分类，如表 3-1 所示。作为生化分离手段，最常用的是制备型超速离心机和高速离心机。

表 3-1　离心机分类

转速	使用温度	用途
普通（＜6000r/min） 高速（6000～25000r/min） 超速（＞25000r/min）	常温 冷冻	制备型 分析型

1. 普通离心机　最大转速 6000r/min，最大相对离心力近 6000g，容量为几十毫升至几升，分离形式是固液沉降分离，转子有角式和外摆式，其转速不能严格控制，通常不带冷冻系统，于室温下操作，用于收集易沉降的大颗粒物质，如红细胞、酵母细胞等。

2. 高速冷冻离心机　最大转速为 25000r/min，最大相对离心力为 89000g，最大容量可达 3 升，分离形式也是固液沉降分离，转头配有各种角式转头、荡平式转头、区带转头、垂直转头和大容量连续流动式转头，一般都有制冷系统，以消除高速旋转转头与空气之间摩擦而产生的热量，离心室的温度可以调节和维持在 0～4℃，转速、温度和时间都可以严格准确地控制，并有指针或数字显示，通常用于微生物菌体、细胞碎片、大细胞器、硫酸铵沉淀和免疫沉淀物等的分离纯化工作，但不能有效地沉降病毒、小细胞器（如核蛋白体）或单个分子。

3. 超速离心机　转速可达 50000～80000r/min，相对离心力最大可达 510000g，离心容量由几十毫升至几升，分离的形式是差速沉降分离和密度梯度区带分离，离心管平衡允许的误差要小于 0.1g。超速离心机的出现，使生物科学的研究领域有了新的扩展，它能使过去仅仅在电子显微镜观察到的亚细胞器得到分级分离，还可以分离病毒、核酸、蛋白质和多糖等。

第三节　制备离心的分离方法

制备超离心法可用来分离细胞、亚细胞结构或生物高分子。根据分离的原理不同，制备超离心法又可分为差速离心法和密度梯度离心法两大类操作方法。

一、差速离心法

差速离心法又叫分级分离法，是最普通的离心法。即采用逐渐增加离心速度或低速和高速交替进行离心，使沉降速度不同的颗粒，在不同的离心速度及不同离心时间下分批分离的方法。此法一般用于分离沉降系数相差较大（一般在一个到几个数量级）的颗粒。沉降系数 S 差别越大，分离效果越好。

进行差速离心时，首先要选择好颗粒沉降所需的离心力和离心时间。离心力过大或离心时间过长，容易导致大部分或全部颗粒沉降及颗粒被挤压损伤。当以一定离心力在一定的离心时间内进行离心时，沉降速率最大的颗粒首先沉降在离心管底部，将上清液转移至另一离心管中加大转速并控制一定的离心时间，就可获得沉降速率中等的颗粒。如此多次离心操作，就可在不同转速及时间组合条件下，实现沉降系数不同的各个组分的分离（图 3-2 所示）。

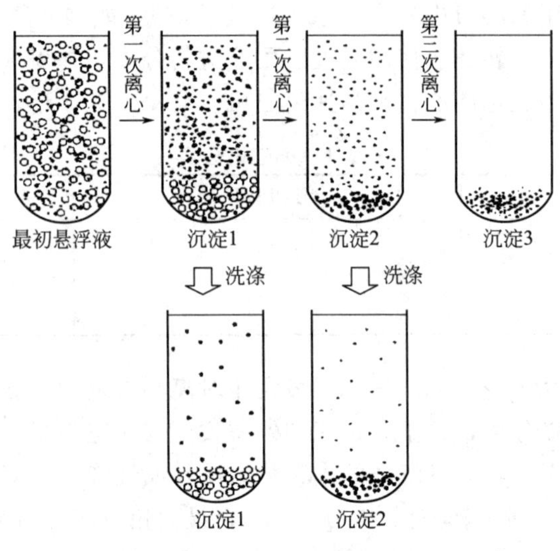

图 3-2 差速离心的操作步骤

用差速离心法分离到的某一组分并不十分均一，沉淀中混杂有部分沉降速率稍小的组分，需经再悬浮和再离心（2～3 次），才能得到较纯的组分。差速离心法主要用于分离细胞器和病毒。其优点是：操作简单，离心后用倾倒法即可将上清液与沉淀分开，并可使用容量较大的角式转子。缺点是：①分离效果差，不能一次得到纯组分；②壁效应严重，特别当颗粒很大或浓度很高时，在离心管壁一侧会出现沉淀；③颗粒被挤压，离心力过大、离心时间过长会使颗粒变形、聚集而失活。

二、密度梯度离心法

密度梯度离心法又叫区带离心法，是将样品加在惰性梯度介质中进行离心沉降或沉降平衡，在一定的离心力下把颗粒分配到梯度中某些特定位置上，形成不同区带的分离方法。此法的优点是：①分辨率高，可分离 S 值仅相差 10%～20%的组分，可同时使样品中几个或全部组分分离，这是差速离心所不及的；②适应范围广，能像差速离心法一样分离具有沉降系数差的颗粒，又能分离有一定浮力、密度差的颗粒；③颗粒不会挤压变形，能保持颗粒活性，并防止已形成的区带由于对流而引起混合。此法的缺点是：①离心时间较长；②需要制备惰性梯度介质溶液；③操作严格，不易掌握。根据操作方法的不同，密度梯度离心法又可分为速率区带离心和等密度梯度离心两种。

1. 速率区带离心　首先在离心管中装好预制的一种正密度梯度介质液，介质密度自上而下逐渐增大，在其表面小心铺上一层样品溶液（图 3-3 所示）。离心时，由于离心力的作用，样品中各组分离开原样品层，按照它们各自的沉降速度向管底沉降，离心一定时间后，沉降的颗粒逐渐分开，故称速率区带离心。

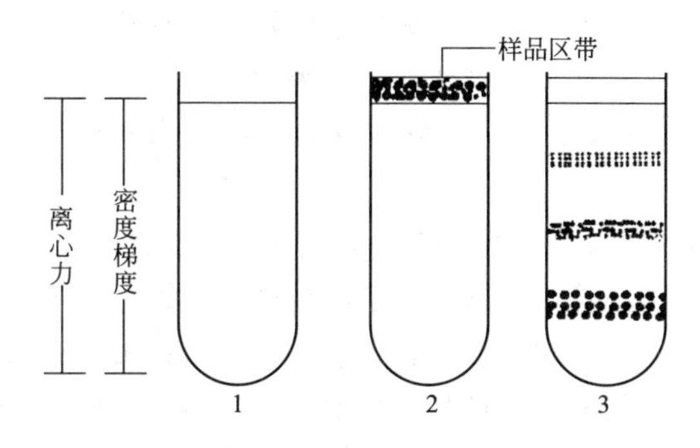

图 3-3　在水平转头中进行速率区带离心

1—充满密度梯度溶液的离心管；2—样品加于梯度液的顶部；

3—在离心力作用下颗粒按照各自的沉降速度移动分离

预制密度梯度介质的作用有两个：一是支撑样品；二是防止离心过程中产生的对流对已形成区带的破坏作用。但是样品颗粒的密度一定要大于密度梯度介质的最大密度，否则就不能使样品各组分得到有效分离。也正因如此，速率区带离心时间不能过长，必须在沉降速率最大的样品区带沉降到管底之前停止离心，否则样品中所有的组分都将共沉下来，不能达到分离的目的。蔗糖是对生物大分子及颗粒进行密度梯度区带离心时最常用的材料。它易溶于水，而且对核酸及蛋白质具有化学惰性。常用的梯度范围是5%～60%。

速率区带离心，物质的分离取决于样品物质颗粒的质量，也就是取决于样品物质的沉降系数 S，而不是取决于样品物质的密度。因而适宜于分离密度相近而大小不同的颗粒物质。离心过程中，各组分的移动是相互独立的。因此，S 值相差很小的组分也能得到很好的分离，这是差速离心所做不到的。但速率梯度离心不适于大量制备实验。此离心法的关键是选择合适的离心转速和时间。

2. 等密度梯度离心法　等密度梯度离心或称平衡密度梯度离心，是依据氯化铯、硫酸铯等密度较大物质，能在强离心场内自发形成并保持稳定的密度梯度溶液。开始离心前，把待分离样品溶液和氯化铯溶液混合在一起，离心过程中各组分将逐步移至与它本身密度相同的液相介质区域形成区带（图 3-4 所示），故称为等密度梯度离心。

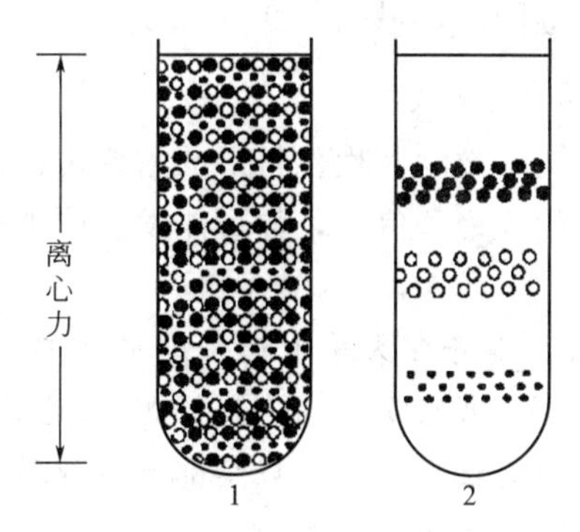

图 3-4　等密度梯度离心时颗粒的分离

1—样品与梯度物质混合的均匀溶液；2—离心力作用下，梯度物质重新分配，

样品颗粒停留在各自的等密度处形成区带

在等密度梯度离心中，组分的分离完全取决于组分之间的密度差。离心时间的延长或转速太高不会破坏已形成的样品区带，也不会发生共沉现象。等密度离心法的分离效率取决于样品颗粒的浮力密度差，密度差越大，分离效果越好，与颗粒大小和形状无关，但大小和形状决定着达到平衡的速度、时间和区带宽度。等密度区带离心法所用的梯度介质通常为氯化铯 CsCl，其密度可达 1.7g/cm^3。此法可分离核酸、亚细胞器等，也可以分离复合蛋白质，但简单蛋白质不适用。

离心后离心管中各分离物质一般用三种方法进行分步收集，即虹吸法、取代法及穿刺法。①虹吸法：不需损伤离心管，尤其适用于不锈钢离心管中物质的分步收集。因为虹吸时要严防已分离物被扰动，需要专用的虹吸装置；②取代法：用一根细管插入离心管底，泵入超过梯度介质最大密度的取代液，将样品和梯度介质压出，用自动部分收集器收集；③穿刺法：用针刺穿离心管底部滴出；用针刺穿离心管区带部位的管壁，把样品区带抽出。

综上所述，差速离心是一种动力学的方法，关键在于选择适合于各分离物的离心力和相应的离心时间。等密度梯度离心是一种测定颗粒浮力密度的静力学方法，关键在选择氯化铯浓度使之处于待分离物的密度范围内。密度梯度区带离心兼有以上两种方法的特点，关键在于制备优质的密度梯度溶液。

三、梯度材料的选择

梯度液的使用是梯度离心比差速离心分离精度高的根本原因。配置梯度液的试剂称为梯度材料，梯度材料的选择应遵循以下原则。

1. 选用材料应不影响样品的生物活性，且易与所分离的生物材料分开。

2. 要有合适的密度范围，且在所要求的密度范围内，黏度低，渗透压低，离子强度和pH 值变化较小。

3. 不腐蚀离心管和转头等离心设备。

4. 容易纯化，价格便宜，容易回收利用。

5. 对于分析超速离心工作来说，它的物理性质、热力学性质应该是已知的。

常用的梯度材料有：(1) 蔗糖：价格便宜，可用最大密度范围 1.33g/mL。缺点是黏度大（延长离心时间），高渗（对有膜细胞器不利），商品蔗糖有杂质，须经活性炭处理（加5%活性炭置热水浴 25min，过滤备用)。(2) 甘油：易溶，可以任何比例溶于水，适合配高浓度梯度液。易挥发，特别适用于制备电镜样品。甘油黏度也较大，效果与蔗糖相近。(3) 氯化铯：突出优点是密度范围广，最高 1.91g/mL。

四、离心操作的注意事项

高速与超速离心机是生化实验教学和生化科研的重要精密设备，因其转速高，产生的离心力大，使用不当或缺乏定期的检修和保养，都可能发生严重事故，因此使用离心机时都必须严格遵守操作规程。

1. 使用各种离心机时，必须事先在天平上精密地平衡离心管和其内容物，平衡时重量之差不得超过各个离心机说明书上所规定的范围，每个离心机不同的转头有各自的允许差值，转头中绝对不能装载单数的管子，当转头只是部分装载时，管子必须互相对称地放在转头中，以便使负载均匀地分布在转头的周围。

2. 装载溶液时，要根据各种离心机的具体操作说明进行，根据待离心液体的性质及体积选用适合的离心管，有的离心管无盖，液体不得装得过多，以防离心时甩出，造成转头不平衡、生锈或被腐蚀，而制备型超速离心机的离心管，则常常要求必须将液体装满，以免离心时塑料离心管的上部凹陷变形。每次使用后，必须仔细检查转头，及时清洗、擦干。转头是离心机中须重点保护的部件，搬动时要小心，不能碰撞，避免造成伤痕，转头长时间不用时，要涂上一层上光蜡保护，严禁使用显著变形、损伤或老化的离心管。

3. 若要在低于室温的温度下离心，转头在使用前应放置在冰箱或置于离心机的转头室内预冷。

4. 离心过程中不得随意离开，应随时观察离心机上的仪表是否正常工作，如有异常的声音应立即停机检查，及时排除故障。

5. 每个转头各有其最高允许转速和使用累积限时，使用转头时要查阅说明书，不得超速使用。每一转头都要有一份使用档案，记录累积的使用时间，若超过了该转头的最高使用限，则须按规定降速使用。

第四节　离心技术在生物学研究中的应用

制备型离心和分析型离心是依据不同的目的来划分的，制备型离心其最终目的是对生物来源的样品物质进行分离纯化和制备。分析型离心的最终目的是利用已分离纯化了的单一组分作各方面性质的分析研究。最常用的分析研究是测量物质的分子量、沉降系数、密度和纯度等。分析型离心一般用超速冷冻离心机，使用的离心技术主要是差速离心或密度梯度离心。其主要应用是如下。

一、分子量的测定

由沉降系数根据 Svedberg 公式可以计算出物质的分子量。

二、DNA 样品密度的测定

借助于已知密度的 DNA 样品，通过作图的方法，可以求出未知 DNA 样品的密度。

三、从密度推算 DNA 的 G-C 碱基含量

DNA 的 G-C 含量与其浮力密度呈直线相关，即 G-C 含量越高，浮力密度越大，所以用测得的浮力密度计算其 G-C 含量。

四、检测生物大分子中构象的变化

分析型超速离心已成功地用于检测大分子构象的变化。在某些因素影响下，DNA 分子可能发生一些构象的变化。构象上的变化可通过检查样品在沉降速度中的差异来证实。分子越是紧密，那么它在溶剂中的摩擦阻力越小；分子越是不规则，摩擦阻力就越大，沉降就越慢。因此，通过样品处理前后沉降速度的差异就可以检测它在构象上的变化。

思考题与习题

1. 什么是离心技术，离心技术主要用于哪些方面？
2. 相对离心力和沉降系数的物理意义是什么？
3. 离心机的结构一般包括哪几部分？
4. 差速离心的概念及其优缺点是什么？
5. 密度梯度离心的优缺点是什么？梯度材料选择的条件有哪些？
6. 密度梯度离心与差速离心分离原理有什么区别？

第四章　电泳分离技术

带电离子在电场的作用下，向着与其电性相反的电极移动的现象称为电泳。在一定条件下，混合物中各组分的大小、所带电荷等不同，在电场中经过一段时间的泳动，就可能实现组分间的有效分离，这就是生化分离中常用的电泳技术。

第一节　概　　述

一、电泳技术的发明及发展

早在1809年俄国物理学家Reŭss首次发现电泳现象。1909年Michaelis首次将胶体离子在电场中的移动称为电泳，他用不同pH值的溶液在U形管中测定了转化酶和过氧化氢酶的电泳移动和等电点。1937年瑞典Uppsala大学的Tiselius对电泳仪器作了改进，创造了Tiselius电泳仪，建立了研究蛋白质的移动界面电泳方法，并首次证明了血清是由白蛋白及α、β、γ球蛋白组成的，由于Tiselius在电泳技术方面作出的开拓性贡献而获得了1948年的诺贝尔化学奖。1948年Wieland和Fischer重新发展了以滤纸作为支持介质的电泳方法，对氨基酸的分离进行研究。从20世纪50年代起，特别是1950年Durrum用纸电泳进行了各种蛋白质的分离以后，开创了利用各种固体物质（如各种滤纸、醋酸纤维素薄膜、琼脂凝胶、淀粉凝胶等）作为支持介质的区带电泳方法。1959年Raymond和Weintraub利用人工合成的凝胶作为支持介质，创建了聚丙烯酰胺凝胶电泳，极大地提高了电泳技术的分辨率，开创了近代电泳的新时代。近几十年以来，电泳技术发展很快，各种类型的电泳技术相继诞生，在生物化学、医学、免疫学等领域得到了广泛应用。

二、电泳技术的分类

1. 电泳技术按原理可分为三大类：自由界面电泳、稳态电泳、区带电泳。

（1）自由界面电泳：又称移动界面电泳，是指在没有支持介质的溶液中进行的电泳。其装置复杂，价格昂贵，费时费力，不便于推广应用。

（2）稳态电泳（或称置换电泳）：分子颗粒的电泳迁移在一定时间达到一个稳态后，带的宽度不随时间而变化。

（3）区带电泳：是指有支持介质的电泳，待分离物质在支持介质上分离成若干区带。支持介质的作用主要是防止电泳过程中的对流和扩散，以使被分离的成分得到最大分辨率的分离。区带电泳由于采用的介质不同以及技术上的差异，又可分为不同的类型。

2. 按支持介质种类的不同，区带电泳可分为：

（1）纸电泳：用滤纸作为支持介质，多用于核苷酸的定性定量分析。

（2）醋酸纤维素薄膜电泳：医学上，常用于分析血清蛋白、胎盘球蛋白，其优点是简便迅速，便于保存照相，比纸电泳分辨率高。以上两种类型的电泳，由于介质的孔径度大，没有分子筛效应，主要靠被分离物的电荷多少进行分离。

（3）淀粉凝胶电泳：多用于同工酶分析，凝胶铺厚些，可一层一层剥层分析（一板多测）。天然淀粉经加工处理即可使用，但孔径度可调性差，并且由于其批号之间的质量相差很大，很难得到重复的电泳结果，加之电泳时间长，操作麻烦，分辨率低，实验室中已很少使用。

（4）琼脂糖凝胶电泳：一般用于核酸的分离分析。琼脂糖凝胶孔径度较大，对大部分蛋白质只有很小的分子筛效应。

（5）聚丙烯酰胺凝胶电泳：可用于核酸和蛋白质的分离、纯化及检测。其分辨率较高。聚丙烯酰胺和琼脂糖是目前实验室最常用的支持介质。

另外根据支持介质形状不同，区带电泳可分为：薄层电泳、板电泳、柱电泳。根据用途不同可分为：分析电泳、制备电泳、定量电泳、免疫电泳。按 pH 值的连续性不同可分为：连续 pH 值电泳、不连续 pH 值电泳。

第二节　基本原理

一、电泳技术的基本原理

电泳是在电场作用下产生的物质运动。荷电物质分子在电场中移动时，受两种力的作用，即电场力和阻力（或称摩擦力）。其中电场力是荷电分子移动的动力，它使荷电分子向与其所带电荷相反的电极方向移动。电场中荷电分子所受电场力 F 的大小与其净电荷数 q 及电场强度 E 成正比，即 $F_{电场力}=E\cdot q$。荷电分子在电场力作用下做定向移动时所受介质阻力的方向与所受电场力方向相反，对于球形分子其大小与荷电分子的半径 r 及移动速度 v 以及介质的黏度 η 成正比，即 $F_{阻力}=6\pi r\mu v$。

当荷电分子在电场中做匀速运动时，电场力与阻力大小相等，方向相反，即 $E\cdot q=6\pi r\mu v$，移项得：

$$V=\frac{E\cdot q}{6\pi r\eta} \tag{4-1}$$

颗粒的移动速度（泳动速度 V）与电场强度（E）和颗粒所带电荷量（q）成正比，而与颗粒的半径（r）及溶液的黏度（η）成反比。

由式(4-1) 可知，带电颗粒的泳动速度受电场强度影响，使得同一种带电颗粒在不同电场下的泳动速度不同，为了便于比较，常用迁移率 m（指带电颗粒在单位电场强度下的泳动速度）代替泳动速度表示颗粒的泳动情况。

$$m=V/E=q/6\pi r\eta \tag{4-2}$$

由式(4-2) 式可以看出，迁移率仅与球形颗粒所带电荷数量、颗粒大小及溶液黏度有关而与电场强度无关。在一定的条件下，任何带电颗粒都具有自己的特定迁移率。它是胶体颗粒的一个物理常数，可用于研究蛋白质、核酸等物质的一些化学性质。

二、影响电泳迁移率的因素

1. 带电颗粒的性质

带电颗粒的直径、形状以及所带的净电荷量对泳动速度有较大影响。一般来说，颗粒带净电荷量越大，或其直径越小，或其形状越接近球形，在电场中泳动速度就越快。反之，则越慢。

2. 电场强度

电场强度是指单位长度（cm）的电位降，也称电势梯度。电场强度对泳动速度起着十分重要的作用。电场强度越高，带电颗粒泳动速度越快。根据电场强度大小，当电压在500V以下，电场强度在2～10V/cm时为常压电泳；电压在500V以上，电场强度在20～200V/cm时为高压电泳。电场强度大，带电质点的迁移率加速，因此省时间，但因产生大量热量，应配备冷却装置以维持恒温。

3. 溶液的pH值

溶液的pH值决定被分离物质的解离程度和质点的带电性质及所带净电荷量。例如蛋白质分子，它是既有酸性基团（—COOH），又有碱性基团（$—NH_2$）的两性电解质，在某一溶液中所带正负电荷相等，即分子的净电荷等于零，此时蛋白质在电场中不再移动，溶液的这一pH值为该蛋白质的等电点（isoelectric point，pI）。若溶液pH值处于等电点酸侧，即pH＜pI，则蛋白质带正电荷，在电场中向负极移动。若溶液pH值处于等电点碱侧，即pH＞pI，则蛋白质带负电荷，向正极移动。溶液的pH值离pI值越远，质点所带净电荷越多，电泳迁移率越大。因此在电泳时，应根据样品性质，选择合适的pH值缓冲液。

4. 溶液的离子强度

电泳液中的离子浓度增加时会引起质点迁移率的降低。其原因是带电质点吸引相反负荷的离子聚集其周围，形成一个与运动质点负荷相反的离子氛（ionic atmosphere），离子氛不仅降低质点的带电量，同时增加质点前移的阻力，甚至使其不能泳动。然而离子浓度过低，会降低缓冲液的总浓度及缓冲容量，不易维持溶液的pH值，影响质点的带电量，改变泳动速度。

5. 电渗

在电场作用下液体对于固体支持物的相对移动称为电渗（electro-osmosis）。其产生的原因是固体支持物多孔，且带有可解离的化学基团，因此常吸附溶液中的正离子或负离子，使溶液相对带负电或正电。如以滤纸作支持物时，纸上纤维素吸附OH^-带负电荷，与纸接触的水溶液因产生H_3O^+，带正电荷移向负极。若质点原来在电场中移向负极，质点的表现速度比其固有速度要快；若质点原来移向正极，表现速度比其固有速度要慢。可见应尽可能选择低电渗作用的支持物以减少电渗的影响。

6. 焦耳热

由焦耳热定律$Q=U^2/R$，可知电泳的放热量与电场电压的平方成正比，电压过高，放热量就会过大，就有可能破坏样品和支持介质。

7. 筛孔

电泳固体支持介质常用琼脂或聚丙烯酰胺等多孔材料，支持介质筛孔的大小对样品分子的泳动有决定性影响。在筛孔大的凝胶中带电颗粒泳动速度快，反之，则泳动速度慢。支持介质的筛孔大小需根据所分离的样品分子大小等情况选择和调节。

综上所述可知，电泳受粒子本身大小、形状、所带电量、溶液黏度、温度、pH值、电渗及离子强度等多种因素的影响。当电泳结果欠佳时，应检查或重新设计实验条件以便改进。

第三节　常用的电泳分析方法

现在电泳多数是在凝胶介质上通过区带电泳进行生物高分子分离的。常用的电泳支持介质主要有聚丙烯酰胺凝胶和琼脂糖凝胶等。下面仅对常用的几种凝胶电泳进行叙述。

一、琼脂糖凝胶电泳

琼脂糖是由琼脂分离制备的链状多糖。其结构单元是D-半乳糖和3,6-脱水-L-半乳糖。许多琼脂糖链依氢键及其他力的作用使其互相盘绕形成绳状琼脂糖束，构成大网孔型凝胶。琼脂糖凝胶电泳法主要用于分离、鉴定和纯化DNA片段。用溴化乙锭（简称EB）染色，在紫外灯下，凝胶中1ng的DNA就能直接观察到。该方法操作简便，条件易于制备，它的分离效果一般比超离心等其他方法好，大小分子均可很好的分离。

琼脂糖可以制成各种形状、大小和孔隙度。琼脂糖凝胶分离DNA片段大小范围较广，不同浓度琼脂糖凝胶可分离长度为200bp～50kbp的DNA片段。在一定浓度的琼脂糖凝胶介质中，DNA分子的电泳迁移率与其分子量的常用对数成反比；分子构型也对迁移率有影响，如共价闭环DNA>直线DNA>开环双链DNA。琼脂糖通常用水平装置在强度和方向恒定的电场下电泳。目前，一般实验室多用琼脂糖水平凝胶电泳装置进行DNA电泳。

琼脂糖凝胶电泳是目前实验室较常用的电泳方法，操作步骤都很成熟，在此不再详述。下面对琼脂糖凝胶电泳中需特别注意的问题进行探讨：

（1）适合的电泳缓冲液　常用的缓冲液有TAE和TBE，而TBE比TAE有着更好的缓冲能力。电泳时使用新制的缓冲液可以明显提高电泳效果。注意电泳缓冲液多次使用后，离子强度降低，pH值上升，缓冲性能下降，可能使DNA电泳产生条带模糊和不规则的DNA带迁移的现象。

（2）琼脂糖凝胶的浓度　对于琼脂糖凝胶电泳，浓度通常在0.5%～2%之间，低浓度的用来进行大片段核酸的电泳，高浓度的用来进行小片段分析（表4-1所示）。低浓度胶易碎，小心操作和使用质量好的琼脂糖是解决办法。注意高浓度的凝胶可能使分子大小相近的DNA带不易分辨，造成条带缺失现象。

表4-1　不同琼脂糖凝胶浓度分离线状DNA的大小范围

琼脂糖凝胶浓度/(g/ml%)	分离线状DNA的范围/kbp	琼脂糖凝胶浓度/(g/ml%)	分离线状DNA的范围/kbp
0.5	1～30	1.2	0.4～7
0.7	0.8～12	1.5	0.2～3
1.0	0.5～10	2.0	0.1～2

（3）电泳的合适电压和温度　电泳时电压不应该超过20V/cm，电泳温度应该低于30℃，对于巨大的DNA电泳，温度应该低于15℃。注意：如果电泳时电压和温度过高，可能导致出现条带模糊和不规则的DNA带迁移的现象。

二、聚丙烯酰胺凝胶电泳

聚丙烯酰胺凝胶电泳（polyacrylamidegel electrophoresis，PAGE）是以聚丙烯酰胺凝胶作为支持介质的电泳方法。PAGE应用广泛，可用于蛋白质、酶、核酸等生物分子的分离、定性、定量及少量的制备，还可测定分子量、等电点等。

1. 聚丙烯酰胺凝胶的聚合

聚丙烯酰胺凝胶由单体丙烯酰胺和甲叉双丙烯酰胺聚合而成，聚合过程由自由基催化完成。催化聚合的常用方法有两种：化学聚合法和光聚合法。化学聚合以过硫酸铵（AP）为催化剂，以四甲基乙二胺（TEMED）为加速剂。在聚合过程中，TEMED催化过硫酸铵产生自由基，后者引发丙烯酰胺单体聚合，同时甲叉双丙烯酰胺与丙烯酰胺链间产生甲叉键交联，从而形成三维网状结构。聚丙烯酰胺凝胶的一般特性：（1）在一定浓度时，凝胶透明，有弹性，机械性能好；（2）化学性能稳定；（3）对 pH 值和温度变化较稳定；（4）几乎无吸附和电渗作用；（5）样品不易扩散，且用量少，其灵敏度可达 10^{-6}g；（6）凝胶孔径可调节；（7）分辨率高，尤其在不连续凝胶电泳中，集浓缩、分子筛和电荷效应为一体。

2. 聚丙烯酰胺凝胶电泳的分离效应

聚丙烯酰胺凝胶电泳分为连续系统与不连续系统两大类。其分离效应包括：浓缩效应（不连续系统浓缩胶中）、电荷效应、分子筛效应。

（1）浓缩效应　不连续聚丙烯酰胺凝胶由上、下两层凝胶组成：上层为大孔径的浓缩胶，下层为小孔径的分离胶。在电场作用下，颗粒在大孔胶中泳动遇到的阻力小，移动速度快；当进入小孔胶时，颗粒泳动受到的阻力大，移动速度减慢。因而在两层凝胶交界处，由于凝胶孔径的不连续性使样品迁移受阻，样品进入分离胶前先浓缩成窄条带，即为浓缩效应。

（2）电荷效应　样品经浓缩进入分离胶后，各种蛋白质所带净电荷不同，在电场下的迁移率也不同。所以各种蛋白质样品经分离胶电泳后，若样品组分的分子量相等，则它们就以圆盘状或带状按电荷顺序一个一个地排列起来，表面电荷多的蛋白质分子则迁移快；反之，则慢。

（3）分子筛效应　分子大小和形状不同的蛋白质通过一定孔径的分离胶时，受阻滞的程度不同而表现出不同的迁移率，这就是凝胶的分子筛效应。在孔径均一的小孔径中，相对分子质量小且为球形的蛋白质分子所受阻力小，移动快，走在前面；反之，则阻力大，移动慢，走在后面，从而通过分离胶的分子筛作用将各种蛋白质分成各自的区带。

3. 聚丙烯酰胺凝胶电泳的一般步骤

（1）垂直板电泳制胶法　将配制好的凝胶溶液注入到两块垂直放置的玻璃板之间而聚胶，它包括铸分离胶（下层胶）和铸压缩胶（上层胶）两步。制胶过程中需要注意以下几点：①灌胶前应注意灌胶装置应严格地清洗，以避免凝胶板与玻璃板之间产生气泡或滑胶。电泳后取凝胶板时因玻璃不干净，凝胶不易从玻璃板上取下而易断裂；②在灌制分离胶后，应立即在分离胶液面上加入 1～3mm 去离子水，目的是隔离空气中的氧并使胶面平整。做水封的操作要特别小心，切忌加水时水滴坠入胶面，造成水和凝胶的混合，使顶部的凝胶浓度变稀，聚合后顶部凝胶孔径改变或凝胶表面不平坦；③配制凝胶溶液时，在加入过硫酸铵和 TEMED 之前，溶液真空抽气 15min，目的是除去溶液中溶解的氧，在核黄素催化时需要少量氧气，抽气时间 5min 即可；④在灌胶时必须清除两块玻璃板之间出现的气泡，否则造成电泳时电流不均匀。插入样品槽模板时模板下沿如果有气泡，会造成凝胶后样品槽不平，电泳后条带不平整；⑤在操作中要一直戴手套，用无尘纸巾擦拭玻板，使用 TEMED、APS 时，应在通风橱中进行，并戴口罩和手套。

（2）样品的处理　一般生物样品的粗提物常需要经过处理，否则不溶物质会产生拖尾或纹理现象，甚至堵塞凝胶，干扰电泳分离。可对样品进行离心、过滤、增加溶解性等方法，去除沉淀，取可溶部分进行电泳。

1）样品浓度的选择，取决于样品中含有的组分、分析目的和检测方法。选择合适的样品浓度，也是电泳成败的关键。样品浓度过高，电泳条带互相干扰，甚至在浓缩胶面上或浓缩胶与分离胶界面上产生沉淀，随着电泳过程，沉淀逐渐溶解进入凝胶中，造成拖尾现象；样品浓度太低，不易观察到分离组分，需要事先浓缩。一般样品浓度的选择需要注意以下几点：①未知样品。做 0.1～20mg・mL^{-1} 浓度的稀释系列，摸索最佳加样浓度。②一般分析。用考马斯亮蓝染色，用 1～2mg・mL^{-1} 的样品浓度即可得到清晰的蛋白条带。对于高纯度样品量可低至 0.5mg·mL^{-1}。③痕量分析。银染法染色，样品最低浓度可低至 5μg·mL^{-1}。④活性分析。根据同工酶酶活性染色的灵敏度，可选用 1～10mg 样品浓度。

2）加样要求。①加样孔道内不能有气泡，否则造成该泳道短路。②不要空孔电泳，如果没有足够量的样品，可以用样品溶解液补齐，以防电泳时蛋白条带向邻带扩展。③加样体积要小于加样孔的总体积，以防溢出污染相邻样品。连续电泳加样量不能多，要加成一条窄带，否则会影响电泳分辨率。④水平板电泳可在胶面上直接加样，一般加样体积控制在 3～5μL。

（3）电泳　电泳过程中，可采用恒压或恒流两种方式。采用恒流时，通常用低电流使样品进胶，待样品进入分离胶后加大电流进行电泳分离，电泳时间可根据电泳指示剂的迁移来判定，一般指示染料前沿到达距凝胶底部 0.5cm 时即可停止电泳。电泳过程中应选择合适的电流和电压，过高或过低，均可影响电泳结果。电泳中电流过大，电压过高时，必然产热多，即使使用冷却装置，凝胶的不同部位温度也会有差异，导致凝胶中相同的蛋白质分子有不同的迁移率，使电泳条带产生弯曲变形。所以在电泳时要根据实际情况选择合适的电流或电压，可采取降低电流，延长电泳时间，或使用有效的冷却装置，或在低温条件下进行电泳等方法，以达到好的分离效果。

（4）染色、脱色　实验室中最常用的是考马斯亮蓝染色法，固定和染色同时进行，操作简便，凝胶经染色、脱色后，可进一步进行结果分析。如果样品浓度低，可以采用灵敏度高的银染法；如果是对同工酶进行测定，使用活性染色方法。

（5）实验结果处理　实验室中对电泳凝胶主要是凝胶保存和电泳结果分析，电泳凝胶结果的保存可采用照相的方法，或采用制干胶的方法即将凝胶在含有乙醇、乙酸和甘油的保存液中浸泡后，用保存液浸湿的两张玻璃纸制成“凝胶三明治”，晾干可长期保存；用凝胶薄层色谱扫描仪可测定目的蛋白质占样品混合物中的百分含量，可以做定量分析；用凝胶成像系统，进行样品的迁移率及相对分子质量的计算。

三、SDS-聚丙烯酰胺凝胶电泳

蛋白质在聚丙烯酰胺凝胶中电泳时，它的迁移率取决于它所带净电荷以及分子的大小和形状等因素。如果加入一种试剂使电荷因素消除，那电泳迁移率就只取决于分子的大小，就可以用电泳技术测定蛋白质的分子量。1967 年，Shapiro 等发现阴离子去污剂十二烷基硫酸钠（SDS）具有这种作用。当向蛋白质溶液中加入足够量 SDS 和巯基乙醇，可使蛋白质分子中的二硫键还原。由于十二烷基硫酸根带负电荷，使各种蛋白质-SDS 复合物都带上相同密度的负电荷，它的量大大超过了蛋白质分子原有带的电荷量，因而掩盖了不同种蛋白质间原有的电荷差别，不同蛋白质的 SDS 复合物的短轴长度都一样，约为 18Å，这样的蛋白质-SDS 复合物，在凝胶中的迁移率，不再受蛋白质原带电荷和形状的影响，而取决于分子量的大小，由于蛋白质-SDS 复合物在单位长度上带有相等的电荷，所以它们以相等的迁移速度从浓缩胶进入分离胶，进入分离胶后，由于聚丙烯酰胺的分子筛作用，小分子的蛋白质可以容易的通过凝胶孔径，阻力小，迁移速度快；大分子蛋白质则受到较大的阻力而被滞后，这样蛋白质在电泳过程中就会根据其各自分子量的大小而被分离，所以可用于蛋白质分子量的测定。尤其适用于相对分子质量在 1.0×10^{4}～2.0×10^{5} 之间的蛋白质分子。

四、等电聚焦聚丙烯酰胺凝胶电泳

等电聚焦聚丙烯酰胺凝胶电泳（isoelectricfocusing-PAGE，IEF-PAGE）是在一定抗对流介质（如凝胶）中加入两性电解质载体，直流电通过时便形成一个由阳极到阴极 pH 值逐步上升的梯度。这种梯度称为载体两性电解质 pH 梯度（carrier ampholyte pH gradient），若将缓冲基团变为凝胶介质的一部分，形成的 pH 梯度称固相 pH 梯度（immobilized pH gradient，IPG）。两性化合物在此电泳过程中就被浓集在与其等电点相等的 pH 值区域，从而使不同化合物能按其各自等电点得到分离。鉴于等电聚焦电泳法有浓缩效应、分辨率高、操作方便、设备简单和费时少等特点，它在蛋白质的等电点测定、纯度分析以及制备电泳纯样品等方面已得到较广泛的应用，但对于在等电点时发生沉淀或变性的样品却不适用。

1. pH 梯度的形成

若将 pK（离解常数）和 pI 值各自相异却又相近的两性电解质溶液倾倒入电泳支持物中，当电流通过时，等电点最小的两性电解质（pI1）在中性溶液介质中发生解离，带负电荷，向以硫酸为电极溶液的正极方向泳动。当它泳动到阳性端支持物时，与正极溶液电离出来的 H^+ 中和失去电荷，停止泳动，这时缓冲力大的载体两性电解质就使周围溶液的 pH 值等于其等电点 pI1。同理，等电点稍大的两性电解质（pI2）也向正极移动，当泳动到等电点最小的两性电解质（pI1）阴极端时，就不能再向前泳动。如果穿过 pI1 区域，则 pI2 两性电解质带正电荷，反过来向阴极移动。所以该电解质一定位于 pI1 的阴极端。依此类推，经过适当时间的电泳后，pK 和 pI 值各自相异却又相近的两性电解质将依等电点递增的次序在支持物中正极排向负极，彼此互相衔接，形成一个平滑稳定的由正极向负极逐渐上升的 pH 梯度。

2. 电聚焦分离蛋白质的过程

蛋白质是典型的两性电解质，它所带的电荷随着溶液酸碱度的变化而变化，即在酸性溶液中带正电荷，在碱性溶液中带负电荷。因此，蛋白质在外加电场作用下向正极，或向负极泳动。例如，当一个等电点为 pIa 的蛋白质置于从正极向负极逐渐递增的稳定平滑 pH 梯度支持物的阴极端时，因为处在碱性环境中带负电荷，故在电场作用下向正极移动，当泳动到 pH 值等于其 pIa 的区域时，泳动将停止。如果将此蛋白质放在阳极端，则带正电荷，向负极移动，最后也会泳动到与其等电点相等的 pH 值区域。因此，无论把蛋白质放在支持物的哪个位置上，在电场作用下都会聚焦在 pH＝pIa 的地方，这种行为叫聚焦作用。同理，如将等电点分别为 pI1，pI2，…，pIa 的蛋白质混合物置于 pH 梯度支持物中，在电场作用下经过适当时间的电泳，其各组分将分别聚焦在支持物中 pH 值等于各自等电点的区域，形成一条一条的蛋白质区带，这既是等电聚焦分离蛋白质的过程（如图 4-1 所示），也是等电聚

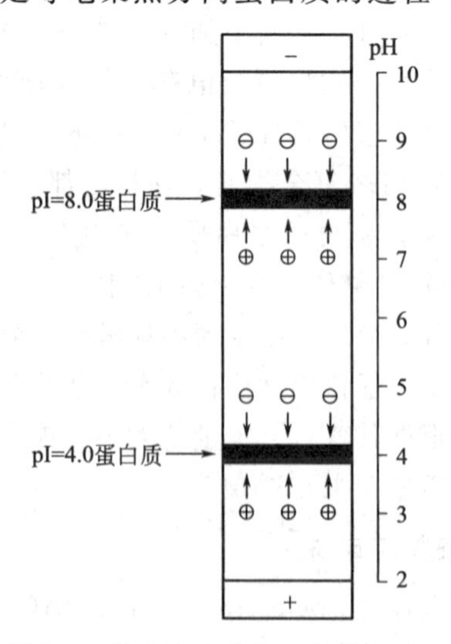

图 4-1 等电聚焦分离蛋白质的原理

焦的基本原理。

五、双向电泳

1. 双向电泳的原理

1975 年 O′Farrall 等人根据不同组分之间的等电点差异和分子量差异建立了 IEF/SDS-PAGE 双向电泳（two-dimensional electrophoresis，2-DE）。其中 IEF 电泳（管柱状）为第一向，SDS-PAGE 为第二向（平板）。在进行第一向 IEF 电泳时，电泳体系中应加入高浓度尿素、适量非离子型去污剂 NP-40。蛋白质样品中除含有这两种物质外还应有二硫苏糖醇以促使蛋白质变性和肽链舒展。IEF 电泳结束后，将圆柱形凝胶在 SDS-PAGE 所应用的样品处理液（内含 SDS、β-巯基乙醇）中振荡平衡，然后包埋在 SDS-PAGE 的凝胶板上端，即可进行第二向电泳的分离，经染色得到的电泳图是个二维分布的蛋白质图（如图 4-2 所示）。IEF/SDS-PAGE 双向电泳对蛋白质（包括核糖体蛋白、组蛋白等）的分离是极为精细的，因此特别适合于分离细菌或细胞中复杂的蛋白质组分。

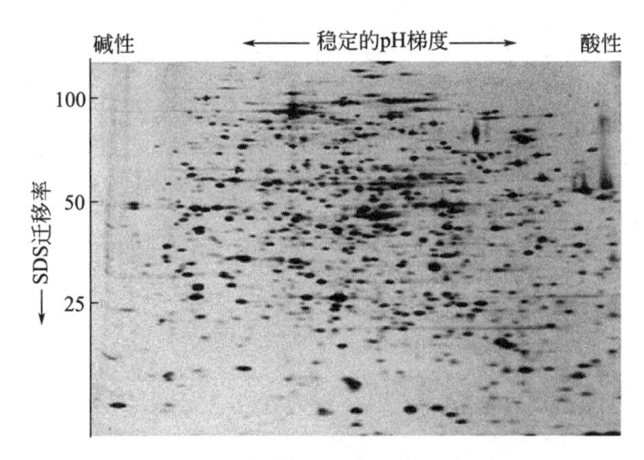

图 4-2　双向凝胶电泳分离蛋白质图

2. 双向电泳技术在蛋白质组学中的应用

双向电泳已成为研究蛋白质组学的关键技术，是深刻认识蛋白质结构与功能的重要工具。双向电泳技术可用于研究样品总蛋白、不同样品蛋白质表达差异、蛋白质间相互作用、蛋白质修饰等。2-DE 凝胶图谱斑点是以计算机为基础的图像分析软件，包括斑点检测、背景消减、斑点配比和数据库构建等在内的图像分析，将凝胶上的斑点数字化，根据标准蛋白即可以获得关于被检测蛋白等电点和分子量的信息，从而用于建立数据库。2-DE 技术还广泛应用于医学领域的研究工作，如通过斑点对比，寻找差异蛋白，从而发现疾病相关蛋白，寻找用于诊断的疾病相关标记分子，寻找疾病相关的蛋白质药靶，以用于药物设计，研究疾病的致病机理等。蛋白质翻译后修饰和加工亦可通过双向凝胶电泳蛋白质点的矢量图确定。

3. 双向电泳技术的局限性及方法的改进

目前，双向电泳技术检测的蛋白质数目比估计的细胞内总蛋白少得多，主要原因：一些低拷贝数蛋白由于电泳的灵敏度不够，得不到检测，实验结果表明当蛋白质的拷贝数低于 1000 时，双向电泳技术是不能分辨出来的；部分蛋白（如膜蛋白）不溶于样品缓冲液，疏水膜蛋白和大分子蛋白不易进入凝胶的第二向；一些分子量过大、极端酸性或碱性的蛋白在电泳过程中会丢失；有时一个蛋白质点含有不止一种蛋白。

双向电泳技术具有极高的分辨率和灵敏度，可以同时显示组织或细胞内各种蛋白，但其重复性却很不理想。高分辨率确保蛋白质最大程度的分离，高重复性有利于凝胶间的对比。因此，提高 2-DE 的分辨率和可重复性成为人们一直关注的焦点。目前，解决此问题的措施主要有使用商品化的 IPG 干胶条，应用窄范围 IPG 胶条，减少凝胶厚度，增大凝胶面积（30～40cm^2），蛋白质组重叠群（proteomic contig）方法都可以提高双向电泳的分辨率。

思考题与习题

1. 简述电泳的基本原理。
2. 什么是粒子的迁移率？迁移率与哪些因素有关？
3. 影响电泳迁移速率的因素有哪些？
4. 简述聚丙烯酰胺凝胶电泳特点及应用范围。
5. 简述等电聚焦电泳法的原理、特点。
6. 简述双向凝胶电泳（二维电泳）的工作原理及应用。

第五章　气相色谱分离技术

色谱分析法是各种分离分析技术中效率最高和应用最广的一种方法，特别适合分离分析多组分的混合试样。它利用被分离的各组分在互不相溶的两相中分配系数的微小差异进行分离。当两相做相对移动时，被测物质在两相之间进行反复多次分配，原来微小的差异累加产生了很大的效果，形成差速迁移，使各组分在柱内移动的同时逐渐分离，以达到分离、分析及测定一些物理化学性质的目的。

第一节　概　　述

一、色谱分析法的发展

色谱法是由俄国植物学家 Mikhail Tswett 在 1903 年发明的。他采用填充有固体 $CaCO_3$ 细颗粒的玻璃柱，将植物色素的提取物加于柱顶端，然后以溶剂淋洗，被分离的组分在柱中显示了不同的色带，故称之为色谱。后来这种方法不仅用于分离有色物质，还用来分离无色物质，但“色谱”一词却沿袭使用下来。20 世纪 30～40 年代出现了薄层色谱和纸色谱。1941 年，Martin 和 Synge 提出用气体代替液体的可能性，出现了分配色谱，还提出了著名的塔板理论，并于 1952 年获得了诺贝尔奖。20 世纪 60 年代，Van Deameter 提出速率理论，同时代出现了气质联用技术。在 60 年代末把高压泵和化学键合固定相用于液相色谱，出现了高效液相色谱（HPLC），70 年代高效液相色谱飞速发展。而在 80 年代初由 Jorgenson 等集前人经验而发展起来的毛细管电泳（CZE），在 90 年代得到广泛的发展和应用。

目前色谱技术在生命科学等前沿科学领域中发挥着不可代替的重要作用。色谱法已广泛应用于许多领域，许多气体、液体和固体样品都能找到合适的色谱法进行分离和分析，成为十分重要的分离分析手段。各种色谱法共同的特点是具备两相，有一相不动，称为固定相；另一相携带样品移动，称为流动相。当流动相中样品混合物经过固定相时，就会与固定相发生作用，由于各组分在性质和结构上有差异，与固定相相互作用的类型、强弱就会有差异，因此在同一推动力下，不同组分在固定相滞留时间长短不同，从而按先后不同的次序从固定相中流出。

二、色谱法的分类

1. 按两相状态分类

流动相为气体的色谱法称为气相色谱法（GC），其中固定相是固体吸附剂的称为气固色谱（GSC），固定相为液体的称为气液色谱（GLC）。流动相为液体的色谱法称为液相色谱法（LC），同上，液相色谱法也可分成液固色谱（LSC）和液液色谱（LLC）。

2. 按分离机理分类

按色谱法分离所依据的物理或物理化学性质的不同，又可将其分为以下几类。

（1）吸附色谱法：利用吸附剂表面对不同组分物理吸附性能的差别而使之分离的色谱

法。适于分离不同种类的化合物（如分离醇类与芳香烃）。

（2）分配色谱法：利用固定液对不同组分分配性能的差别而使之分离的色谱法。

（3）离子交换色谱法：利用离子交换原理和液相色谱技术的结合来测定溶液中阳离子和阴离子的一种分离分析方法，利用被分离组分与固定相之间发生离子交换的能力差异来实现分离。离子交换色谱主要用来分离离子或可离解的化合物，它不仅广泛地应用于无机离子的分离，而且广泛地应用于有机物和生物物质，如氨基酸、核酸、蛋白质等的分离。

（4）尺寸排阻色谱法：按分子大小顺序进行分离的一种色谱方法，体积大的分子不能渗透到凝胶孔穴中去而被排阻，较早的淋洗出来；中等体积的分子部分渗透；小分子可完全渗透入内，最后洗出色谱柱。这样，样品分子基本按其分子大小先后排阻，从柱中流出。尺寸排阻色谱法广泛应用于大分子分级，即用来分析大分子物质相对分子质量的分布。

（5）亲和色谱法：相互间具有高度特异亲和性的两种物质之一作为固定相，利用与固定相不同程度的亲和性，使成分与杂质分离的色谱法。例如利用酶与基质（或抑制剂）、抗原与抗体，激素与受体、外源凝集素与多糖类及核酸的碱基对等之间的专一的相互作用，使相互作用物质的一方与不溶性担体形成共价结合化合物，作为固定相，将另一方从复杂的混合物中选择可逆地截获，达到纯化的目的。亲和色谱法可用于分离活体高分子物质、过滤性病毒及细胞或用于对特异的相互作用进行研究。

3. 按固定相的外型分类

固定相装在柱内的色谱法称为柱色谱。固定相呈平板状的色谱法称为平板色谱。平板色谱又可分为薄层色谱和纸色谱。柱色谱法是将固定相装在一金属或玻璃柱中或是将固定相附着在毛细管内壁上做成色谱柱，试样从柱头到柱尾沿一个方向移动而进行分离的色谱法。纸色谱法是利用滤纸作固定液的载体，把试样点在滤纸上，然后用溶剂展开，各组分在滤纸的不同位置以斑点形式显现，根据滤纸上斑点位置及大小进行定性和定量分析。薄层色谱法是将适当粒度的吸附剂作为固定相涂布在平板上形成薄层，然后用与纸色谱法类似的方法操作以达到分离目的。

三、色谱法的特点

色谱法和其他分离方法相比，具有以下特点。

（1）分离效能高。色谱法可以反复多次地利用各组分性质上的差异来进行分离，使得这种差异放大很多倍，因此分离效能比一般方法高很多。

（2）灵敏度高。色谱分析需要的样品量极少，一般只需微克或纳克级，适于作痕量分析。

（3）分析速度快。一般只需几分钟或几十分钟就可完成一个分析周期，一次分析可同时测定多种组分。

（4）应用范围广。色谱法几乎可以分析所有的化学物质，可分析气体、液体和固体物质。

四、色谱法的发展方向

色谱法是现代分离技术中应用最广泛、发展最迅速的研究领域，新技术新方法层出不穷，目前发展主要集中在以下几个方面：

1. 新固定相的研究

固定相和流动相是色谱法的主角，新固定相的研究不断扩展着色谱法的应用领域，如手性固定相使色谱法能够分离和测定手性化合物；反相固定相没有死吸附，可以简单地分离和测定血浆等生物药品。

2. 检测方法的研究

检测方法也是色谱学研究的热点之一，人们不断更新检测器的灵敏度，使色谱分析能够更灵敏地进行分析。人们还将其他光谱的技术引入色谱，如进行色谱-质谱联用、色谱-红外光谱联用、色谱-紫外联用等，在分离化合物的同时测定化合物的结构。色谱检测器的发展还伴随着数据处理技术的发展，检测获得的数据随即进行计算处理，使试验者获得更多信息。

3. 专家系统

专家系统是色谱学与信息技术结合的产物，由于应用色谱法进行分析要根据研究内容选择不同的流动相、固定相、预处理方法以及其他条件，因此需要大量的实践经验，色谱专家系统是模拟色谱专家的思维方式为色谱使用者提供帮助的程序，专家系统的知识库中存储了大量色谱专家的实践经验，可以为使用者提供关于色谱柱系统选择、样品处理方式、色谱分离条件选择、定性和定量结果解析等帮助。

4. 色谱新方法

色谱新方法也是色谱研究热点之一。高效毛细管电泳法是目前研究最多的色谱新方法，这种方法没有流动相和固定相的区分，而是依靠外加电场的驱动令带电离子在毛细管中沿电场方向移动，由于离子的带电状况、质量、形态等的差异使不同离子相互分离。

第二节　色谱流出曲线及常用术语

一、色谱流出曲线

待测样品进入色谱仪，经色谱柱分离，不同组分先后流出再进入检测器，检测器产生响应信号，信号大小与组分浓度成正比，该信号放大后输送到记录仪，记录仪所画出的与样品浓度相关的曲线就称为色谱流出曲线，如图 5-1 所示。

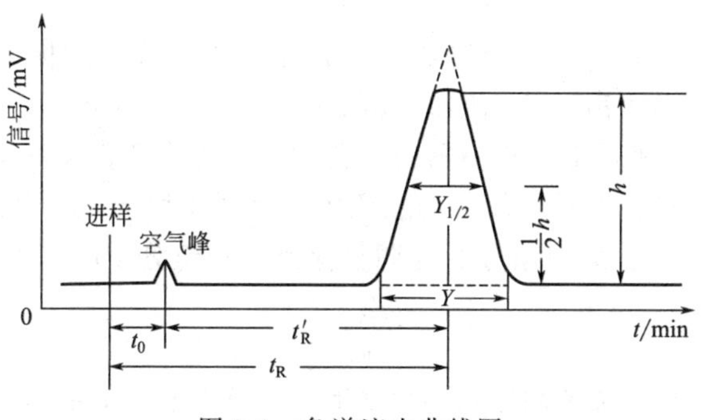

图 5-1　色谱流出曲线图

从色谱流出曲线上，可以得到许多重要信息：(1) 根据色谱峰的个数，可以判断样品中所含组分的最少个数；(2) 根据色谱峰的保留值（或位置），可以进行定性分析；(3) 根据色谱峰的面积或峰高，可以进行定量分析；(4) 色谱峰的保留值及其区域宽度，是评价色谱柱分离效能的依据；(5) 色谱峰两峰间的距离，是评价固定相和流动相选择是否合适的依据。

二、色谱常用术语

（一）基线

当仪器中没有注入样品，仅有流动相通过时，检测器响应信号的记录值，稳定的基线应该是一条水平直线。

1. 基线噪音：基线信号的波动。通常因电源接触不良或瞬时过载、检测器不稳定、流动相含有气泡或色谱柱被污染所致。

2. 基线漂移：基线随时间的缓缓变化。主要由于操作条件如电压、温度、流动相及流量的不稳定所引起，柱内的污染物或固定相不断被洗脱下来也会产生漂移。

（二）色谱峰

组分流经检测器时相应的连续信号产生的曲线，即流出曲线上的突起部分。正常色谱峰近似于对称性正态分布曲线。不对称色谱峰有两种：前延峰（leading peak）和脱尾峰（tailing peak），前者少见。拖尾因子（tailing factor，T）是通过计算5%峰高处峰宽与峰顶点至前沿的距离比来评价峰形的参数，目的是为了保证色谱分离效果和测量精度，也称为对称因子（symmetry factor）或不对称因子（asymmetry factor）。《中国药典》规定 T 应为0.95～1.05。$T<0.95$ 为前延峰，$T>1.05$ 为拖尾峰。

（三）保留值

1. 保留时间（t_R）：进样后某组分在柱后出现浓度极大时的时间间隔或某个组分进入色谱柱开始到色谱峰顶点的时间间隔或组分质点通过色谱柱所需要的时间（在柱内运行的时间）。

2. 死时间（t_0）：不被固定相吸附或溶解的组分的保留时间或流动相流经色谱柱所需要的时间或组分在流动相中所消耗的时间。

3. 调整保留时间（t'_R）：扣除死时间后的保留时间（$t'_R=t_R-t_0$）。由于组分在色谱柱中的保留时间 t_R 包含了组分随流动相通过柱子所需的时间和组分在固定相中滞留所需的时间，所以 t'_R 实际上是组分在固定相中停留的时间。保留时间是色谱法定性的基本依据，但同一组分的保留时间常受到流动相流速的影响，因此色谱工作者有时用保留体积等参数进行定性鉴定。

4. 保留体积（V_R）：由进样开始到某个组分在柱后出现浓度极大时，所需通过色谱柱的流动相的体积，$V_R=t_R\cdot F_C$（F_C 流速，mL/min）。

5. 死体积（V_0）：由进样器至检测器的流路中未被固定相占据的空间，$V_0=t_0\cdot F_C$。

6. 调整保留体积（V'_R）：是由保留扣除死体积后的体积，$V'_R=V_R-V_0$。

7. 相对保留值（$\gamma_{2,1}$）：表示组分2的调整保留值与组分1的调整保留值之比：

$$\gamma_{2,1}=\frac{t'_{R,2}}{t'_{R,1}}=\frac{V'_{R,2}}{V'_{R,1}} \tag{5-1}$$

由于相对保留值只与柱温及固定相的性质有关，而与柱径、柱长、填充情况及流动相流速无关，因此，它是色谱法中，特别是气相色谱法中，广泛使用的定性数据。

（四）色谱峰高和峰面积（定量）

1. 峰高（h）：组分在柱后出现浓度极大时的检测信号，即色谱峰顶至基线的距离。

2. 峰面积（A）：色谱曲线与基线间包围的面积。

（五）区域宽度

色谱峰的区域宽度是组分在色谱柱中谱带扩张的函数，它反映了色谱操作条件的动力学因素。度量色谱峰区域宽度通常有三种方法：

1. 标准偏差 σ：正态分布曲线两侧拐点之间距离的一半，即 0.607 倍峰高处色谱峰宽的一半。

2. 半峰宽 $Y_{1/2}$：即峰高一半处对应的峰宽。它与标准偏差 σ 的关系是：$Y_{1/2}=2.354\sigma$。

3. 基线宽度 Y：即色谱峰两侧拐点上的切线在基线上的截距，它与标准偏差的关系是：$Y=4\sigma$。

（六）分配系数 K 和分配比 k

1. 分配系数 K

分配系数 K 又称平衡常数，是指在一定的温度和压力下，组分在两相间达到分配平衡时，组分在固定相中的浓度与在流动相中的浓度之比，即：

$$K=c_s/c_m \tag{5-2}$$

分配系数是每一个溶质的特征值，它与固定相和温度有关。不同组分的分配系数的差异是实现色谱分离的先决条件，分配系数相差越大，越容易实现分离。

2. 分配比 k

分配比又称容量因子，它是指在一定温度和压力下，组分在两相间达分配平衡时，分配在固定相和流动相中的质量比，即：

$$k=m_s/m_m=(c_sV_s)/(c_mV_m) \tag{5-3}$$

式中，V_m 为柱中流动相的体积，V_s 为柱中固定相的体积。k 值越大，说明组分在固定相中的量越多，相当于柱的容量大。

3. 分配系数与分配比的关系

$$K=c_s/c_m=(m_s/V_s)/(m_m/V_m)=k(V_m/V_s)=k\beta \tag{5-4}$$

β 称为相比率，它是反映各种色谱柱柱型特点的又一个参数。

第三节　色谱分析的基本理论

色谱分析的目的是将样品中各组分彼此分离，组分要达到完全分离，两峰间的距离必须足够远，分离是分析的前提。要使两组分能完全分离，首先是两组分的分配系数必须有差异；其次是色谱峰不能太宽，否则两色谱峰还是容易重叠。这些因素都可由色谱理论来说明。

一、塔板理论

塔板理论是将色谱柱比作蒸馏塔，把一根连续的色谱柱设想成由许多小段组成。在每一小段内，一部分空间为固定相占据，另一部分空间充满流动相。组分随流动相进入色谱柱后，就在两相间进行分配。并假定在每一小段内组分可以很快地在两相中达到分配平衡，这样一个小段称为一个理论塔板，一个理论塔板长度称为理论塔板高度，用 H 表示。经过多次平衡，分配系数小的组分，先离开色谱柱，分配系数大的后离开色谱柱。由于色谱柱内的塔板数相当多，即使组分的分配系数只有微小差别，仍可获得较好的分离效果。

理论塔板数用 n 表示，当色谱柱长为 L 时，其塔板数 n 为：

$$n=L/H \text{ 或 } H=L/n \tag{5-5}$$

当 L 确定时，n 越大，或 H 越小，表示柱效率越高，分离能力越强。

由塔板理论可求出理论塔板数 n 的计算公式：

$$n=5.54\left(\frac{t_r}{W_{1/2}}\right)^2=16\left(\frac{t_r}{W}\right)^2 \tag{5-6}$$

通常填充色谱柱的 n 在 10^3 以上，H 在 1mm 左右；毛细管色谱柱 $n=10^5\sim10^6$，H 在 0.5mm 左右。由于死时间 t_0 包含在保留时间 t_r 中，而实际死时间不参与柱内的分配，所以 n 值尽管很大，H 很小，但与实际柱效相差很大，因而提出了将死时间 t_0 扣除的有效理论塔板数 n_{eff} 和有效塔板高度 H_{eff} 作为柱效能指标：

$$n_{eff}=5.54\left(\frac{t'_r}{W_{1/2}}\right)^2=16\left(\frac{t'_r}{W}\right)^2 \tag{5-7}$$

$$H_{eff}=\frac{L}{n_{eff}} \tag{5-8}$$

同一色谱柱对不同物质的柱效率是不一样的，因此在说明柱效时，除注明色谱条件外，还应指出是对何物质而言的。塔板理论用热力学观点形象地描述了溶质在色谱柱中的分配平衡和分离过程，导出流出曲线的数学模型，并成功地解释了流出曲线的形状及浓度极大值的位置，还提出了计算和评价柱效能的参数。

二、速率理论

塔板理论在解释流出曲线的形状、组分的分离及评价柱效等方面是成功的，但是由于它的某些假设与实际色谱过程不符，如组分在塔板内达到分配平衡及纵向扩散可以忽略等。事实上，流动相携带组分通过色谱柱时，由于分子速度较快，组分在固定相和流动相间不可能真正达到分配平衡。组分在色谱柱中的纵向扩散也是不能忽略的。塔板理论没有考虑各种动力学因素对色谱柱内传质过程的影响。因此，塔板理论无法解释柱效与流动相流速的关系，也不能说明影响柱效有哪些主要因素。

1956 年荷兰学者 van Deemter 等在研究气液色谱时，提出了色谱过程动力学理论——速率理论。他们吸收了塔板理论在塔板高度的概念，并充分考虑了组分在两相间的扩散和传质过程，从而在动力学上较好地解释了影响塔板高度的各种因素。该理论模型对气相、液相色谱都适用。van Deemter 方程的数学简化式为：

$$H=A+\frac{B}{u}+Cu \tag{5-9}$$

式中，u 为流动相的线速度；A，B，C 为常数，分别代表涡流扩散相系数、分子扩散项系数、传质阻力项系数。

1. 涡流扩散项 A

在填充色谱柱中，当组分随流动相向柱出口迁移时，流动相由于受到固定相颗粒障碍，不断改变流动方向，组分分子在前进中形成紊乱的涡流，故称为涡流扩散。在填充柱内，由于填充物颗粒大小的不同及填充物的不均匀性，使同一组分的分子经过多个不同长度的途径流出色谱柱，一些分子沿较短的路径运行，较快通过色谱柱，另一些分子沿较长的路径运行，发生滞后，结果使色谱峰变宽。其程度由下式决定：

$$A=2\lambda d_p \tag{5-10}$$

涡流扩散相与固定相的颗粒大小、几何形状及装填紧密程度有关。此式表明，A 与填充物的平均直径 d_p 的大小和填充物不规则因子 λ 有关，与流动相的性质、线速度和组分性质无关。为了减小涡流扩散，提高柱效，使用细而均匀的颗粒，并且填充均匀是提高柱效的有效途径。对于空心毛细管，不存在涡流扩散，因此 $A=0$。

2．分子扩散项 B/u（纵向扩散项）

当样品组分被载气带入色谱柱后，以“塞子”的形式存在于柱的很小一段空间中，由于存在纵向的浓度梯度，因而就会发生纵向的扩散，引起色谱峰展宽。分子扩散项系数为：

$$B=2\gamma D_g \tag{5-11}$$

式中，γ 是填充柱内流动相扩散路径弯曲的因素，称为弯曲因子；D_g 为组分分子在流动相中的扩散系数（cm^3/s）。弯曲因子与填充物性质有关，由于在填充柱内有固定相颗粒存在，使分子自由扩散受到阻碍，扩散程度降低。而在空心柱中，扩散不受到阻碍，$\gamma=1$。分子扩散项与流动相及组分性质有关：（1）与组分在流动相中的扩散系数 D_g 成正比，而 D_g 与流动相及组分性质有关，分子量大的组分 D_g 小，D_g 反比于流动相分子量的平方根。D_g 与柱温、柱压有关，随柱温升高而增大，随柱压增大而减小。所以采用分子量较大的流动相，控制较低的柱温，可使 B 项降低；（2）与组分在色谱柱内停留的时间有关，流动相流速小，组分停留时间长。因此采用较高的载气流速，可使 B 项降低。对于液相色谱，组分在流动相中的纵向扩散可以忽略不计。

3．传质阻力项 Cu

组分在固定相和流动相之间的分配，必然有一个组分分子在两相间的交换、扩散过程，这个过程称为质量传递，简称传质。当组分进入色谱柱后，由于它对固定液的亲和力，组分分子首先从气相向气液界面移动，进而向液相扩散分布，继而再从液相中扩散出来进入气相。这个过程叫做传质过程。传质过程需要时间，而且在流动状态下，不能瞬间达到分配平衡。当它返回气相时，必然落后于随流动相前进的组分，从而引起色谱峰变宽。这种情况就如同这一部分受到了阻力一样，因此称为传质阻力，用 C 表示。

（1）对于气液色谱，气相传质过程是指试样组分从气相移动到固定相表面的过程。这一过程中试样组分将在两相间进行浓度分配。对于填充柱，气相传质阻力系数 C_g 为：

$$C_g=\frac{0.01k^2}{(1+k)^2}\cdot\frac{d_p^2}{D_g} \tag{5-12}$$

式中，k 为容量因子。气相传质阻力与填充物粒度 d_p 的平方成正比，与组分在载气流中的扩散系数 D_g 成反比。因此，采用粒度小的填充物和分子量小的载气，可使 C_g 减小，提高柱效。

液相传质过程是指试样组分从固定相的气/液界面移动到液相内部，达到平衡后再返回气相界面的传质过程。液相传质阻力系数 C_l 为：

$$C_l=\frac{2}{3}\cdot\frac{k}{(1+k)^2}\cdot\frac{d_f^2}{D_l} \tag{5-13}$$

固定相的液膜厚度 d_f 薄，组分在液相的扩散系数 D_l 大，则液相传质阻力就小。降低液膜厚度 d_f，但同时也会减小 k，又会使 C_l 增大。所以可采用增大比表面积的方法（减小粒度）来减小 C_l。但比表面积太大，又会造成拖尾峰。一般可通过控制适宜的柱温来减小 C_l。对于气液色谱，传质阻力系数 C 包括气相传质阻力系数 C_g 和液相传质阻力系数 C_l 两项，即：

$$C=C_g+C_l \tag{5-14}$$

（2）对于液液分配色谱，传质阻力系数 C 包括流动相传质阻力系数 C_m 和固定相传质阻力系数 C_s，即：

$$C=C_m+C_s \tag{5-15}$$

对于 C_m 项，固定相的粒度越小，微孔孔径越大，传质速率就越快，柱效就越高。对高效液相色谱固定相的设计就是基于这一点考虑的。对于 C_s 项，传质过程与液膜厚度平方成正比，与试样分子在固定液的扩散系数成反比。

速率理论的要点：(1) 组分分子在柱内运行的多路径与涡流扩散、浓度梯度所造成的分子扩散及传质阻力使气液两相间的分配平衡不能瞬间达到等因素是造成色谱峰扩展柱效下降的主要原因；(2) 通过选择适当的固定相粒度、载气种类、液膜厚度及载气流速可提高柱效；(3) 速率理论为色谱分离和操作条件选择提供了理论指导。阐明了流速和柱温对柱效及分离的影响；(4) 各种因素相互制约，如载气流速增大，分子扩散项的影响减小，使柱效提高，但同时传质阻力项的影响增大，又使柱效下降；柱温升高，有利于传质，但又加剧了分子扩散的影响，选择最佳条件，才能使柱效达到最高。

4. 范式方程曲线

以塔板高度对流动相线速度作图所得的双曲线，即范式方程曲线或称 H-u 图，如图 5-2 所示。对于一定长度的柱子，柱效越高，理论塔板数越大，板高越小。但究竟控制怎样的线速度，才能达到最小板高呢？由范式方程曲线可以看出，对应某一流速都有一个板高的极小值，这个极小值就是柱效最高点。由图 5-2 可见，涡流扩散项 A 与线速度 u 无关；较低线速时，分子扩散项起主要作用；较高线速时，传质阻力项起主要作用。

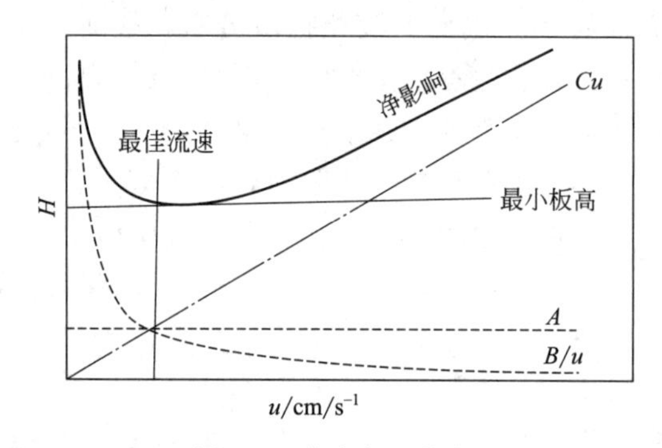

图 5-2 范式方程曲线

5. 固定相粒度大小对板高的影响

固定相粒度对板高的影响是至关重要的。实验表明不同粒度，H-u 曲线也不同（图 5-3 所示）。粒度越细，板高越小，并且受线速度影响也小。这就是为什么在 HPLC 中采用细颗粒作固定相的根据。当然，固定相颗粒越细，柱流速越慢。只有采取高压技术，流动相流速才能符合实验要求。

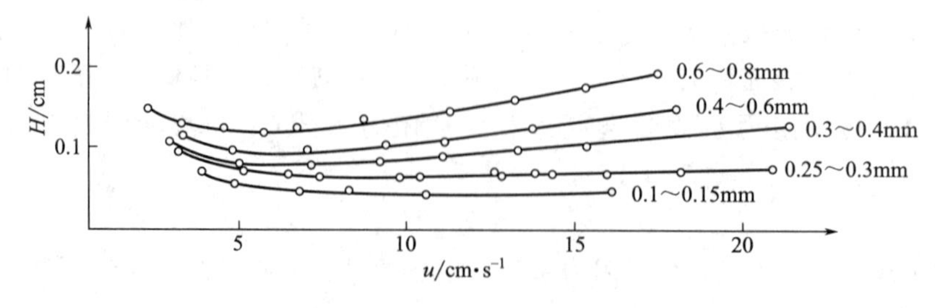

图 5-3 固定相粒度大小对板高的影响

三、分离度

分离度 R 是一个综合性指标。分离度是既能反映柱效率又能反映选择性的指标，称总分离效能指标。分离度又叫分辨率，它定义为相邻两组分色谱峰保留值之差与两组分色谱峰底宽总和一半的比值，即：

$$R=\frac{2(t_{r_2}-t_{r_1})}{Y_1+Y_2} \tag{5-16}$$

R 值越大，表明相邻两组分分离越好。一般说，当 $R<1$ 时，两峰有部分重叠；当 $R=1$ 时，分离程度可达 98%；当 $R=1.5$ 时，分离程度可达 99.7%。通常用 $R=1.5$ 作为相邻两组分已完全分离的标志。当然若 R 值越大，分离效果越好，但会延长分析时间。

第四节　色谱定性和定量的方法

色谱法是非常有效的分离和分析方法，同时还能将分离后的各种成分直接进行定性和定量分析。

一、定性分析

色谱定性分析就是要确定各色谱峰所代表的化合物。由于各种物质在一定的色谱条件下均有确定的保留值，因此保留值可作为一种定性指标。目前各种色谱定性方法都是基于保留值的。但是不同物质在同一色谱条件下，可能具有相似或相同的保留值，即保留值并非专属的。因此仅根据保留值对一个完全未知的样品定性是困难的。如果在了解样品的来源、性质、分析目的的基础上，对样品组成作初步的判断，再结合下列的方法则可确定色谱峰所代表的化合物。

1. 利用保留时间定性

在一定的色谱系统和操作条件下，各种组分都有确定的保留时间，可以通过比较已知纯物质和未知组分的保留时间定性。如待测组分的保留值与在相同色谱条件下测得的已知纯物质的保留时间相同，则可以初步认为它们是属同一种物质。为了提高定性分析的可靠性，还可以进一步改变色谱条件（分离柱、流动相、柱温等）或在样品中添加标准物质，如果被测物的保留时间仍然与已知物质相同，则可以认为它们为同一物质。利用纯物质对照定性，首先要对试样的组分有初步了解，预先准备用于对照的已知纯物质（标准对照品）。该方法简便，是气相色谱定性中最常用的定性方法。

2. 利用相对保留值定性

相对保留值 α_{is} 是指组分 i 与基准物质 s 调整保留值的比值：

$$\alpha_{is}=t'_{ri}/t'_{rs}=V'_{ri}/V'_{rs} \tag{5-17}$$

它仅随固定液及柱温变化而变化，与其他操作条件无关。

相对保留值测定方法：在某一固定相及柱温下，分别测出组分 i 和基准物质 s 的调整保留值，再按上式计算即可。用已求出的相对保留值与文献相应值比较即可定性。通常选容易得到纯品的，而且与被分析组分相近的物质作基准物质，如正丁烷、环己烷、正戊烷、苯、对二甲苯、环己醇、环己酮等。

3. 保留指数法

保留指数又称为柯瓦（Kováts）指数，它表示物质在固定液上的保留行为，是目前使用最广泛并被国际上公认的定性指标。它具有重现性好、标准统一及温度系数小等优点。保留指数也是一种相对保留值，它是把正构烷烃中某两个组分的调整保留值的对数作为相对的尺度，并假定正构烷烃的保留指数为 $n\times100$。被测物的保留指数值可用内插法计算。保留指数的物理意义在于：它是与被测物质具有相同调整保留时间的假想的正构烷烃的碳数乘以100。保留指数仅与固定相的性质、柱温有关，与其他实验条件无关。其准确度和重现性都很好。只要柱温与固定相相同，就可应用文献值进行鉴定，而不必用纯物质相对照。

4. 柱前或柱后化学反应定性

在色谱柱后装 T 形分流器，将分离后的组分导入官能团试剂反应管，利用官能团的特征反应定性。也可在进样前将被分离化合物与某些特殊反应试剂反应生成新的衍生物，于是该化合物在色谱图上的出峰位置的大小就会发生变化甚至不被检测。由此得到被测化合物的结构信息。

5. 联用技术

将色谱与质谱、红外光谱、核磁共振波谱等具有定性能力的分析方法联用，复杂的混合物先经气相色谱分离成单一组分后，再利用质谱仪、红外光谱仪或核磁共振波谱仪进行定性。未知物经色谱分离后，质谱可以很快地给出未知组分的相对分子质量和电离碎片，提供是否含有某些元素或基团的信息。红外光谱也可很快得到未知组分所含各类基团的信息，对结构鉴定提供可靠的论据。

二、定量分析

在一定的色谱操作条件下，流入检测器的待测组分 i 的含量 m_i（质量或浓度）与检测器的响应信号（峰面积 A_i 或峰高 h_i）成正比。

$$m_i=f_{iA}A_i \text{ 或 } m_i=f_{ih}h_i \tag{5-18}$$

式中，f_{iA}、f_{ih} 是绝对校正因子。要准确进行定量分析，必须准确地测量响应信号，确定出定量校正因子，式(5-18) 是色谱定量分析的理论依据。进行色谱定量分析时需要：(1) 准确测量检测器的响应信号-峰面积或峰高；(2) 准确求得比例常数-校正因子；(3) 正确选择合适的定量计算方法，将测得的峰面积或峰高换算为组分的百分含量。

1. 峰面积的测量

峰面积的大小不易受操作条件如柱温、流动相的流速、进样速度等的影响，因此更适合做定量分析的参数。峰面积测量的准确与否直接影响定量结果。对于不同峰形的色谱峰采用不同的测量方法。

(1) 对称形峰面积的测量——峰高乘以半峰宽法

对称峰的面积

$$A=1.065hW_{1/2} \tag{5-19}$$

(2) 不对称形峰面积的测量——峰高乘平均峰宽法

对于不对称峰的测量如仍用峰高乘以半峰宽，误差就较大，因此采用峰高乘平均峰宽法。

$$A=\frac{1}{2}h(Y_{0.15}+Y_{0.85}) \tag{5-20}$$

式中，$Y_{0.15}$ 和 $Y_{0.85}$ 分别为峰高 0.15 倍和 0.85 倍处的峰宽。此法测量时比较麻烦，但计算结果较准确。

(3) 自动积分法：具有微处理机（工作站、数据站等）或计算机控制的色谱工作站，能自动测量色谱峰面积，对不同形状的色谱峰可以采用相应的计算程序自动计算，得出准确的结果。

2. 定量校正因子

(1) 绝对校正因子：单位峰面积或峰高对应的组分 i 的质量或浓度，即

$$f_i = m_i / A_i \tag{5-21}$$

f_i 与检测器性能、组分和流动相性质及操作条件有关，不易准确测量。在定量分析中常用相对校正因子。

(2) 相对校正因子

相对校正因子定义为：

$$f'_i = f_i / f_s \tag{5-22}$$

即某组分 i 的相对校正因子 f'_i 为组分 i 与标准物质 s 的绝对校正因子之比：

$$f'_i = (m_i / A_i) / (m_s / A_s) = (m_i / m_s) \cdot (A_s / A_i) \tag{5-23}$$

可见，相对校正因子 f'_i 就是当组分 i 的质量与标准物质 s 相等时，标准物质的峰面积是组分 i 峰面积的倍数。若某组分质量为 m_i，峰面积 A_i，则 $f'_i A_i$ 的数值与质量为 m_i 的标准物质的峰面积相等。相对校正因子只与检测器类型有关，与色谱条件无关。由于绝对因子很少使用，因此，一般文献上提到的校正因子就是相对校正因子。需要注意的是，相对校正因子是一个无因次量，但它的数值与采用的计量单位有关。

3. 定量方法

色谱法常采用归一化法、内标法、外标法进行定量分析。由于峰面积定量比峰高准确，所以常采用峰面积来进行定量分析。为表述方便，以下将相对校正因子简写为 f。

(1) 归一化法

它是将试样中所有组分的含量之和按 100%计算，以它们相应的色谱峰面积为定量参数。如果试样中所有组分均能流出色谱柱，并在检测器上都有响应信号，都能出现色谱峰，可用此法计算各待测组分 i 的含量。其计算公式如下：

$$P_i\% = (m_i / m) \cdot 100\% = A_i f'_i / (A_1 f'_1 + A_2 f'_2 + \cdots + A_n f'_n) \cdot 100\% \tag{5-24}$$

式中，$P_i\%$ 为被测组分 i 的百分含量；A_1、A_2、…、A_n 为组分 $1 \sim n$ 的峰面积；f'_1、f'_2、…、f'_n 为组分 $1 \sim n$ 的相对校正因子。

归一化法简便、准确，进样量多少不影响定量的准确性，操作条件的变动对结果的影响也较小，尤其适用多组分的同时测定。但若试样中有的组分不能出峰，则不能采用此法。某些不需要定量的组分也必须测出其峰面积及 f'_i 值。此外，测量低含量尤其是微量杂质时，误差较大。

(2) 外标法

直接比较法：将未知样品中某一物质的峰面积与该物质的标准品的峰面积直接比较进行定量。通常要求标准品的浓度与被测组分浓度接近，以减小定量误差。

标准曲线法：取待测试样的纯物质配成一系列不同浓度的标准溶液，分别取一定体积，进样分析。从色谱图上测出峰面积，以峰面积对含量作图即为标准曲线。然后在相同的色谱操作条件，分析待测试样，从色谱图上测出试样的峰面积（或峰高），由上述标准曲线查出待测组分的含量。外标法是最常用的定量方法。其优点是操作简便，不需要测定校正因子，计算简单。结果的准确性主要取决于进样的重现性和色谱操作条件的稳定性。

(3) 内标法

内标法是在未知样品中加入已知浓度的标准物质（内标物），然后比较内标物和被测组

分的峰面积，从而确定被测组分的浓度。由于内标物和被测组分处在同一基体中，因此可以消除基体带来的干扰。而且当仪器参数和洗脱条件发生非人为的变化时，内标物和样品组分都会受到同样的影响，这样消除了系统误差。当对样品的情况不了解，样品的基体很复杂或不需要测定样品中所有组分时，采用这种方法比较合适。

具体做法是准确称取一定量的纯物质作为内标物加入到准确称量的试样中，根据试样和内标物的质量以及被测组分和内标物的峰面积可求出被测组分的含量。由于被测组分与内标物质量之比等于峰面积之比，即 $m_i/m_s=A_if'_i/A_sf'_s$，所以 $m_i=m_sA_if'_i/A_sf'_s$。

内标物必须满足如下的条件：①内标物与被测组分的物理化学性质要相似（如沸点、极性、化学结构等）；②内标物应能完全溶解于被测样品（或溶剂）中，且不与被测样品起化学反应；③内标物的出峰位置应该与被分析物质的出峰位置相近，且又能完全分离，目的是为了避免 GC 的不稳定性所造成的灵敏度的差异；④选择合适的内标物加入量，使得内标物和被分析物质二者峰面积的匹配性大于 75%，以免由于它们处在不同响应值区域而导致的灵敏度偏差。

内标法的优点是定量准确。因为该法是用待测组分和内标物的峰面积的相对值进行计算，所以不要求严格控制进样量和操作条件，试样中含有不出峰的组分时也能使用，但每次分析都要准确称取或量取试样和内标物的量。

第五节　气相色谱仪的结构

气相色谱法（GC）是英国生物化学家 Martin 等人在研究液液分配色谱的基础上，于 1952 年创立的一种极有效的分离方法，它可分析和分离复杂的多组分混合物。目前由于使用了高效能的色谱柱，高灵敏度的检测器及微处理机，使得气相色谱法成为一种分析速度快、灵敏度高、应用范围广的分析方法。其局限性是不适合于分析沸点高、分子量太大、受热易分解或变性、具腐蚀性和反应性较强的化合物（约 20%有机化合物用 GC 分析）。

气相色谱仪是实现气相色谱分离过程的仪器，目前市场上 GC 仪器型号繁多，但总的来说，仪器的基本结构是相似的，主要由载气系统、进样系统、分离系统（色谱柱）、检测系统、温度控制系统以及数据处理系统构成（图 5-4 所示）。

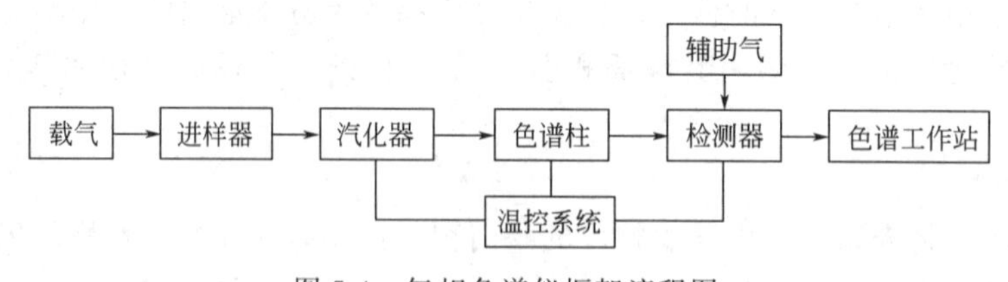

图 5-4　气相色谱仪框架流程图

一、载气系统

载气系统包括气源、气体净化器、气路控制系统。载气是气相色谱过程的流动相，原则上说只要没有腐蚀性，且不干扰样品分析的气体都可以作载气。常用的有 H_2、He、N_2、Ar 等。在实际应用中载气的选择主要是根据检测器的特性来决定，同时考虑色谱柱的分离效能和分析时间，例如氢火焰离子化检测器中，氢气是必用的燃气，用氮气作载气。载气的纯度、流速对色谱柱的分离效能、检测器的灵敏度均有很大影响，气路控制系统的作用就是将载气及辅助气进行稳压、稳流及净化，以满足气相色谱分析的要求。操作气相色谱仪选用不同气体纯度的气源做载气和辅助气体的原则是选择气体纯度时，主要取决于分析对象、色谱柱中填充物以及检测器。建议在满足分析要求的前提下，尽可能选用纯度较高的气体。这样不但会提高（保持）仪器的灵敏度，而且会延长色谱柱和整台仪器（气路控制部件，气体过滤器）的寿命。

二、进样系统

进样系统包括进样器和气化室，它的功能是引入试样，并使试样瞬间气化。液体样品可用微量注射器进样，重复性比较差，在使用时注意进样量与所选用的注射器相匹配，最好是在注射器最大容量下使用。工业流程色谱分析和大批量样品的常规分析上常用自动进样器，重复性很好。在毛细管柱气相色谱中，由于毛细管柱样品容量很小，一般采用分流进样器，进样量比较多，样品气化后只有一小部分被载气带入色谱柱，大部分被放空。气化室的作用是把液体样品瞬间加热变成蒸汽，然后由载气带入色谱柱。

三、分离系统

分离系统主要由色谱柱组成，是气相色谱仪的心脏，它的功能是使试样在柱内运行的同时得到分离。色谱柱基本有两类：填充柱和毛细管柱（图 5-5 所示）。填充柱是将固定相填充在金属或玻璃管中（常用内径 4mm）。毛细管柱是用熔融二氧化硅拉制的空心管，也叫弹性石英毛细管。柱内径通常为 0.1～0.5mm，柱长 30～50m，绕成直径 20cm 左右的环状。用这样的毛细管作分离柱的气相色谱称为毛细管气相色谱或开管柱气相色谱，其分离效率比填充柱要高得多，可分为开管毛细管柱、填充毛细管柱等。填充毛细管柱是在毛细管中填充固定相而成，也可先在较粗的厚壁玻璃管中装入松散的载体或吸附剂，然后拉制成毛细管。如果装入的是载体，使用前在载体上涂渍固定液成为填充毛细管柱气-液色谱。如果装入的是吸附剂，就是填充毛细管柱气-固色谱，这种毛细管柱近年已不多用。开管毛细管柱又分以下四种：①涂壁毛细管柱。在内径为 0.1～0.3mm 的中空石英毛细管的内壁涂渍固定液，这是目前使用最多的毛细管柱。②载体涂层毛细管柱。先在毛细管内壁附着一层硅藻土载体，然后再在载体上涂渍固定液。③小内径毛细管柱。内径小于 0.1mm 的毛细管柱，主要用于快速分析。④大内径毛细管柱。内径在 0.3～0.5mm 的毛细管，往往在其内壁涂渍 5～8μm 的厚液膜。

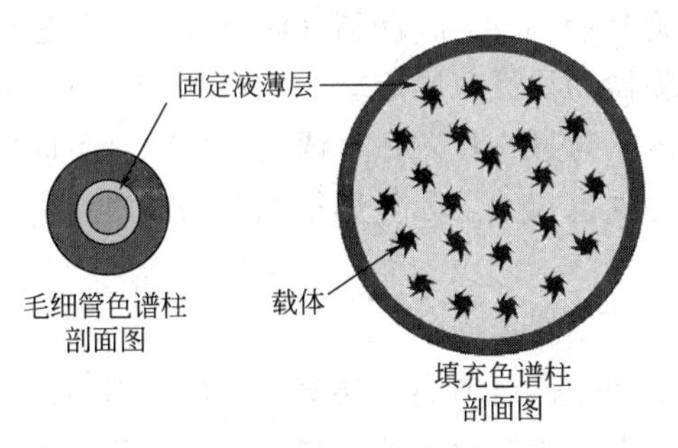

图 5-5　毛细管柱和填充柱剖面图

四、检测系统

检测系统的功能是对柱后已被分离的组分浓度或质量信息转变为便于记录的电信号，然后对各组分的组成和含量进行鉴定和测量，是色谱仪的眼睛。检测器的选择要依据分析对象和目的来确定。

1. 优良检测器的性能指标

（1）灵敏度高　单位物质量通过检测器时产生的信号大小称为检测器对该物质的灵敏度（S）。以组分的浓度（c）或质量（m）对响应信号（R）作图，得一条通过原点的直线。直线的斜率就是检测器的灵敏度（S）。其通式为：

$$S=\Delta R/\Delta m \tag{5-25}$$

由此可知，灵敏度是响应信号对进入检测器的被测物质量的变化率。

（2）检测限低　检测限（D）又称检测度或敏感度，定义为当检测器产的信号（峰高）恰是噪声的 2 倍时，单位时间或单位体积内进入检测器的最小物质量（图 5-6 所示）。

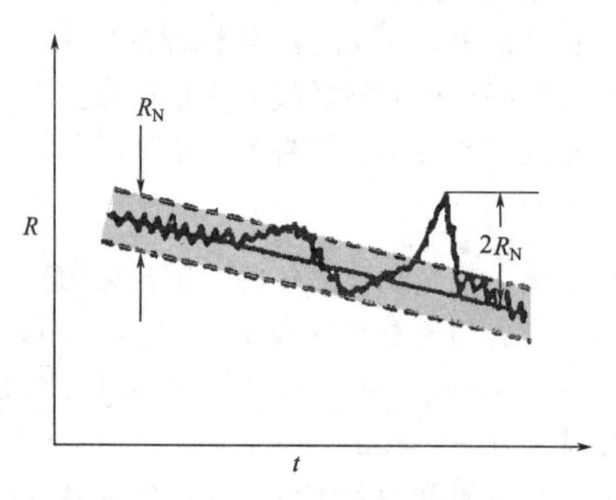

图 5-6　基线噪音示意图

检测限可表示为：

$$D=2R_N/S \tag{5-26}$$

式中，R_N 为噪声信号，单位为 mV。由此可见，检测限不仅决定于灵敏度，而且受限于噪声，所以它是衡量检测器性能好坏的综合指标。通常情况下，D 值越小的检测器，越有利于痕量分析。

（3）最小检测量低　在实际工作中，检测器不可能单独使用，它总是与柱、气化室、记录器及连接管道等组成一个色谱体系。最小检测量指产生两倍噪声峰高时，色谱体系（即色谱仪）所需的进样量。由此看出，最小检测量与检出限是两个不同的概念，检出限只用来衡量检测器的性能，而最小检测量不仅与检测器性能有关，还与色谱柱效及操作条件有关。

（4）线性范围宽　检测器的线性范围定义为在检测器呈线性时最大和最小进样量之比，或叫最大允许进样量（浓度）与最小检测量（浓度）之比。不同的组分的线性范围不同。不同类型检测器的线性范围差别也很大。如氢焰检测器的线性范围可达 10^7，热导检测器则在 10^5 左右。

2. 检测器的类型

原则上，被测组分和载气在性质上的任何差异都可以作为设计检测器的依据，但在实际中常用的检测器只有几种。根据检测原理的不同，可将其分为浓度型检测器和质量型检测器两种。浓度型检测器，测量的是载气中某组分浓度瞬间的变化，即检测器的响应值和组分的浓度成正比，如热导检测器和电子捕获检测器；质量型检测器，测量的是载气中某组分进入检测器的速度变化，即检测器的响应值和单位时间内进入检测器某组分的量成正比，如火焰离子化检测器和火焰光度检测器等。下面重点介绍几种常见的气相色谱检测器。

(1) 热导检测器(TCD)

热导检测器属于浓度型检测器，即检测器的响应值与组分在载气中的浓度成正比。它的基本原理是基于不同物质具有不同的热导系数，几乎对所有的物质都有响应，是目前应用最广泛的通用型检测器。由于在检测过程中样品不被破坏，因此可用于制备和其他联用鉴定技术。但其主要缺点是灵敏度较低。

(2) 火焰离子化检测器(FID)

火焰离子化检测器是以氢气和空气燃烧的火焰作为能源，利用含碳有机物在火焰中燃烧产生离子，在外加的电场作用下，使离子形成离子流，根据离子流产生的电信号强度，检测被色谱柱分离出的组分(图 5-7 所示)。该检测器灵敏度很高，比热导检测器的灵敏度高约 10^3 倍；检出限低，可达 $10^{-12}g \cdot s^{-1}$；火焰离子化检测器能检测大多数含碳有机化合物；线性范围宽、操作条件不苛刻、噪声小、死体积小，是有机化合物检测常用的检测器。但其缺点是检测时样品被破坏，一般只能检测那些在氢火焰中燃烧产生大量碳正离子的有机化合物，不能检测永久性气体、水、一氧化碳、二氧化碳、氮的氧化物、硫化氢等物质。

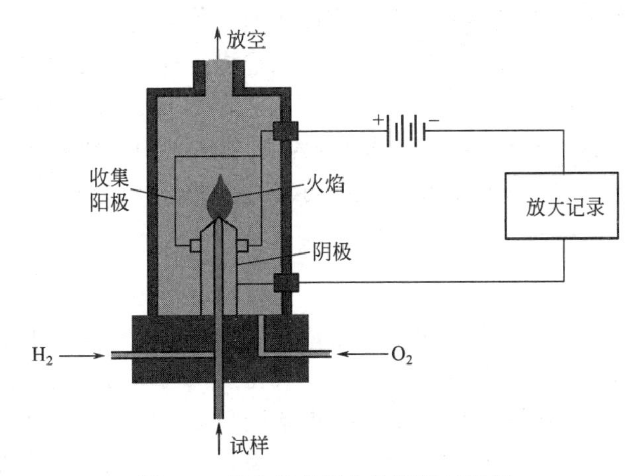

图 5-7　氢火焰离子化检测器结构图

(3) 电子捕获检测器(ECD)

电子捕获检测器是利用电负性物质捕获电子的能力，通过测定电子流进行检测被色谱柱分离出的组分。ECD 具有灵敏度高、选择性好的特点。它是一种专属型检测器，是目前分析痕量电负性有机化合物最有效的检测器，元素的电负性越强，检测器灵敏度越高，对含卤素、硫、氧、羰基、氨基等的化合物有很高的响应。它可用氮气或氩气作载气，最常用的是高纯氮气。电子捕获检测器已广泛应用于有机氯和有机磷农药残留量、金属配合物、金属有机多卤或多硫化合物等的分析测定，以及生物化学、医学、药物学和环境监测等领域中。它的缺点是线性范围窄，只有 10^3 左右，且响应易受操作条件的影响，重现性较差。

(4) 火焰光度检测器(FPD)

火焰光度检测器对含硫和含磷的化合物有比较高的灵敏度和选择性。其检测原理是，当含磷和含硫物质在富氢火焰中燃烧时，分别发射具有特征的光谱，透过干涉滤光片，用光电倍增管测量特征光的强度。

(5) 原子发射检测器(AED)

原子发射检测器是 20 世纪 90 年代发展起来的一种新型检测器，其工作原理如下：将被测组分导入一个与光电二极管阵列光谱检测器耦合的等离子体中，等离子体提供足够能量使组分样品全部原子化，并使之激发出特征原子发射光谱，经分光后，含有光谱信息的全部波长聚焦到二极管阵列上。用电子学方法及计算机技术对二极管阵列快速扫描，采集数据，最后可得三维色谱光谱图。

(6) 质谱检测器 (MSD)

质谱检测器是一种质量型、通用型检测器，其原理与质谱相同。它不仅能给出一般 GC 检测器所能获得的色谱图（总离子流色谱图），而且能够给出每个色谱峰所对应的质谱图。通过计算机对标准谱库的自动检索，可提供化合物分析结构的信息，因此是 GC 定性分析的有效工具。常被称为气相色谱-质谱联用（GC-MS）分析，是将色谱的高分离能力与 MS 的结构鉴定能力结合在一起。GC-MS 联用优点如下：①气相色谱作为进样系统，将待测样品进行分离后直接导入质谱进行检测，既满足了质谱分析对样品单一性的要求，又省去了样品制备、转移的烦琐过程，不仅避免了样品受污染，对于质谱进样量还能有效控制，也减少了质谱仪器的污染，极大地提高了对混合物的分离、定性、定量分析效率；②质谱作为检测器，检测的是离子质量，获得化合物的质谱图，解决了气相色谱定性的局限性，既是一种通用型检测器，又是有选择性的检测器。因为质谱法的多种电离方式可使各种样品分子得到有效的电离，所有离子经质量分析器分离后均可以被检测，有广泛适用性。而且质谱的多种扫描方式和质量分析计算，可以有选择地只检测所需要的目标化合物的特征离子。MSD 实际上是一种专用于 GC 的小型 MS 仪器，一般配置电子轰击（EI）和化学电离（CI）源，也有直接 MS 进样功能。其检测灵敏度和线性范围与 FID 接近，采用选择离子检测（SIM）时灵敏度更高。

五、温度控制系统

在气相色谱测定中，温度是非常重要的指标，它直接影响色谱柱的选择分离、检测器的灵敏度和稳定性。控制温度主要指对色谱柱炉，气化室，检测器三处的温度控制。色谱柱的温度控制方式有恒温和程序升温两种。对于沸点范围很宽的混合物，往往采用程序升温法进行分析。程序升温是指在一个分析周期内柱温随时间由低温向高温作线性或非线性变化，以达到用最短时间获得最佳分离的目的。

六、数据处理系统

数据处理系统目前多采用配备操作软件包的工作站，用计算机控制，既可以对色谱数据进行自动处理，又可对色谱系统的参数进行自动控制。

第六节 气相色谱的固定相

气相色谱分析主要取决于柱的选择性和效能，而提高选择性和柱效能的主要措施就是选择合适的固定相。气相色谱根据固定相的状态不同，可分为气固色谱（GSC）和气液色谱（GLC），气相色谱常用的固定相有固体固定相、液体固定相和聚合物固定相三大类。

一、固体固定相

1. 种类

常用的固体固定相有以下种类。

(1) 活性炭 有较大的比表面积，吸附性较强；

(2) 活性氧化铝 弱极性，适用于常温下 O_2、N_2、CO、CH_4、C_2H_6、C_2H_4 等气体的

相互分离，CO_2 能被活性氧化铝强烈吸附而不能用这种固定相进行分析；

（3）硅胶　极性较强，与活性氧化铝大致相同的分离性能，除能分析上述物质外，还能分析 CO_2、N_2O、NO、NO_2 等，且能够分离臭氧；

（4）分子筛　碱及碱土金属的硅铝酸盐（沸石），多孔性，如 3A、4A、5A、10X 及 13X 分子筛等（孔径：埃），常用 5A 和 13X（常温下分离 O_2 与 N_2），除了广泛用于 H_2、O_2、N_2、CH_4、CO 等的分离外，还能够测定 He、Ne、Ar、NO、N_2O 等。

2. 固体固定相的特点

固体固定性具有以下特点：(1) 性能与制备和活化条件有很大关系；(2) 同一种固定相，不同厂家或不同活化条件，分离效果差异较大；(3) 使用方便；(4) 种类有限，能分离的对象不多，通常应用于永久性气体和低沸点物质的分析，故应用有限。

二、液体固定相

液体固定相由载体（担体）和固定液组成，小颗粒表面涂渍上一薄层固定液。固定液在常温下不一定为液体，但在使用温度下一定呈液体状态。固定液的种类繁多，选择余地大，应用范围不断扩大。

1. 载体（担体）

作为担体使用的物质应满足的条件：(1) 比表面积大，孔径分布均匀；(2) 化学和物理惰性，表面无吸附性或吸附性很弱，与被分离组分不起反应；(3) 具有较高的热稳定性和机械强度，不易破碎；(4) 具有一定的粒度和规则的形状，最好是球形，颗粒大小均匀、适度，一般常用 60～80 目、80～100 目。

载体大致可分为硅藻土和非硅藻土两类。硅藻土载体是目前气相色谱中常用的一种载体，它是由称为硅藻的单细胞海藻骨架组成，主要成分是二氧化硅和少量无机盐，根据制造方法不同，又分为：红色载体和白色载体。

(1) 红色载体是将硅藻土与黏合剂在 900℃煅烧后，破碎过筛而得，因铁生成氧化铁呈红色，故称红色载体，其特点是表面孔穴密集、孔径较小、比表面积较大。对强极性化合物吸附性和催化性较强，如烃类、醇、胺、酸等极性化合物会因吸附而产生严重拖尾。因此它适宜于分析非极性或弱极性物质。

(2) 白色载体是将硅藻土与 20%的碳酸钠（助熔剂）混合煅烧而成，它呈白色、比表面积较小、吸附性和催化性弱，适宜于分析各种极性化合物。101，102 系列，英国的 Celite 系列，英国和美国的 Chromosorb 系列，美国的 Gas-Chrom A，CL，P，Q，S，Z 系列等，都属这一类。

非硅藻土载体包括有机玻璃微球载体，氟载体，高分子多孔微球等。这类载体常用于特殊分析，如氟载体用于极性样品和强腐蚀性物质 HF、Cl_2 等分析。但由于表面非浸润性，其柱效低。

2. 固定液

固定液一般为高沸点、难挥发的有机化合物，种类繁多。对固定液要求是：①挥发性小；②良好的热稳定性，在工作温度下不发生分解；③熔点不能太高，在使用温度下为液体；④对被分离试样中的各组分具有不同的溶解能力，并有较高的选择性；⑤较高的化学稳定性，不与被分离组分发生化学反应；⑥有合适的溶剂溶解，能均匀的涂敷在担体表面。

固定液的分类可按化学结构、极性、应用等的分类方法。如将固定液按有机化合物结构的分类方法分为：脂肪烃、芳烃、醇、酯、聚酯、胺、聚硅氧烷等。按极性大小分为：

① 非极性固定液　饱和烷烃和甲基硅油，作用力以色散力为主。如角鲨烷和阿皮松，分析非极性和弱极性化合物。

② 中等极性固定液　固定液含有少量的极性基团，作用力以色散力和诱导力为主，如邻苯二甲烷二壬酯、聚酯等。

③ 强极性固定液　固定液含有较强的极性基团，作用力以诱导力和静电力为主。如氧二丙腈等，分析极性化合物。

④ 氢键型固定液　极性固定液中特殊的一类，作用力以氢键力为主。如聚乙二醇、三乙醇胺等，分析含 N/F/O 化合物。毛细管色谱柱常用固定液，如表 5-1 所示。

表 5-1　毛细管色谱柱常用固定液

固定液	极性	适用范围
100％二甲基聚硅氧烷	非极性	脂肪烃化合物，石化产品
(50％三氟丙基)甲基聚硅氧烷	中等极性	极性化合物，如高级脂肪酸
聚乙二醇	中强极性	极性化合物，如醇、羧酸酯等

对固定液的选择并没有规律性可循。一般可按“相似相溶”原则来选择。在应用时，应按实际情况而定。①分离非极性物质：一般选用非极性固定液，这时试样中各组分按沸点次序流出，沸点低的先流出，沸点高的后流出。②分离极性物质：选用极性固定液，试样中各组分按极性次序分离，极性小的先流出，极性大的后流出。③分离非极性和极性混合物：一般选用极性固定液，这时非极性组分先流出，极性组分后流出。④分离能形成氢键的试样：一般选用极性或氢键型固定液。试样中各组分按与固定液分子间形成氢键能力大小先后流出，不易形成氢键的先流出，最易形成氢键的最后流出。⑤复杂的难分离物质：可选用两种或两种以上混合固定液。对于样品极性情况未知的，一般用最常用的几种固定液做试验。

三、聚合物固定相

高分子多孔微球（GDX 系列），新型有机合成固定相。既可以作为固定相直接使用，也可以作为载体使用。型号如 GDX-01/-02/-03 等，Chromosorb 系列（苯乙烯与二乙烯苯共聚）；Porapak 系列（乙烯基苯与二乙烯苯共聚），适用于水、气体及低级醇的分析。聚合物固定相具有以下优点：（1）具有较大的比表面积，表面孔径均匀；（2）对非极性和极性物质无有害的吸附活性，拖尾现象小，极性组分也能出对称峰；（3）热稳定性好，不易分解；（4）机械强度和耐腐蚀性好，由于是均匀球体，色谱中的均匀性和重现性好，有助于减少涡流扩散。

第七节　气相色谱分离条件的选择

在气相色谱中，色谱柱、柱温及载气的选择是分离条件选择的三个主要方面，用于提高柱效、降低板高，提高相邻组分的分离度。选择试验条件的主要依据是范氏方程和分离度与各种色谱参数的关系式。

一、色谱柱的选择

色谱柱的选择包括固定相与柱长两方面，固定相的选择在本章第六节已经介绍，此处仅介绍柱长的选择。分离度与柱长关系的关系为：

$$\left(\frac{R_1}{R_2}\right)^2=\frac{n_1}{n_2}=\frac{L_1}{L_2} \tag{5-27}$$

由式(5-27) 可知，增加柱长对分离有利，但增加柱长会使各组分的保留时间增加，延长分析时间。因此，在满足一定分离度的条件下，应尽可能使用较短的柱子，填充柱柱长一般采用 2～4m。

二、载气的选择

载气的种类主要影响峰展宽、柱压降和检测器的灵敏度。从范氏方程可知，当载气流速较低时，纵向扩散占主导地位，提高柱效，宜采用相对分子质量较大载气如 N_2；当流速较高时，传质阻力项占主导地位，为提高柱效，宜采用相对分子质量较低的载气如 H_2 或 He。载气流速主要影响分离效率和分析时间。由范氏方程可知，为获得高柱效应选用最佳流速，但所需分析时间较长。为缩短分析时间，一般选择载气速度要高于最佳流速，此时柱效虽稍有下降，却节省了很多分析的时间。考虑到对检测器灵敏度的影响，用热导检测器时，应选用 H_2 或 He 做载气；用氢火焰离子化检测器时，应选择 N_2 做载气。

三、柱温的选择

柱温是一个重要的操作参数，主要影响分配系数、容量因子以及组分在流动相和固定相中的扩散系数，从而影响分离度和分析时间。提高柱温可使气相、液相传质速率加快，有利于降低塔板高度，改善柱效；增加柱温又使纵向扩散加剧，从而导致柱效下降。另外，为了改善分离，提高选择性，往往希望柱温较低，这又会增长分析时间。

选择温柱的原则，一般是在使难分离物质达到要求的分离度条件下，尽可能采用低温，其优点是可以增加固定相的选择性，降低组分在流动相中的纵向扩散，提高柱效，减少固定液的流失、延长柱寿命和降低检测器的本底。对于宽沸程样品，需采用程序升温法进行分离，即在分析过程中按一定速度提高柱温，在程序开始时，柱温较低，低沸点的组分得到分离，中等沸点的组分移动很慢，高沸点的组分还停留于柱口附近；随着温度上升，组分由低沸点到高沸点依次分离出来（图 5-8 所示）。由图中可以看出，采用程序升温后不仅可以改善分离，而且可以缩短分析时间，得到的峰形也很理想。

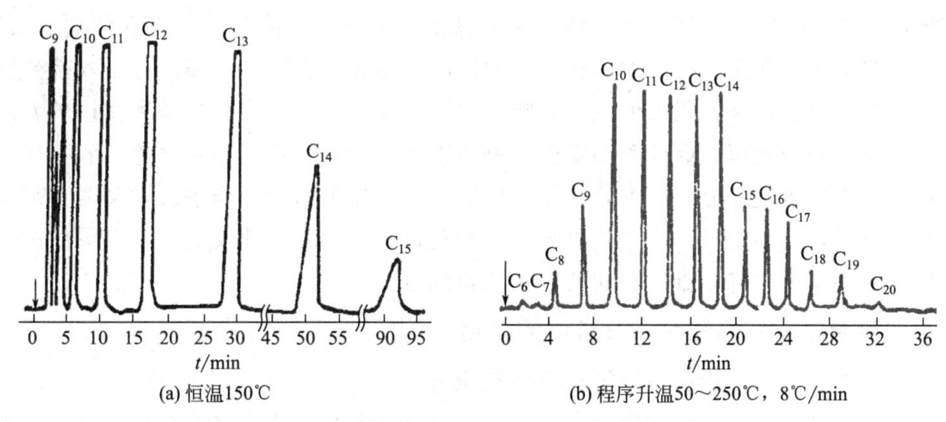

图 5-8　正构烷烃恒温和程序升温色谱图比较

四、进样量的选择

进样量的多少直接影响谱带的初始宽度。因此，只要检测器的灵敏度足够高，进样量越少，越有利于得到良好的分离。一般情况下，柱越长，管径越粗，组分的容量因子越大，则允许的进样量越多。通常填充柱的进样量为：气体样品 0.1～1mL，液体样品 0.1～1μL，最大不超过 4μL。此外，进样速度要快，进样时间要短，以减少纵向扩散，有利于提高柱效。

五、气化温度的选择

气化温度的选择主要取决于待测试样的挥发性、沸点范围及稳定性等因素。气化温度一般选在组分的沸点或稍高于其沸点，以保证试样完全气化。对于热稳定性较差的试样，气化温度不能过高，以防试样分解。对于一般的气相色谱分析，气化温度比柱温高 10～50℃即可；检测器温度一般高于柱温 30～50℃或等于气化室温度。

第八节　气相色谱法的应用

一、气相色谱在食品分析中的应用

国以民为本，民以食为天，食物不仅是人类生存的最基本需要，也是国家稳定和社会发展的永恒主题，而食品的营养成分和食品安全又是当今世界十分关注的重大问题，因而食品分析就起着关键性作用。食品分析涉及营养成分分析和食品添加剂分析。在这两个方面气相色谱都能发挥其优势，重要的营养组分如氨基酸、脂肪酸、糖类都可以用 GC 进行分析。食品添加剂有千余种，其中有许多都可用 GC 来检测。

近二十年来，色谱技术以惊人的速度扩展到食品分析研究领域，许多新的色谱技术已进入实用阶段，如毛细管电泳仪技术（CE）、色谱-质谱联用技术（GC-MS、HPLC-MS、CE-MS 等）、固相萃取技术（SPE）和超临界流体色谱技术（SFC）以及最新出现的全二维气相色谱等。这些新技术的综合应用，大大提高了食品中农、兽药残留分析的灵敏度，简化了分析步骤，提高了分析效率，并使分析检测结果的可靠性得到进一步确证。

二、气相色谱在农药残留检测方面的应用

当今世界把食品安全作为头等大事，食品和药物中污染物、有害物质检测技术的研究日益受到重视。在农作物（包括药用植物）中大量使用杀虫剂、除草剂、除真菌剂、灭鼠剂、植物生长调节剂等，在大大提高农作物产量的同时，也致使农产品、畜产品中农药残留量超标，对人类的健康也带来了很大的负面影响，研究开发快速、可靠、灵敏和实用的农药残留分析技术是控制农药残留、保证食品安全、避免国际间贸易争端的当务之急。农药残留分析是复杂混合物中痕量组分分析技术，农残分析既需要精细的微量操作手段，又需要高灵敏度的痕量检测技术，自 20 世纪 60 年代以来，气相色谱技术得到飞速发展，许多灵敏的检测器开始应用，解决了过去许多难以检测的农药残留问题。

三、气相色谱在药物和临床分析中的应用

尽管在药物及临床分析中高效液相色谱有很多的应用，但从近几年的文献也可以看出，气相色谱在药物和临床分析中的应用也有很多，实际上气相色谱方法简单易于操作，如果用气相色谱可以满足分析要求，它应该是首选的方法。特别是把 GC 和 MS 结合起来是一种集分离和鉴定、定性与定量于一体的方法，如果把固相微萃取（SPME）和 GC 或 GC-MS 结合在一起，又把样品处理及定性与定量于一体，在临床分析中很有意义。

四、气相色谱在石油和化工分析中的应用

多年来气相色谱的发展推动了石油和石化的发展，反过来石油和石化的发展又促进了气相色谱的前进和发展，气相色谱在石油和石化领域有着极大的应用场所。所以气相色谱在石油和石化分析中的应用长盛不衰，尽管近年高效液相色谱和近红外光谱在石油和石化分析中的应用研究颇受青睐，但在石油和石化分析中气相色谱仍是主要的分析手段。由于气相色谱法在所有的色谱方法当中是最容易做的方法，所以在各种化工生产的产品检验中对多成分、可挥发性组分的测定，GC 应该是首选的方法，在高聚物分析中 GC 也发挥了十分积极的作用，像裂解气相色谱和反气相色谱都是针对高聚物分析的有力技术，所以有许多应用报告。当然从 GC 的研究角度不一定是开创性的研究，但是从实用角度对使用者来说是很有价值的。

五、气相色谱在环境污染物分析中的应用

为了改善人类生存环境、治理环境污染，对环境污染物的检测分析是当今世界一个重要的课题。我国投入巨大的人力物力进行环境污染物分析研究和实际检测，其中气相色谱法是十分有力的手段之一，可以进行大气、室内气体、各种水体和其他类型污染物的分析研究和测定。

随着社会的不断进步，人们对气相色谱的研究将会越来越深入，使其朝更高灵敏度、更高选择性、更方便快捷的方向发展，不断推出新的方法来解决可能遇到的新的分析难题，计算机网络的飞速发展也为这些领域的发展创造了更好的机遇与更广阔的发展空间。

思考题与习题

1. 简述色谱流出曲线的定义、有关参数及可获得的信息。
2. 简述范氏方程在气相色谱中的表达式以及在分离条件选择中的应用。
3. 为什么可用分离度 R 作为色谱柱的总分离效能指标？
4. 气相色谱定性分析的方法有哪几种？
5. 色谱定量分析的依据是什么？常用的定量方法有哪几种？
6. 气相色谱仪主要包括哪几部分？简述各部分的作用。
7. 说明氢焰、热导以及电子捕获检测器各属于哪种类型的检测器，它们的优缺点以及应用范围。
8. 在气相色谱中对固定液有何要求？如何选择固定液？
9. 在气相色谱分析中，应如何选择载气流速与柱温？
10. 当色谱峰的半峰宽为 2mm，保留时间为 4.5min，死时间为 1min，色谱柱长为 2m，记录仪纸速为 2cm/min，计算色谱柱的理论塔板数、塔板高度以及有效理论塔板数、有效塔板高度。

第六章　高效液相色谱分离技术

高效液相色谱法（high performance liquid chromatography，HPLC）又称高压液相色谱法，是一种以液体为流动相的现代柱色谱分离技术。它是在经典液相色谱基础上，引入气相色谱理论和技术而发展起来的，因此气相色谱的许多理论与技术同样适用于高效液相色谱法。

第一节　概　　述

一、高效液相色谱法的发展

在所有色谱技术中，液相色谱法（liquid chromatography，LC）是最早（1903 年）发明的，但其初期发展比较慢，在液相色谱普及之前，纸色谱法、气相色谱法和薄层色谱法是色谱分析法的主流。到了 20 世纪 60 年代后期，将已经发展得比较成熟的气相色谱的理论与技术应用到液相色谱上来，使液相色谱得到了迅速的发展。特别是填料制备技术、检测技术和高压输液泵性能的不断改进，使液相色谱分析实现了高效化和高速化，具有这些优良性能的液相色谱仪于 1969 年被商品化。从此，这种分离效率高、分析速度快的液相色谱就被称为高效液相色谱法，也称高压液相色谱法或高速液相色谱法。气相色谱只适合分析较易挥发、且化学性质稳定的有机化合物，而 HPLC 则适合于分析那些用气相色谱难以分析的物质，如挥发性差、极性强、具有生物活性、热稳定性差的物质。现在，HPLC 的应用范围已经远远超过气相色谱，位居色谱法之首。

二、高效液相色谱的类型

广义地讲，固定相为平面状的纸色谱法和薄层色谱法也是以液体为流动相，也应归于液相色谱法。不过通常所说的液相色谱法仅指所用固定相为柱型的柱液相色谱法。通常将液相色谱法按分离机理分成吸附色谱法、分配色谱法、离子色谱法和凝胶色谱法四大类。其实，有些液相色谱方法并不能简单地归于这四类。表 6-1 列举了一些液相色谱方法，分离机理有的相同或部分重叠。但这些方法或是在应用对象上有独特之处，或是在分离过程上有所不同，通常被赋予了比较固定的名称。

表 6-1　HPLC 按分离机理的分类

类 型	主要分离机理	主要分析对象或应用领域
吸附色谱	吸附能，氢键	异构体分离、族分离与制备
分配色谱	疏水分配作用	各种有机化合物的分离、分析与制备
凝胶色谱	溶质分子大小	高分子分离，分子量及其分布的测定
离子交换色谱	库仑力	无机离子、有机离子分析
离子排斥色谱	Donnan 膜平衡	有机酸、氨基酸、醇、醛分析
离子对色谱	疏水分配作用	离子性物质分析
疏水作用色谱	疏水分配作用	蛋白质分离与纯化
手性色谱	立体效应	手性异构体分离，药物纯化
亲和色谱	生化特异亲和力	蛋白、酶、抗体分离，生物和医药分析

第二节　高效液相色谱仪的结构

高效液相色谱仪由高压输液系统、进样系统、分离系统、检测系统、数据处理系统与自动控制单元等五大部分组成（图 6-1 所示）。此外，还可根据需要配置流动相在线脱气装置、梯度洗脱装置、自动进样系统、柱后反应系统和全自动控制系统等。

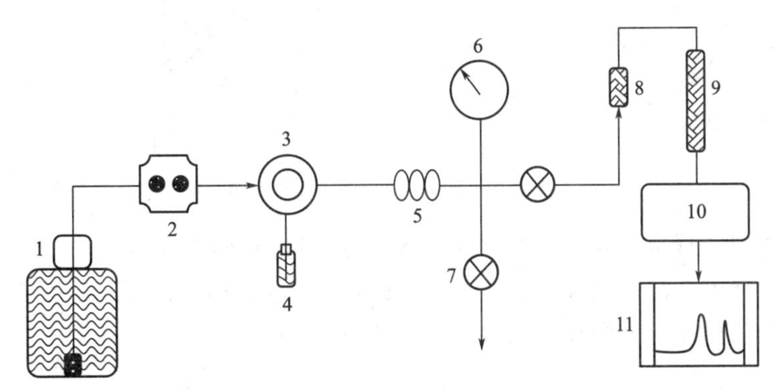

图 6-1　高效液相色谱仪的组成示意图

1—储液罐；2—高压输液泵；3—进样阀；4—样品瓶；5—阻尼器；6—压力计；
7—排水阀；8—保护柱；9—色谱柱；10—检测器；11—记录仪

一、高压输液系统

高压输液系统由溶剂贮存器、高压泵、梯度洗脱装置和压力表等组成。

1. 溶剂贮存器。溶剂贮存器一般由玻璃、不锈钢或氟塑料制成，容量为 1～2L，用来贮存足够数量、符合要求的流动相。

2. 高压输液泵。高压输液泵是高效液相色谱仪中关键部件之一，其功能是将溶剂贮存器中的流动相以高压形式连续不断地送入液路系统，使样品在色谱柱中完成分离过程。由于液相色谱仪所用色谱柱径较细，所填固定相粒度很小，因此，对流动相的阻力较大，为了使流动相能较快地流过色谱柱，就需要高压泵注入流动相。对泵的要求：①泵体材料能耐化学腐蚀，通常使用普通耐酸不锈钢或优质耐酸不锈钢制作而成，为防止酸、碱流动相的腐蚀，已使用由聚醚酮材料制成的高压输液泵；②能在高压下连续工作，通常要求耐压 40MPa 左右，且可连续工作十几个小时以上；③输出流量范围宽，分析型：0.1～10mL/min；制备型：1～100mL/min；④输出流量稳定，重复性高，这样可以降低基线噪声并获较好的检测下限。常用的输液泵分为恒流泵和恒压泵两种。恒流泵特点是在一定操作条件下，输出流量保持恒定而与色谱柱引起阻力变化无关；恒压泵是指能保持输出压力恒定，但其流量则随色谱系统阻力而变化，故保留时间的重现性差，它们各有优缺点。目前恒流泵正逐渐取代恒压泵。恒流泵又称机械泵，它又分机械注射泵和机械往复泵两种，应用最多的是机械往复泵（图 6-2 所示）。

二、进样系统

进样系统包括进样口、注射器和进样阀等，它的作用是把分析试样有效地送入色谱柱上进行分离。六通进样阀是最理想的进样器，具有耐高压（一般可达 40MPa），进样量准确，重复性好（$RSD<0.5\%$），操作方便等优点。六通进样阀的工作原理如下：当手柄处于进

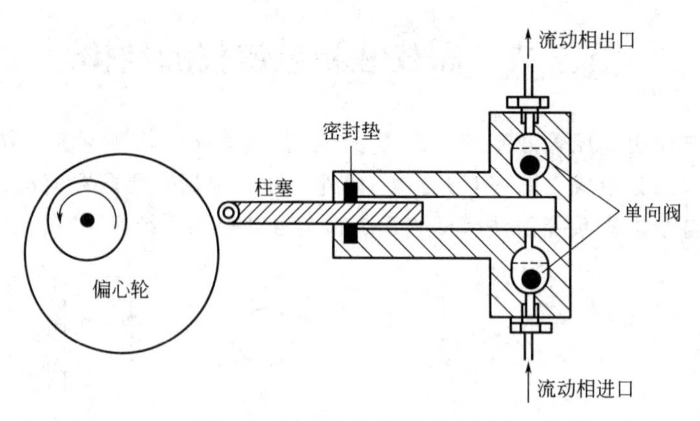

图 6-2 恒流柱塞泵原理示意图

样（Load）位置时，样品经微量进样针从进样孔注射进定量环，定量环充满后，多余样品从放空孔排出；将手柄转到进样（Inject）位置时，阀与液相流路接通，由泵输送的流动相冲洗定量环，推动样品进入液相色谱柱进行分析（图 6-3 所示）。

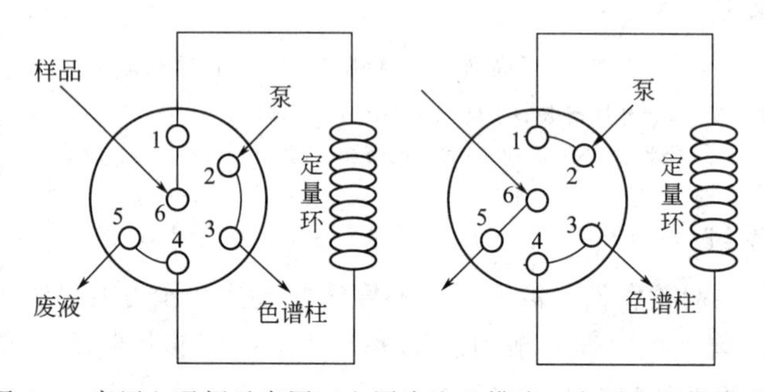

图 6-3 高压六通阀示意图（左图为注入模式，右图为进样模式）

三、分离系统

分离系统包括色谱柱、恒温器和连接管等部件。色谱柱是高效液相色谱仪分离系统的心脏部件，由优质不锈钢、厚壁玻璃管或钛合金等材料制成，柱内径为 2～5mm，柱内固定相的基质由机械强度高的树脂或硅胶构成，具有惰性、多孔性和比表面积大的特点，其粒度一般在 3～10μm，理论塔板数可达 5×10^4～1.6×10^5/m。对于一般的分析只需 5000 塔板数；对于较难的分离物质则需采用高达 20000 塔板数的色谱柱。因此，一般 5～30cm 左右的柱长就能满足分析的需要。

一般在分析柱前安装一保护柱，其为 7.5～60mm 长的短填充柱，通常填充与色谱柱相同的填料（固定相），可认为是分析柱的缩短形式。保护柱的作用是阻碍来自进样器的杂质，以保护和延长色谱柱的使用寿命。若选用较长的保护柱，虽可降低污染物进入色谱柱，但会引起谱带扩张。因此，选择保护柱的原则是在满足分离要求的前提下，尽可能选择短保护柱。

四、检测系统

检测器是液相色谱仪的关键部件之一。对检测器的要求是：灵敏度高、重复性好、线性范围宽、死体积小以及对温度和流量的变化不敏感等。在高效液相色谱中，有两种基本类型的检测器：一类是溶质性检测器，它仅对被分离组分的物理或化学特性有响应，属于这类检测器的有紫外、荧光、电化学检测器等；另一类是总体检测器，它对试样和洗脱液总的物理或化学性质有响应，属于这类检测器的有示差折光、电导检测器等。

1. 紫外检测器

紫外检测器是高效液相色谱应用最普遍的检测器。试样组分通过流通池时对特定波长紫外线的吸收，引起透过光强的变化，从而获得浓度-时间曲线。该检测器的灵敏度、精密度及线性范围均较好，但其只适用于具有较强的紫外吸收的待测物质的检测，例如具有不饱和双键，特别是具有共轭双键（C ═C—C ═C）结构的化合物。为提高检测器的灵敏度，检测池的体积一般仅为 5～10μL。紫外-可见吸收检测器光源采用双光源，利用氘灯提供紫外线范围的波长部分，利用钨灯提供可见范围部分的光线，两者在 400～600nm 相互重叠，两者结合可提供 190～1000nm 范围的连续光谱，是比较理想的光源。

2. 光电二极管阵列检测器

光电二极管阵列检测器（photo-diode array detector，PAD），又称为二级阵列管检测器。它是 20 世纪 80 年代出现的一种光学多通道检测器。在晶体硅上紧密排列一系列光电二极管，每个二极管相当于一个单色器的出口狭缝，二极管越多则分辨率越高。二极管阵列检测器的光路，采用钨灯和氘灯组合光源。它与普通紫外吸收检测器的区别在于进入流通池的不再是单色光，获得的检测信号不是在单一波长上，而是在全部紫外光波长上的色谱信号。用二极管阵列装置可以同时获得样品的色谱图及每个色谱图组分的吸收光谱，色谱图用于定量，光谱图用于定性。

3. 示差折光检测器

示差折光检测器（refractive index detector，RID）又称折射率检测器，是一种通用型检测器，它是根据折射原理设计的，可连续检测样品流路与参比流路间液体折光差值的检测器。折射率检测器按工作原理可分为反射式、偏转式和干涉式三种。干涉式价格昂贵，普及率不高，偏转式和反射式应用较多。以偏转式为例，检测器的光学元件由光源、凸镜、检测池、反射镜、平板玻璃、双光敏电阻等组成，检测池由串联的参比池和测量池组成。双光敏电阻是测量电桥的两个桥臂，当参比池和测量池流过相同的溶剂时，照在双光敏电阻上的光量相同，此时桥路平衡，输出为零；当测量池中流过试样时，将以引起折射率变化使照在双光电阻上的光束发生偏转，双光敏电阻阻值发生变化，此时由电桥输出讯号，即反映了样品浓度的变化。该检测器对大多数物质灵敏度较低，不适用于痕量检测，且受环境温度（需保持在±0.001℃范围内）、流动相组成等波动的影响较大，不能采用梯度洗脱，但对少数类别的物质灵敏度较高，目前主要应用于糖类的检测，检测限可达 1×10^{-8}g/mL。

4. 蒸发光散射检测器

蒸发光散射检测器（evaporative light scattering detector，ELSD）是 20 世纪 90 年代出现的最新型的通用检测器，由澳大利亚 Union Carbide 研究室开发。ELSD 与示差折光检测器和紫外检测器相比，消除了溶剂的干扰和温度变化引起的基线漂移，特别适用于梯度洗脱。它利用流动相与被检测物质之间蒸汽压的相对差异，在流动相挥发除去的基础上，不挥发性组分颗粒可以使从激光光源中发出的光散射，收到散射之后的光信号被硅光二极管记录，信号的强弱取决于样品颗粒的大小及数量，上述过程可分解为雾化过程、蒸发过程和检测过程。流动相的蒸发速度与漂移管的加热温度（一般在 120℃左右）和在雾化器中形成的雾状液滴（或称气溶胶）通过漂移管的速度有关，雾化过程及雾状液滴的流动在通入的 N_2 流（一般为 2L/min）的作用下完成。此外，其雾化器和漂移管易于清洗、流动池死体积小、

喷雾气体 N_2 消耗量少等优势，因此，蒸发光散射检测器的应用越来越广。其最大的优越性是能检测不含发色团的化合物，只要挥发性小于流动性的物质都可以，拓宽了高效液相色谱在药物分析中的应用，主要用于糖类、高分子化合物、高级脂肪酸、磷脂、维生素、氨基酸、表面活性剂、甘油三酯以及甾体类化合物等。

5. 荧光检测器

荧光检测器（fluorescence detector，FLD），是利用试样在受紫外光激发后，能发射比原来吸收波长更长的光，大多数为可见光的性质来进行检测的。荧光检测器是一种具有高灵敏度和高选择性的检测器。激发光源是氙灯，可发射 250～600nm 连续波长的强激发光。光源发出的光经透镜、激发单色器后，分离出具有特定波长的激发光，聚焦在流通池上，流通池中的溶质受激发后产生荧光，此荧光强度与产生荧光物质的浓度呈正比，此荧光通过透镜聚光，再经发射单色器，选择出所需检测的特定发射光波长，聚焦在光电倍增管上，将光能转变成电信号并被记录下来。目前使用的荧光检测器多是具有流通池的荧光分光光度计。荧光检测器的检测限可达 1×10^{-10}g/L，较紫外检测器灵敏度要高，但只限于能产生荧光或衍生物能发荧光的物质，对不产生荧光的物质，可使其与荧光试剂反应，制成可发生荧光的衍生物再进行测定，主要用于氨基酸、多环芳烃、维生素、甾体化合物及酶等的检测。能产生强荧光的物质一般具有大的共轭 π 键的刚性平面结构，例如长共轭结构的芳香环、杂环、一些取代基—NH_2、—OH、—OCH_3 和—CN 等。由于荧光检测器的灵敏度高，是体内药物分析常用的检测器之一。荧光检测器的灵敏度比紫外检测器高 100 倍左右，且可用于梯度洗脱，是对痕量组分进行检测的重要工具之一。需要注意的是，分析中不能使用可猝灭、抑制或吸收荧光的溶剂作流动相。此检测器现已在生物化工、临床医学检验、食品检验、环境监测中获得广泛的应用。

6. 电化学检测器

电化学检测器（electrochemical detector，ECD）是根据电化学原理，测量物质的电信号变化，对具有氧化还原性质的化合物，如含硝基、氨基等基团的有机化合物及无机阴、阳离子等试样均可采用电化学检测器。电化学检测器按照用途不同可分为伏安检测器（例如：极谱、库仑、安培检测器等）和电导检测器，其中伏安检测器主要用于具有氧化还原性质的化合物检测，电导检测器主要用于离子检测。电化学检测器以安培检测器应用最为广泛，更以脉冲式安培检测器最为常用。

7. 质谱检测器

质谱检测器（mass spectrometry detector，MSD）属于通用型检测器，在化合物的分子量和结构信息等方面具有其他检测器无法企及的优势，其检测限可达 1×10^{-14}g/L。近年来，随着各种软离子技术，特别是大气压电离技术的应用，在各个领域得到了广泛应用。质谱检测器是采用高速电子来碰撞气态分子或原子，将电离后的正离子或负离子加速导入质谱分析器中，然后按照质荷比（m/z）的大小顺序进行收集和记录。

五、数据处理系统与自动控制单元

数据处理系统：又称色谱工作站。它可对分析全过程（分析条件、仪器状态、分析状态）进行在线显示，自动采集、处理和储存分析数据。一些配置了积分仪或记录仪的老型号液相色谱仪在很多实验室还在使用，但近年新购置的色谱仪，一般都带有数据处理系统，使用起来非常方便。

自动控制单元：将各部件与控制单元连接起来，在计算机上通过色谱软件将指令传给控制单元，对整个分析实现自动控制，从而使整个分析过程全自动化。也有的色谱仪没有设计专门的控制单元，而是每个单元分别通过控制部件与计算机相连，通过计算机分别控制仪器的各部分。

第三节　高效液相色谱的固定相和流动相

在色谱分析中，如何选择最佳的色谱条件以实现最理想分离，是色谱工作者的重要工作，也是用计算机实现 HPLC 分析方法建立和优化的任务之一。本节着重讨论填料基质、化学键合固定相和流动相的性质及其选择。

一、基质（担体）

HPLC 填料可以是陶瓷性质的无机物基质，也可以是有机聚合物基质。无机物基质主要是硅胶和氧化铝。无机物基质刚性大，在溶剂中不容易膨胀。有机聚合物基质主要有交联苯乙烯-二乙烯苯、聚甲基丙烯酸酯。有机聚合物基质刚性小、易压缩，溶剂或溶质容易渗入有机基质中，导致填料颗粒膨胀，结果减少传质，最终使柱效降低。

1. 基质的种类

（1）硅胶

硅胶是 HPLC 填料中最普遍的基质。除具有高强度外，还提供一个表面，可以通过成熟的硅烷化技术键合上各种配基，制成反相、离子交换、疏水作用、亲水作用或分子排阻色谱用填料。硅胶基质填料适用于广泛的极性和非极性溶剂。缺点是在碱性水溶性流动相中不稳定。通常，硅胶基质的填料推荐的常规分析 pH 值范围为 2～8。

（2）氧化铝

具有与硅胶相同的良好物理性质，也能耐较大的 pH 值范围。它也是刚性的，不会在溶剂中收缩或膨胀。但与硅胶不同的是，氧化铝键合相在水性流动相中不稳定。不过现在已经出现了在水相中稳定的氧化铝键合相，并显示出优秀的 pH 值稳定性。

（3）聚合物

以高交联度的苯乙烯-二乙烯苯或聚甲基丙烯酸酯为基质的填料是用于普通压力下的 HPLC，它们的压力限度比无机填料低。苯乙烯-二乙烯苯基质疏水性强，使用任何流动相，在整个 pH 值范围内稳定，可以用 NaOH 或强碱来清洗色谱柱。甲基丙烯酸酯基质本质上比苯乙烯-二乙烯苯疏水性更强，但它可以通过适当的功能基修饰变成亲水性的。这种基质不如苯乙烯-二乙烯苯那样耐酸碱，但也可以承受在 pH13 下反复冲洗。

所有聚合物基质在流动相发生变化时都会出现膨胀或收缩。用于 HPLC 的高交联度聚合物填料，其膨胀和收缩要有限制。溶剂或小分子容易渗入聚合物基质中，因为小分子在聚合物基质中的传质比在陶瓷性基质中慢，所以造成小分子在这种基质中柱效低。对于大分子像蛋白质或合成的高聚物，聚合物基质的效能比得上陶瓷性基质。因此，聚合物基质广泛用于分离大分子物质。

2. 基质的选择

硅胶基质的填料被用于大部分的 HPLC 分析，尤其是小分子量的被分析物，聚合物填料用于大分子量的被分析物质，主要用来制成分子排阻和离子交换柱。

二、化学键合固定相

将有机官能团通过化学反应共价键合到硅胶表面的游离羟基上而形成的固定相称为化学

键合相（图 6-4 所示）。这类固定相的突出特点是耐溶剂冲洗，并且可以通过改变键合相有机官能团的类型来改变分离的选择性。

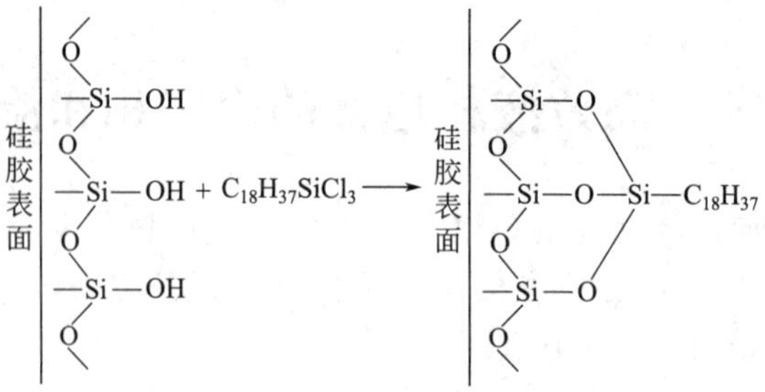

图 6-4 C_{18}键合固定相硅烷化反应示意图

1. 键合相的性质

目前，化学键合相广泛采用微粒多孔硅胶为基体，用烷烃二甲基氯硅烷或烷氧基硅烷与硅胶表面的游离硅醇基反应，形成 Si—O—Si—C 键形的单分子膜而制得。硅胶表面的硅醇基密度约为 5 个/nm^2，由于空间位阻效应（不可能将较大的有机官能团键合到全部硅醇基上）和其他因素的影响，使得大约有 40％～50％的硅醇基未反应。

残余的硅醇基对键合相的性能有很大影响，特别是对非极性键合相，它可以减小键合相表面的疏水性，对极性溶质（特别是碱性化合物）产生次级化学吸附，从而使保留机制复杂化（使溶质在两相间的平衡速度减慢，降低了键合相填料的稳定性，结果使碱性组分的峰形拖尾）。为尽量减少残余硅醇基，一般在键合反应后，要用三甲基氯硅烷（TMCS）等进行钝化处理，称封端（或称封尾、封顶，end-capping），以提高键合相的稳定性。另一方面，也有些 ODS 填料是不封尾的，以使其与水系流动相有更好的“湿润”性能。pH 值对以硅胶为基质的键合相的稳定性有很大的影响，一般来说，硅胶键合相应在 pH＝2～8 的介质中使用。

2. 键合相的种类

化学键合相按键合官能团的极性分为极性和非极性键合相两种。

常用的极性键合相主要有氰基（—CN）、氨基（—NH_2）和二醇基（DIOL）键合相。极性键合相常用作正相色谱，混合物在极性键合相上的分离主要是基于极性键合基团与溶质分子间的氢键作用，极性强的组分保留值较大。极性键合相有时也可作反相色谱的固定相。

常用的非极性键合相主要有各种烷基（C_1～C_{18}）和苯基、苯甲基等，以 C_{18}应用最广。非极性键合相的烷基链长对样品容量、溶质的保留值和分离选择性都有影响，一般来说，样品容量随烷基链长增加而增大，且长链烷基可使溶质的保留值增大，并常常可改善分离的选择性；但短链烷基键合相具有较高的覆盖度，分离极性化合物时可得到对称性较好的色谱峰。苯基键合相与短链烷基键合相的性质相似。另外 C_{18}柱稳定性较高，这是由于长的烷基链保护了硅胶基质的缘故，但 C_{18}基团空间体积较大，使有效孔径变小，分离大分子化合物时柱效较低。

3. 固定相的选择

分离中等极性和极性较强的化合物可选择极性键合相。氰基键合相对双键异构体或含双键数不等的环状化合物的分离有较好的选择性。氨基键合相具有较强的氢键结合能力，对某些多官能团化合物如甾体、强心苷等有较好的分离能力；氨基键合相上的氨基能与糖类分子中的羟基产生选择性相互作用，故被广泛用于糖类的分析，但它不能用于分离羰基化合物，如甾酮、还原糖等，因为它们之间会发生反应生成 Schiff 碱。二醇基键合相适用于分离有机酸、甾体和蛋白质。

分离非极性和极性较弱的化合物可选择非极性键合相。利用特殊的反相色谱技术，例如反相离子抑制技术和反相离子对色谱法等，非极性键合相也可用于分离离子型或可离子化的化合物。ODS（octadecyl silane）是应用最为广泛的非极性键合相，它对各种类型的化合物都有很强的适应能力。短链烷基键合相能用于极性化合物的分离，而苯基键合相适用于分离芳香化合物。

三、流动相

1. 流动相的性质要求

由于高效液相色谱中流动相是液体，它对组分有亲和力，并参与固定相对组分的竞争。因此，正确选择流动相直接影响组分的分离度。对流动相溶剂的要求是：①流动相应不改变填料的任何性质。低交联度的离子交换树脂和排阻色谱填料有时遇到某些有机相会溶胀或收缩，从而改变色谱柱填床的性质。碱性流动相不能用于硅胶柱系统。酸性流动相不能用于氧化铝、氧化镁等吸附剂的柱系统。②高纯度。由于高效液相灵敏度高，对流动相溶剂的纯度也要求高。不纯的溶剂会引起基线不稳，或产生“伪峰”。痕量杂质的存在，将使截止波长值增加 50～100nm。另外，色谱柱的寿命与大量流动相通过有关，特别是当溶剂所含杂质在柱上积累时。③必须与检测器匹配。使用 UV 检测器时，所用流动相在检测波长下应没有吸收，或吸收很小。当使用示差折光检测器时，应选择折光系数与样品差别较大的溶剂作流动相，以提高灵敏度。④黏度要低。高黏度溶剂会影响溶质的扩散、传质，降低柱效，还会使柱压降增加，使分离时间延长。最好选择沸点在 100℃以下的流动相。⑤对样品的溶解度要适宜。如果溶解度欠佳，样品会在柱头沉淀，不但影响了纯化分离，还会使柱子恶化。⑥样品易于回收。应选用挥发性溶剂。

2. 流动相的选择

在化学键合相色谱法中，溶剂的洗脱能力直接与它的极性相关。在正相色谱中，溶剂的强度随极性的增强而增加；在反相色谱中，溶剂的强度随极性的增强而减弱。正相色谱的流动相通常采用烷烃加适量极性调整剂。反相色谱的流动相通常以水作基础溶剂，再加入一定量的能与水互溶的极性调整剂，如甲醇、乙腈、四氢呋喃等。极性调整剂的性质及其所占比例对溶质的保留值和分离选择性有显著影响。一般情况下，甲醇-水系统已能满足多数样品的分离要求，且流动相黏度小、价格低，是反相色谱最常用的流动相。在分离含极性差别较大的多组分样品时，为了使各组分均有合适的 k 值并分离良好，也需采用梯度洗脱技术。

3. 流动相的 pH 值

采用反相色谱法分离弱酸（$3 \leqslant pKa \leqslant 7$）或弱碱（$7 \leqslant pKa \leqslant 8$）样品时，通过调节流动相的 pH 值，以抑制样品组分的解离，增加组分在固定相上的保留，并改善峰形的技术称为反相离子抑制技术。对于弱酸，流动相的 pH 值越小，组分的 k 值越大，当 pH 值远远小于弱酸的 pKa 值时，弱酸主要以分子形式存在；对弱碱，情况相反。分析弱酸样品时，通常在流动相中加入少量弱酸，常用 50mmol/L 磷酸盐缓冲液和 1%醋酸溶液；分析弱碱样品时，通常在流动相中加入少量弱碱，常用 50mmol/L 磷酸盐缓冲液和 30mmol/L 三乙胺溶液。流动相中加入有机胺可以减弱碱性溶质与残余硅醇基的强相互作用，减轻或消除峰拖尾现象。所以在这种情况下有机胺（如三乙胺）又称为减尾剂或除尾剂。

第四节 高效液相色谱法的主要类型

一、液-固吸附色谱法

液-固色谱法（liquid-solid chromatography）是以吸附剂为固定相的色谱方法，也称之为吸附色谱法。固定相通常是活性硅胶、氧化铝、活性炭、聚乙烯、聚酰胺等固体吸附剂，使用最多的吸附色谱固定相是硅胶，流动相一般使用一种或多种有机溶剂的混合溶剂，如正构烷烃（己烷、戊烷、庚烷等）、二氯甲烷/甲醇、乙酸乙酯/乙腈等。在吸附色谱中，不同的组分因和固定相吸附力的不同而被分离。组分的极性越大、固定相的吸附力越强，则保留时间越长。流动相的极性越大，洗脱力越强，则组分的保留时间越短。液-固色谱法常用于分离极性不同的化合物、含有不同类型或数量官能团的有机化合物，以及有机化合物的不同的异构体；但液-固色谱法不宜用于分离同系物，因为液-固色谱对不同相对分子质量的同系物选择性不高。

二、液-液分配色谱法

液-液分配色谱法（liquid-liquid partition chromatography）中的流动相和固定相是互不相容的两种液态溶剂。液-液色谱的固定相由载体和固定液组成，常用的载体有下列三种：（1）全多孔型载体：由硅胶、硅藻土等制成，特别适用于复杂混合物的分离及痕量分析；（2）表面多孔型载体：由直径为 30～40μm 的实心玻璃球和厚度为 1～2μm 的多孔性外层组成，适用于常规分析；（3）化学键合固定相：它代替了固定液的机械涂渍，是将各种不同有机基团通过化学反应键合到载体表面的一种方法，为目前应用最为广泛的一种固定相。由于全多孔型和表面多孔型载体表面的固定液在流动相中会有微量溶解，而流动相通过色谱柱时的机械冲击力，也会造成固定液流失，目前已经很少使用。20 世纪 70 年代末发展起来的化学键合固定相克服了上述缺点，据统计大约 75%左右的分析工作由该类型的色谱柱完成。

液-液分配色谱的分离原理与液-液萃取类似，根据试样在流动相和固定相中的分配系数（K）不同而被分离；不同的是液-液分配色谱是在柱中进行，从而分配平衡可反复多次进行，造成各组分的差速迁移，提高了分离效率。该法可用于分离和分析多种类型的试样，包括极性的和非极性的，水溶性的和油溶性的，离子型的和非离子型的。按照固定相和流动相的极性不同，液-液分配色谱法可分为正相分配色谱法和反相分配色谱法两类。

正相分配色谱法（normal phase chromatography）简称正相色谱法，其固定相的极性大于流动相。试样分离时，极性小的组分由于 K 值较小先流出，极性大的后流出。它适用于极性及中等极性化合物的分离。

反相分配色谱法（reverse phase chromatography）简称反相色谱法，其固定相的极性小于流动相。反相色谱法使用非极性固定相（例如：十八烷基硅烷键合硅胶、辛烷基硅烷键合硅胶等）；流动相常用水与甲醇、乙腈等的混合溶剂。试样分离时，极性大的组分因 K 值较小而先流出色谱柱，极性小的组分后流出。反相色谱法适用于非极性化合物的分离，是目前应用最广的高效液相色谱法。

三、离子交换色谱法

离子交换色谱法（ion exchange chromatography）是利用离子交换原理和液相色谱技术的结合来测定溶液中阳离子和阴离子的一种分离分析方法，试样因和离子交换剂分配系数的不同而被分离，通常在柱后配备电导检测器。固定相采用离子交换树脂，树脂上分布有固定的带电荷基团和可游离的平衡离子；流动相一般为一定 pH 值或盐浓度（或离子强度）的缓冲溶液，有时加入少量的有机溶剂（例如乙醇、四氢呋喃、乙腈等），以增加试样在流动相中的溶解度。流动相的 pH 值可保持试样中的组分处于不同离解状态，各组分方可被有效分离，增加 pH 值可增大酸的解离度，降低碱的解离度；降低 pH 值，则结果相反。盐浓度对平衡常数也会产生影响，增加盐离子可降低样品离子的竞争吸附能力，从而降低其在固定相上的保留值。试样中组分电离后产生的离子可与树脂上可游离的平衡离子进行可逆交换。凡在溶液中能够电离的物质，通常都可以采用离子交换色谱法进行分离。它既可适用于无机离子混合物的分离，亦可用于有机物的分离，例如核酸、氨基酸、蛋白质、糖类、有机胺和有机酸等。

四、离子色谱法

1975 年，Small 等在离子交换色谱的基础上发展出离子色谱，所不同的是离子色谱为了消除流动相在电导检测器上产生的大大强于试样离子的电导影响，在检测器与分离相间加入一个填充电荷与分离柱相反的离子交换树脂抑制柱，从而使流动相变成低电导组分，以降低来自流动相的背景电导；另一方面又可将样品离子转变成相应的酸或碱，增强其电导响应，从而用电导检测器可直接检测各种离子的含量。对阴离子的分离抑制柱填充强酸性（H^+）阳离子交换树脂；而对阳离子的分离填充强碱性（OH^-）阴离子交换树脂。以试样为阳离子（M^+）为例，采用无机酸作流动相，当试样经阳离子交换柱分离后，随流动相进入抑制柱，在抑制柱中的反应如下：

$$R^+—OH^- + H^+—Cl^- \longrightarrow R^+—Cl^- + H_2O$$

$$R^+—OH^- + M^+—Cl^- \longrightarrow M^+—OH^- + R^+—Cl^-$$

由上述反应可见：经抑制柱后，一方面将流动相中大量的酸转变为电导很小的水，消除了流动相本底电导的影响；另一方面又将样品阳离子 M^+ 转变为相应的碱，提高了所测阳离子电导的检测灵敏度。

五、离子对色谱法

离子对色谱法（ion pair chromatography）是将一种或多种与溶质分子电荷相反的离子（称为对离子或反离子）加到流动相或固定相中，使其与溶质分子结合形成疏水型离子对化合物，从而控制溶质离子的保留行为的一种色谱方法。离子对色谱的固定相为非极性的疏水键合相；流动相为加有平衡离子（反离子）的极性溶液，通过改变流动相的 pH 值、平衡离子的浓度和种类可改变分离的选择性。由于离子对化合物具有疏水性，因而被非极性固定相（有机相）提取。试样中组分离子的性质不同，它与反离子形成离子对的能力大小不同导致各组分离子在固定相中滞留时间不同，从而达到分离的目的。离子对色谱法可用以分离极性有机酸、有机碱以及核酸、核苷等。

六、空间排阻色谱法

空间排阻色谱法（steric exclusion chromatography），又称分子排阻色谱法或凝胶渗透色谱法。凝胶是一种多孔性的高分子聚合体，表面布满孔隙，能被流动相浸润，吸附性很小。凝胶色谱法的分离机制是根据分子的体积大小和形状不同而达到分离目的。凝胶按照其刚性可被分为软性凝胶（例如葡聚糖凝胶、琼脂糖凝胶等）、半刚性凝胶（例如高交联度的聚苯乙烯等）和刚性凝胶（例如多孔硅胶、多孔玻璃灯）。当组分被流动相带入色谱柱时，体积大的分子不能进入固定相的孔穴中，而随流动相直接通过色谱柱，保留时间最短；体积小的分子可以进入孔穴中，在色谱柱中的保留时间较长，分子的尺寸越小，可进入的空穴越多，保留时间也越长。因此，在一定范围内，体积不同的分子保留时间不同。空间排阻色谱主要用来分离大分子化合物，如多糖、蛋白质等。由于分子的尺寸和形状与分子量相关，该法还可用于测定大分子化合物的分子量。

空间排阻色谱法的应用特点是：①保留时间是分子尺寸的函数，适宜于分离相对分子质量大的化合物，相对分子质量在 $400 \sim 8 \times 10^5$ 的任何类型的化合物；②保留时间短，色谱峰窄，容易检测；③固定相与溶质分子间的作用力极弱，趋于零，柱的寿命长；④不能分辨分子大小相近的化合物，分子量相差需在10%以上时才能得到分离。

七、亲和色谱法

亲和色谱法（high performance affinity chromatography）是利用或模拟生物分子之间的专一性作用，从生物样品中分离和分析一些特殊物质的色谱方法。生物分子之间的专一性作用包括抗原与抗体、酶与抑制剂、激素和药物与细胞受体、维生素与结合蛋白、基因与核酸之间的特异亲和作用等。亲和色谱的固定相是将配基连接于适宜的载体上而制成的，利用样品中各种物质与配基亲和力的不同而达到分离。当试样通过色谱柱时，待分离物质X与配基L形成X—L复合物，而被结合在固定相上，其他物质由于与配基无亲和力而直接流出色谱柱，再用适宜的流动相将结合的待分离物质洗脱。例如采用一定浓度的醋酸或氨溶液作为流动相，减少试样中待分离物质与配基的亲和力，使复合物离解，从而将被纯化的物质洗脱下来。亲和色谱法可用于生物活性物质的分离、纯化和测定，也可用来研究生物体内分子间的相互作用及其分子机制等。

第五节 高效液相色谱法的应用

高效液相色谱法的应用远远广于气相色谱法。它广泛用于合成化学、石油化学、生命科学、临床化学、药物研究、环境监测、食品检验及法学检验等领域。

一、在食品分析中的应用

1. 食品营养成分分析：蛋白质、氨基酸、糖类、色素、维生素、香料、有机酸（邻苯二甲酸、柠檬酸、苹果酸等）、有机胺、矿物质等；

2. 食品添加剂分析：甜味剂、防腐剂、着色剂（合成色素如柠檬黄、苋菜红、靛蓝、胭脂红、日落黄、亮蓝等）、抗氧化剂等；

3. 食品污染物分析：霉菌毒素（黄曲霉毒素、黄杆菌毒素、大肠杆菌毒素等）、微量元素、多环芳烃等。

二、在环境分析中的应用

环芳烃（特别是稠环芳烃）、农药（如氨基甲酸酯类，反相色谱）残留等。

三、在生命科学中的应用

HPLC技术目前已成为生物化学家和医学家在分子水平上研究生命科学、遗传工程、临床化学、分子生物学等必不可少的工具。其在生化领域的应用主要集中于两个方面。

1. 低分子量物质，如氨基酸、有机酸、有机胺、类固醇、卟啉、糖类、维生素等的分离和测定。

2. 高分子量物质，如多肽、核糖核酸、蛋白质和酶（各种胰岛素、激素、细胞色素、干扰素等）的纯化、分离和测定。

过去对这些生物大分子的分离主要依赖于等速电泳、经典离子交换色谱等技术，但都有一定的局限性，远远不能满足生物化学研究的需要。因为在生化领域中经常要求从复杂的混合物基质，如培养基、发酵液、体液、组织中对感兴趣的物质进行有效而又特异的分离，通常要求检测限达 ng、pg、pmol、fmol 级，并要求重复性好、快速、自动检测；制备分离、回收率高且不失活。在这些方面，HPLC 具有明显的优势。

四、在医学检验中的应用

在医学检验中的应用主要包括体液中代谢物测定，药代动力学研究和临床药物监测。

1. 合成药物：抗生素、抗忧郁药物（冬眠灵、氯丙咪嗪、安定、利眠宁、苯巴比妥等）、黄胺类药等。

2. 天然药物生物碱（吲哚碱、颠茄碱、鸦片碱、强心苷）等。

思考题与习题

1. 高效液相色谱仪一般由哪几部分组成？
2. 高压输液泵应具备哪些性能？
3. 高效液相色谱仪常用的检测器有哪些？
4. 什么是化学键合固定相？它有什么突出的优点？
5. 高效液相色谱对流动相溶剂的要求有哪些？如何选择流动相？
6. 液-液分配色谱的保留机理是什么？最适宜分离的物质是什么？
7. 在液-液分配色谱中，什么是正相分配色谱及反相分配色谱？
8. 离子交换色谱法、离子色谱法、离子对色谱法的原理有何不同？
9. 空间排阻色谱分离生物大分子的机理是什么？

第七章　毛细管电泳分离技术

毛细管电泳（capillary electrophoresis，CE）又叫高效毛细管电泳（HPCE），是近年来发展最快的分析方法之一。1981 年 Jorgenson 和 Lukacs 首先提出在 75μm 内径毛细管柱内用高电压进行分离，创立了现代毛细管电泳。1984 年 Terabe 等建立了胶束毛细管电动力学色谱。1987 年 Hjerten 建立了毛细管等电聚焦，Cohen 和 Karger 提出了毛细管凝胶电泳。1988—1989 年出现了第一批毛细管电泳商品仪器。短短几年内，由于 CE 符合了以生物工程为代表的生命科学各领域中对多肽、蛋白质（包括酶，抗体）、核苷酸乃至脱氧核糖核酸（DNA）的分离分析要求，得到了迅速的发展。

CE 是经典电泳技术和现代微柱分离相结合的产物。CE 和高效液相色谱法（HPLC）相比，其相同处在于都是高效分离技术，仪器操作均可自动化，且二者均有多种不同分离模式。CE 和普通电泳相比，由于其采用高电场，因此分离速度要快得多；检测器则除了未能和原子吸收及红外光谱连接以外，其他类型检测器均已和 CE 实现了连接检测；一般电泳定量精度差，而 CE 和 HPLC 相近；CE 操作自动化程度比普通电泳要高得多。总之，CE 的优点可概括为“三高二少”：高灵敏度，常用紫外检测器的检测限可达 $10^{-13}\sim10^{-15}$ mol，激光诱导荧光检测器则达 $10^{-19}\sim10^{-21}$mol；高分辨率，其每米理论塔板数为几十万，高者可达几百万乃至千万，而 HPLC 一般为几千到几万，对扩散系数小的生物大分子而言，其柱效就要比 HPLC 高得多；高速度，最快可在 60s 内完成，分析时间通常不超过 30min；样品少，只需 nL 级的进样量，而 HPLC 所需样品为 μL 级；成本少，只需几毫升流动相和价格低廉的毛细管，而 HPLC 流动相则需几百毫升乃至更多。由于以上优点以及分离生物大分子的能力，使 CE 成为近年来发展最迅速的分离分析方法之一。

第一节　高效毛细管电泳的基本理论

一、电泳法的基本原理

当带电粒子以速度 v 在电场中移动时，所受到的电场力为

$$F_E=qE \tag{7-1}$$

式中，F_E 为电场力；q 为溶质粒子所带的有效电荷；E 为电场强度。

带电粒子运动时所受的阻力，即为摩擦力：

$$F=fv \tag{7-2}$$

式中，F 为摩擦力；f 为摩擦系数；v 为溶质粒子在电场中的迁移速度。

当平衡时，电场力和摩擦力相等而方向相反：

$$qE=fv \tag{7-3}$$

所以

$$v=qE/f=qE/6\pi r\eta \tag{7-4}$$

式中，r 为表观液态动力学半径；η 为介质黏度。

由此可见，荷电粒子在电场中的迁移速度，除了与电场强度和介质特性有关外，还与粒

子的有效电荷及其大小和形状有关。因此，粒子的大小与形状，以及其有效电荷的差异，就构成电泳分离的基础。

因为电泳速度与外加电场强度有关，所以在电泳中常用淌度（mobility，μ）而不用速度来描述荷电粒子的电泳行为与特性。电泳淌度（μ_{ep}）定义为单位场强下离子的平均电泳速度，即 $\mu_{ep}=v/E$。

二、电渗流

当固体与液体相接触时，如果固体表面因某种原因带一种电荷，则因静电引力使其周围液体带另一种电荷，在固液界面形成双电层，二者之间有电势差。当液体两端施加电压时，就会发生液体相对于固体表面的移动。把这种液体相对于固体表面移动的现象叫电渗现象。电渗现象中液体的整体流动叫电渗流（electroosmotic flow，简称 EOF）。

毛细管电泳分离的一个重要特性是毛细管内存在电渗流。电渗流的来源如图 7-1 所示。

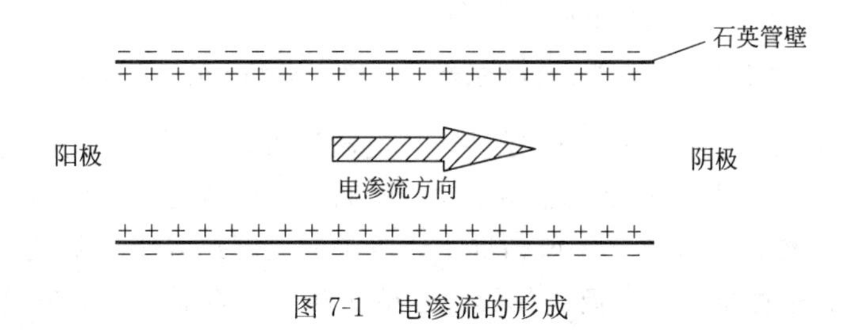

图 7-1　电渗流的形成

1. 电渗流的大小和方向

电渗流 $v_{eo}=\mu_{eo}E$，电渗淌度：

$$\mu_{eo}=\varepsilon_0\varepsilon\zeta/\eta \tag{7-5}$$

式中，ε_0 为真空介电常数；ε 为电泳介质的介电常数；ζ 为毛细管壁的 zeta 电势，它近似等于扩散层与吸附层界面上的电位。

在实际电泳分析中，电渗流速度 v_{eo} 可通过实验测定：

$$v_{eo}=L/t_{eo} \tag{7-6}$$

式中，L 为毛细管的有效长度；t_{eo} 为电渗流标记物（中性物质）从进样端迁移至检测器的时间。

电渗流的方向决定于毛细管内壁表面电荷的性质。当缓冲液的 pH 值在 3 以上，石英管壁上的硅醇基（$\equiv$Si—OH）离解生成阴离子（$\equiv$Si—O$^-$），使表面带负电荷，它又会吸引溶液中的正离子，形成双电层，从而在管内形成一个个紧挨的“液环”。在强电场作用下，它自然向阴极移动，形成了电渗流。电渗流迁移率大小与缓冲液的 pH 值高低及离子强度有密切关系。pH 值越高，电渗流迁移率越大；离子强度越高，电渗流迁移率反而变小；在 pH 值为 9 的 20mmol・L^{-1}的硼酸盐缓冲液中，电渗流迁移率的典型值约为 2mm・s^{-1}。pH 值越小，硅醇基带的电荷越少，电渗流迁移率越小；pH 值越大，管壁负电荷密度越高，电渗流迁移率越大。若在管内壁涂上合适的物质或进行化学改性，可以改变电渗流的迁移率。例如蛋白质带有许多正电荷取代基，会紧紧地被束缚于带负电荷的石英管壁上，为消除这种情况，可将一定浓度的二氨基丙烷加入到电解质溶液中，此时以离子状态存在的 $^{+}H_3NCH_2CH_2CH_2NH_3{}^{+}$ 起到中和管壁电荷的作用。也可通过硅醇基与不同取代基发生键合反应，使管壁电性改变。

2. 渗流的流型

由于毛细管内壁表面扩散层的过剩阳离子均匀分布，所以在外电场力驱动下产生的电渗流为平流，即塞式流动。液体流动速度除在管壁附近因摩擦力迅速减小到零以外，其余部分几乎处处相等。这一点和 HPLC 中靠泵驱动的流动相的流型完全不同，图 7-2 表示 HPCE 中电渗流与 HPLC 中流动相的流型及它们对区带展宽的影响。

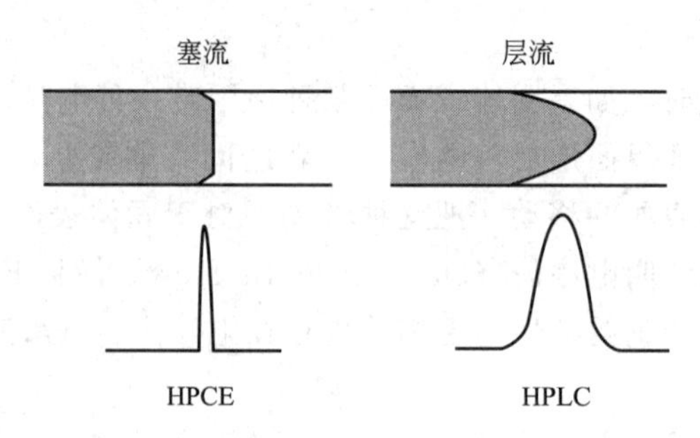

图 7-2 电渗流和高效液相色谱的流型（上图）及相应的溶质区带（下图）

在外加强电场之后，正离子向阴极迁移，与电渗流方向一致，但移动得比电渗流更快。负离子应向阳极迁移，但由于电渗流迁移率大于阴离子的电泳迁移率，因此负离子慢慢移向阴极。中性分子则随电渗流迁移。一般情况下，电渗流速度约等于一般离子电泳速度的 5～7 倍，可见正离子、中性分子、负离子先后到达检测器。实验证明，不电离的中性溶剂也在管内流动，利用中性分子的出峰时间可以测定电渗流迁移率的大小。因此，电渗流在 HPCE 中起泵的作用，在一次 CE 操作中同时完成正负离子的分离分析，而电渗流的微小变化会影响 CE 分离测定结果的重现性，改变电渗流的大小或方向可改变分离效率和选择性。

3. 毛细管电泳柱效率

CE 中的分离效率用理论塔板数 N 表示，其理论表达来源于色谱理论，用 Giddings 方程定义为：

$$N=L^2/\sigma^2 \tag{7-7}$$

式中，L 为有效长度；σ 为区带中浓度分布的方差。

在理想 CE 中：①毛细管中的流液为平流，即塞式流动，溶质在柱中的径向扩散几乎完全忽略；②毛细管本身具有抗对流性，对流引起的峰加宽不明显；③没有或很少有溶质与管壁间的相互吸附作用，忽略吸附引起的加宽作用。此时，可认为溶质的纵向扩散是高效毛细管电泳中引起溶质峰加宽的唯一因素，这相当于色谱速率理论中的第二项即分子扩散项对板高的影响。和一般色谱一样，分离效率也可直接从电流图求出，计算方法参见第五章第三节内容。即：

$$N=5.54(t/W_{1/2})^2 \quad 或 \quad N=16(t/W)^2 \tag{7-8}$$

第二节 毛细管电泳仪的基本结构

毛细管电泳系统的基本结构包括进样系统、两个缓冲液槽、高压电源、毛细管、检测器、控制和数据处理系统（如图 7-3）。

一、进样系统

毛细管电泳中的毛细分离通道十分细小，样品消耗不过几纳升。为实现无死体积进样，有一种简单的办法就是让毛细管直接与样品接触，然后由重力、电场力或其他动力来驱动样

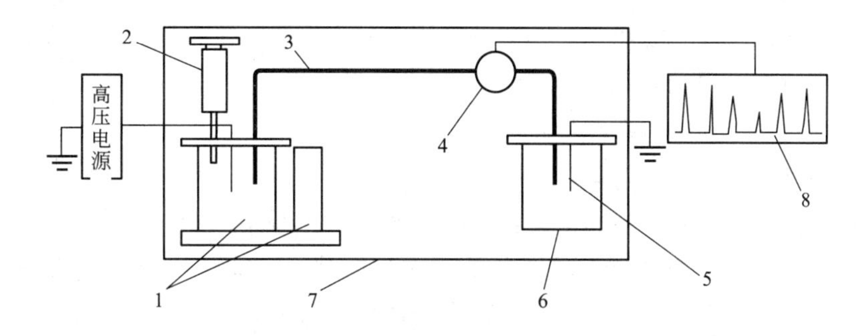

图 7-3　毛细管电泳仪的基本结构

1—高压电极槽与进样系统；2—填灌清洗系统；3—毛细管；4—检测器；5—铂丝电极；
6—低压电极槽；7—恒温装置；8—记录/数据处理

品流入毛细管。进样量可通过改变驱动力的大小或时间的长短得到控制。常用的进样方法有电动法、压力法和扩散法。电迁移进样是在电场作用下，依靠样品离子的电迁移和（或）电渗流将样品注入，故会产生电歧视现象，会降低分析的准确性和可靠性，但此法尤其适用于黏度大的缓冲液和毛细管凝胶电泳的情况。压力进样要求毛细管中的填充介质具有流动性，当将毛细管两端置于不同的压力环境中时，管中溶液即能流动，将样液带入。压力进样没有偏向问题，但选择性差，样品及其背景同时被引入毛细管，对后续分离可能产生影响。扩散进样是利用浓差扩散原理可将样品分子引入毛细管，此方法对管内介质没有任何限制，属普适性进样方法。

二、电极和电极槽

CE 的电极通常由直径 0.5～1mm 的铂丝制成，在许多情况下，可以用注射针头代替铂丝。电极槽通常是带螺口的小玻璃瓶或塑料瓶（1～5mL 不等），要便于密封。两个电极槽里放入操作缓冲液，分别插入毛细管的进口端与出口端以及铂电极，铂电极接至直流高压电源，正负极可切换。多种型号的仪器将样品瓶同时用做电极槽。

三、高压电源

CE 一般采用 0～30kV（或相近）可调节直流电源，可供应约 300μA 电流，具有稳压和稳流两种方式可供选择。理想的电源应具备：①能输出单极（另一端接地）直流高压；②电压、电流、功率输出模式任意可选；③能进行电压、电流或电功率的梯度控制；④电压输出精度应高于 1%。

四、毛细管

毛细管是 CE 分离的心脏。理想的毛细管必须是电绝缘、紫外/可见光透明且富有弹性的，目前可以使用的有玻璃、熔融石英或聚四氟乙烯塑料等。其中弹性熔融石英毛细管已有大量商品出售，因而被普遍使用。由熔融石英拉制的毛细管很脆，易折断，而用一层保护性的聚酰亚胺薄膜包盖毛细管外壁，就可使其富有弹性，这就是商品毛细管。由于有些组分，特别如蛋白质等生物大分子，易被毛细管壁吸附，引起分离区带增宽和分离效率降低，为避免这个问题，可以对毛细管内壁进行适当的化学修饰，或者改变蛋白质和毛细管内壁所带电荷以防止静电吸附作用，也可以在低的 pH 值条件下操作，以减少管内壁的电荷，还可以在缓冲溶液中加入适量的表面活性剂等。

在电泳过程中，毛细管内会因焦耳热效应而产生径向温度梯度，引起迁移速度分布，降低分离效率；此外，气温的变化还会导致分离不重现。为解决这些问题，需将毛细管置于温度可调的恒温环境中。目前，商品仪器大多有温度控制系统，主要采用风冷（强制空气对流）和液冷两种方式，其中液冷效果较好。

五、检测系统

由于毛细管内径的限制，检测信号是CE系统最突出的问题。紫外可见法（UV）是CE常用的检测方法，但是受到仪器、单波长等因素的限制。目前应用最广泛的是二极管阵列（PDA）检测器。常规的检测器还有灵敏度很高的激光光热（LIP）和荧光（FL）检测器。近些年，在实际应用中还产生了激光诱导荧光（LIF）、有良好选择性的安培（EC）、通用性很好的电导（CD）以及可以获得结构信息的质谱（MS）等多种检测器。迄今为止，除了电感耦合等离子体（ICP）和红外（IR）技术没有和CE联用，其他的检测方法均和CE联用并且大部分实现商品化。使用CE时应该根据所分析物质的特点，选择相应分离模式和检测器，以扬长避短，得到最佳分析效果。

六、数据处理系统

数据处理系统与一般色谱数据处理系统基本相同。

第三节 影响毛细管电泳的因素

一、毛细管电泳的外加电压

CE技术有许多优点，其中最重要的是高分离度和快速分离能力。CE优于传统电泳技术，就在于毛细管能有效散热，因而能外加高电压（200～400V/cm）以上，大大提高了分离度和缩短了分析时间。溶质的迁移时间、柱效和分离度都可以从升高外加电压而获得。但电压升高，产生的焦耳热增多，在不能有效地驱散所产生的热量时，柱温会显著升高。

商品仪器中，高压电源的输出备有多种工作模式供用户选择。最通常的模式有恒压、恒流、恒功率和场强程序。大多数CE分离，采用恒压操作模式。理论证明，迁移时间与电压的倒数成正比，因此高稳定度的电压是获得迁移时间重现性的必要条件。但是，若考虑到焦耳热效应，这种函数关系就不确切了。恒流模式操作将会得到更好的重现性，特别是缓冲溶液浓度较大，系统冷却效果较差的情况更是如此。严格地说，毛细管内产生焦耳热的多少与毛细管内产生的电功率成正比，因此也可用恒功率模式操作，以获得更好的重现性。

在许多情况下，希望加在毛细管两端的电压（或通过的电流、功率）可以按预编程序变化，电源输出（V或I，P）是时间的函数。例如，在分离开始时，以一定斜率升至所需高压，可以免除突然升压产生急剧生热而引起样品从管口溅出；又如在相邻区带靠得非常近的情况下，为了有足够的时间收集分离组分，分离组分时降低电压，放慢迁移速度。对于这些情况，就需要使用场强程序操作模式，它可以根据操作者的意图，在分离过程中自动按指定程序改变电压（或电流、功率）。

二、毛细管电泳柱

HPCE的核心是在高电场下进行电泳分离。实现高电场的关键部件是小孔径毛细管电泳柱。在同样电压下，孔径越小，电流越小，产生的焦耳热量越少。此外，孔径越小，表面积/体积比越大，散热效果越好。因为毛细管中心和管壁之间的热梯度与半径的平方成正比，管径增大，径向热梯度按其半径的平方增大，分离度急剧下降。所以从散热效果看，孔径越小越好，已有用内径只有 2μm 的毛细管作电泳分离的报道。但是，孔径小，样品负载小，增加检测困难，也增加进样、清洗等操作上的困难，而且还由于表面积/体积比大，增加了吸附作用。因此，CE 分离柱孔径的下限受检测灵敏度等的限制，其上限受径向热梯度制约，一般使用的柱内径在 25～100μm 之间，最常用的是 50μm 和 75μm。柱的壁厚或外径对散热速率有影响。内径一定时，外径大，散热面积大，散热速度快。通常外径＞300μm。柱长一般为 40～100cm，视实际情况而定。目前使用的大都为圆形弹性熔融石英毛细管，柱外涂敷一层高聚物（聚酰亚胺）薄膜，使其柔软有弹性，不易折断，剥去一小段，可作光学检测窗口。

由于在高效毛细管电泳中，没有固定相，消除了来自涡流扩散和固定相的传质阻力，而且很细的管径，也使流动相传质阻力降至次要地位。因此纵向分子扩散成了制约提高柱效的主要因素。但在实际电泳过程中，除了溶质的纵向扩散外还存在着很多引起峰加宽的因素。研究发现，在高效毛细管电泳中引起峰加宽的因素除了纵向扩散外还有焦耳热引起的温度梯度、进样塞长度、溶质与毛细管壁间的吸附作用，溶质与缓冲溶液间的电导不匹配引起的电分散等。引起峰加宽的因素主要有以下几个方面：(1) 由进样引起的峰加宽。毛细管电泳能够允许的体积很小，一般为 10～50nL，塞长小于 0.01L。(2) 焦耳热和温度梯度引起的峰加宽。研究表明，温度每变化 1K 将引起背景电解质溶液黏度变化 2%～3%，毛细管内的温度梯度导致背景电解质溶液的径向黏度梯度，使迁移速度不均匀。(3) 由纵向扩散引起的峰加宽。对球形大分子，扩散系数与分子量的立方根成反比。大分子比小分子的扩散系数小，可获得更高的分离效率。(4) 溶质与壁的相互作用（吸附效应）。溶质与管壁的相互作用主要表现为管壁对溶质的吸附。大多数蛋白质（约 75%）的 pI＞4，在通常操作的缓冲溶液 pH 值下带正电，因此，管壁对蛋白质的吸附成为 CE 分离中的一个突出问题。由于吸附，使区带增宽，导致峰拖尾或变形，甚至消失。(5) 电分散。电分散起源于样品塞与操作缓冲溶液间电场强度的差异，即样品区带中的缓冲溶液浓度（或电阻率）与毛细管其他地方的浓度（或电阻率）不同时，就导致样品塞与毛细管其他地方电场强度不等，由此产生电场强度差异，引起区带电分散，使区带增宽、变形。(6) 其他增宽因素——由层流引起的扩散增强效。如果毛细管中因某种原因产生压力差，就会出现层流。层流属抛物线流型。毛细管内一旦产生层流，将引起扩散增强，使区带增宽，如毛细管两端液面高度差诱导的层流效应。

三、缓冲溶液

背景电解质的类型对 CE 分离效果有很大影响，背景电解质的选择目前还尚无严格规则可循，但要求必须满足以下基本条件：(1) 要求有一定的 pH 值调节范围，并在该 pH 值范围有足够的缓冲容量。因为 zeta 电势对 pH 值很敏感，在分离过程中要求保持恒定的 pH 值。(2) 尽可能选择浓度高而产生电流小的缓冲溶液。因为浓度高可以提高分离度 R_s，电流小可允许使用较高的外加电压。(3) 缓冲溶液的表观淌度接近样品溶质的淌度，否则，引起区带发散。(4) 在某些情况下，对缓冲溶液有特殊要求，例如，在多元醇和糖类化合物分离中，利用硼酸盐缓冲溶液与样品溶质发生络合反应，使中性分子形成络合阴离子得到分离；在儿茶酚胺类化合物的分离中，儿茶酚胺阳离子在 pH9.0 时与硼酸络合变成阴离子后与 EOF 反向，提高了分离度。又如在间接法检测中，背景电解质作为生色团（间接 UV 吸收测定）或荧光团（间接荧光法测定）时，对缓冲溶液有特定的要求。

溶液 pH 值强烈地影响熔硅毛细管的表面特性。在 pH4～6 范围，Si—OH 基的电离对

pH 值非常敏感，表面电荷变化非常大，EOF 对 pH 值表现出很强的依赖性。在高 pH 值下，Si—OH 基电离趋于饱和，EOF 达到最大且变化平缓，而在低 pH 值，电离受到抑制，EOF 接近零。因此，通过缓冲溶液 pH 值的调节可以使 EOF 在接近零至 $1\times10^{-3}cm^2/V\cdot s$ 之间变化。EOF 对 pH 值的强依赖性，导致 t 对 pH 值的强依赖性。因此，缓冲溶液 pH 值成为影响 t 重现性的关键参数。

离子的电泳淌度直接正比于它的有效电荷。离子的有效电荷受操作缓冲溶液 pH 值的影响。因此，缓冲溶液 pH 值的调节与控制是优化分离的重要对策，在蛋白质和多肽分离上更是如此。对于有等电点的溶质，pH 值变化可改变其电性。当 pH＞pI 时，溶质荷净负电荷与 EOF 反向迁移；当 pH＜pI 时，溶质荷净正电荷与 EOF 同向迁移。因此，在复杂组分体系中，即使它们的 pI 值相差不多，通过 pH 值优化也能获得成功分离。对于弱电解质和基于形成络合物的 CE 分离，化学平衡——酸碱平衡或络合平衡，强烈地依赖于 pH 值的变化。

四、缓冲溶液添加剂

在 CE 分离中，除了背景电解质外，常常还在缓冲溶液中添加某种成分，通过它与管壁或与样品溶质之间的相互作用，改变管壁或溶液相物理化学特性，进一步优化分离条件，提高分离选择性和分离度。常用添加剂有如下几类：(1) 表面活性剂，如季铵盐等；(2) 有机溶剂，如甲醇、乙腈等；(3) 两性离子，如三甲铵基甲内盐 $(CH_3)_3—N^+—CH_2—COO^-$ 等；(4) 金属盐，如 K_2SO_4、LiCl 等；(5) 手性试剂，如环糊精、冠醚等；(6) 其他，如尿素、线性聚丙烯酰胺等。

根据添加剂的种类和特性以及分离体系的具体条件，添加剂可以起到如下一些作用：(1) 控制 EOF 大小与方向，达到增强分离选择性，缩短分析时间，提高分离度的目的；(2) 抑制管壁吸附作用，提高分离效率和重现性，这对生物大分子分离尤为明显；(3) 稳定溶质（如蛋白质等生物大分子）的三级结构，增加疏水溶质的溶解度；(4) 扩大分离对象，如添加手性试剂进行手性物质分离，添加络合剂进行中性分子分离；(5) 增加溶液黏度，降低电流，优化分离条件。

五、CE 的温度效应

柱温对 CE 分离参数和电泳行为的影响是不容忽视的。柱温升高，溶液黏度降低，迁移时间缩短。在 CE 分离过程中，焦耳热效应可能引起某些生物大分子的结构和生物特性变化。无论是为了有效地散失毛细管内产生的焦耳热，或是为了保持毛细管内各处温度均匀、恒定，以减小热效应引起区带增宽，提高分离效率和重现性，分离毛细管的柱温控制都是非常必要的。特别是当外加电压超过 15kV 时，冷却就更有必要了。

第四节　高效毛细管电泳的类型

HPCE 根据具有不同操作和分离特性的模式，一般分为如下 5 种类型：毛细管区带电泳（capillary zone electrophoresis，CZE）、毛细管等电点聚焦（capillary isoelectric focusing，CIEF）、毛细管凝胶电泳（capillary gel Electrophoresis，CGE）、毛细管等速电泳（capillary isotachophoresis，CIT）、胶束电动毛细管色谱（micellar electrokinetic capillary chromatography，MECC）。

一、毛细管区带电泳（CZE）

CZE也称自由溶液毛细管电泳，是毛细管电泳最基本，应用最广泛的一种分离模式。分离的机理是，溶质中具有不同质荷比的带电粒子在电渗流的作用下流出速度的差异，达到分离。带电粒子的迁移速度为电泳和电渗流速度的矢量和。正离子两种效应的运动方向一致，在负极最先流出；中性粒子无电泳现象，受电渗流影响，在阳离子后流出；阴离子两种效应的运动方向相反，$\nu_{电渗流} > \nu_{电泳}$时，阴离子在负极最后流出。在这种情况下，不但可以按类分离，同种类离子由于差速迁移被相互分离。毛细管区带电泳的分离对象，特别适合分离带电化合物，包括无机阴离子、无机阳离子、有机酸、胺类化合物、氨基酸、蛋白质等，但不能分离中性化合物。

区带电泳的操作条件主要包括选择缓冲溶液的类型；改变溶液的离子强度；改变pH值；加入添加剂。缓冲溶液、离子强度、pH值影响电渗流的大小和方向，决定区带电泳的柱效、选择性以及分离度和分离时间。缓冲溶液的选择应遵循以下要求：（1）在所选的pH值范围内有合适的缓冲容量；（2）本底的响应值低；（3）自身的淌度低，离子大而带电小。硼酸盐、三羟甲基氨基甲烷等缓冲溶液，因缓冲容量大，背景干扰小，经常被作为缓冲溶液使用。缓冲溶液的pH值决定了弱电离试样的有效淌度，同时控制着电渗流的大小和方向，一般通过实验来优化最佳pH值。

二、毛细管等电点聚焦（CIEF）

CIEF是一种根据等电点差别分离生物大分子的高分辨率电泳技术。毛细管内充入可产生2～11pH梯度的两性电解质溶液，两端分别插入储放酸液和碱液的储液瓶中，加上高压电场，毛细管内各段的pH值将逐渐变化，在管内形成pH梯度。氨基酸、蛋白质、多肽等的所带电荷与溶液pH值有关，在酸性溶液中带正电荷，反之带负电荷。在其等电点时，呈电中性，淌度为零；具有不同等电点的生物试样在电场力的作用下迁移，分别到达满足其等电点pH值的位置时，呈电中性，停止移动，形成窄溶质带而相互分离。

三、毛细管凝胶电泳（CGE）

CGE以各种电泳凝胶为载体充入毛细管内，最常用的是聚丙烯酰胺凝胶。凝胶的黏度大，具有抗对流、减少溶质的扩散、阻挡毛细管壁对溶质的吸附作用等，可减少电渗流的影响，提高分离效率。凝胶的孔径有一定大小，不同体积的分析物质通过时被筛分。蛋白质、DNA等的荷质比与分子大小无关，CZE模式很难分离，采用CGE能获得良好分离，是DAN测序的重要手段。

凝胶毛细管的缺点是制备困难，管内常有气泡，柱寿命短。而且聚丙烯酰胺在紫外光区还有强吸收，只能在280nm处检测蛋白质，灵敏度较低。因此人们一直努力寻找其他介质代替凝胶的筛分作用，形成所谓的“无胶筛分电泳”方法。目前较成功的无胶筛分介质是纤维素衍生物，即纤维素羟基取代物。纤维素衍生物是分子量上万的高分子聚合物，在水中化学性质稳定，当浓度低时，聚合物链是孤立的；当浓度高时，可形成类似于凝胶的网孔结构，从而可用以对大小不同的分子进行筛分分离。一般来说浓度越大，孔径越小，筛分效果越好。缺点是分离能力较凝胶柱略差。

四、毛细管等速电泳（CITP）

与CZE一样，CITP基于有效离子淌度的差异进行带电离子的分离。但CITP属于不连续介质电泳，需要两种缓冲液，即前导电解液和尾随电解液。前者含有与溶质离子电荷相同且淌度为体系中最高的离子，后者为体系中淌度最低的离子，样品离子的淌度介于两者之间。当毛细管两端加上电压后，电位梯度的扩展使所有离子最终以同一速率泳动，样品带在给定 pH 值下按其淌度和电离度大小依次连接迁移，得到互相连接而又不重叠的台阶或梯形区带。带长与样品量有关，可用于定量测定。此法可用较大内径的毛细管，在微制备中很有用。缺点是需要采用不连续缓冲体系，空间分辨率差。

五、胶束电动毛细管色谱（MECC）

用普通的毛细管电泳方法无法分离中性分子，因为它们只随电渗流而迁移，其迁移速率与电渗流迁移速率相同。胶束电动毛细管色谱可以分离离子，更重要的是可以分离中性分子。其工作原理是，将一种离子表面活性剂，如十二烷基磺酸钠加入到毛细管电泳的缓冲溶液中，当表面活性剂分子的浓度超过临界胶束浓度（即形成胶束的最低浓度）时，它们就会聚集形成具有三维结构的胶束。所形成的胶束有这样的特点：疏水尾基都指向中心，而带电荷的首基则指向表面。由十二烷基磺酸钠形成的胶束是一种阴离子胶束，它必然向阳极迁移，而强大的电渗流使缓冲液向阴极迁移。由于电渗流速度高于以相反方向迁移的胶束迁移率，从而形成了快速移动的缓冲液水相和慢速移动的胶束相，后者相对前者来说，移动极慢，或视作“不移动”，因此把胶束相称为“准固定相”。当被分析的中性化合物从毛细管一端注入后，就在水相与胶束相两相之间迅速建立分配平衡，一部分分子与胶束结合，随胶束相慢慢迁移，而另一部分则随电渗流迅速迁移。由于不同的中性分子在水相与胶束相之间的分配系数有差异，经过一定距离的差速移行后便得到分离（图 7-4 所示）。出峰的次序一般决定于被分析物的疏水性。越是疏水物质，与胶束中心的尾基作用越强，迁移时间越长；反之，越是亲水物质，迁移时间越短。若不同的离子与胶束的带电荷首基之间的作用强弱不同，会使不同离子的分离选择性提高。

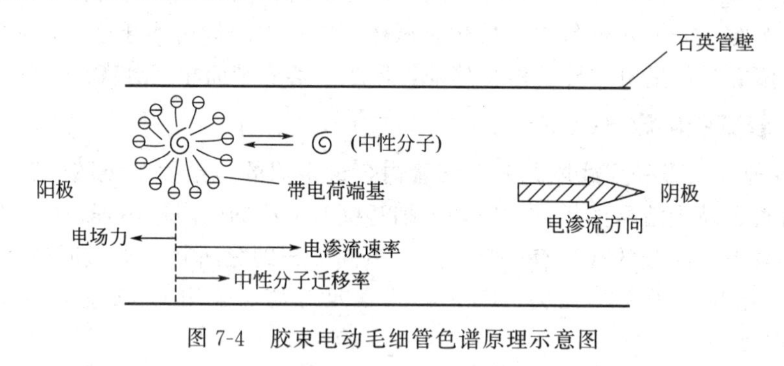

图 7-4 胶束电动毛细管色谱原理示意图

第五节 毛细管电泳的应用

与传统的电泳技术一样，CE 的主要应用领域是生命科学，分离对象主要涉及氨基酸、多肽、蛋白质、核酸等生物分子。CE 技术一开始就紧紧地结合这一重点应用领域，开展了消除管壁吸附、提高分离度等一系列的研究。至今，CE 分离蛋白质有了很大的进展，分离效率达到了 10^5～10^6 理论塔板数。样品已从模型蛋白质转到生物工程等实际样品。对蛋白质结构分析具有重要意义的“肽图”（peptide mapping），对人体基因工程有决定性作用的 DNA 测序等许多当代生命科学中的分离分析问题，CE 都已涉足，而且将日益向深度和广度扩展。采用最新技术，甚至可以检测单细胞、单分子，如监测钠离子和钾离子在胚胎组织膜内外的传送。单细胞的检测为在分子水平上研究细胞的行为提供了极为重要的工具，而单分子的检测为在单分子水平上开展动力学研究展示了广阔的前景。

由于HPCE具有高效、快速和样品用量少等特点，在应用于生命科学的同时，近年来迅速扩展到其他领域，包括食品化学、药物化学、环境化学、毒物学、医学和法医学等。它可用来分离、检测土壤及水等环境的多环芳烃；分离多种阴离子和阳离子；获得不同价态或形态的无机离子的信息。毛细管电泳的另一个重要应用是在药物及临床方面，已成为研究的不可缺少的手段。它可用于几百种药物中主要成分、所含杂质的定性及定量分析。在临床诊断中，可用于检测药物及其在体内的代谢过程的研究。

毛细管电泳技术最为诱人之处在于结合了电泳和色谱的优点，一台仪器上兼容了多种分离模式，使其不仅在氨基酸、蛋白质和多肽的分析检测方面有着广泛的应用前景，而且在从离子到细胞的广大领域中都具有巨大的开发应用潜力，同时分离效率更高，运行成本更低。

思考题与习题

1. 名词解释：CZE、CIEF、CGE、CITP、MECC、EOF、HPCE。
2. 简述毛细管电泳的分离机制和特点以及与色谱的区别。
3. 毛细管电泳仪的基本结构由哪几部分组成？
4. 影响毛细管电泳的因素有哪些？
5. 当把试样（包括正离子、负离子、中性分子）从正极端注入毛细管内时，不同粒子向负极迁移的出峰次序如何？什么情况下可以分离不同的中性分子？
6. 在毛细管电泳中，影响谱带展宽的因素有哪些？
7. 胶束电动毛细管色谱和毛细管区带电泳的区别是什么？

第八章　原子吸收光谱法

原子吸收光谱法（atomic absorption spectrometry，AAS）是20世纪50年代中期问世，60年代发展起来的一种新型的仪器分析方法。原子吸收光谱法是基于被测元素产生的基态原子蒸气对特定波长光的吸收作用来定量分析元素的方法。

1955年，澳大利亚的瓦尔西（Walsh）发表的论文“原子吸收光谱在化学分析中的应用”奠定了原子吸收光谱法的理论基础，锐线光源的采用实现了火焰原子吸收光谱的定量分析。1960年前后出现了商品化的原子吸收光谱仪（又称为原子吸收分光光度计）后，原子吸收光谱法才迅速发展起来。1961年，卢奥夫（L'vov）提出的使用石墨炉原子化器的无焰原子化法（又称为电热原子化法）大大提高了原子吸收光谱法分析的灵敏度。1965年威利斯（Willis）在原子吸收分析中引入了氧化亚氮-乙炔焰，大大增加了测定元素的数目。半个多世纪以来，科学技术的迅猛发展、计算机技术的引入、联用技术的发展、仪器小型化和自动化程度的提高不仅提高了原子吸收光谱法的精密度、准确度和重现性，而且扩大了原子吸收光谱法的应用领域。原子吸收光谱法具有高灵敏度（火焰原子吸收法的检出限可达10^{-6}～10^{-9}g数量级，石墨炉原子吸收法的检出限可达10^{-9}～10^{-12}g）、高准确度（可达1%～3%）、高选择性、较广的测定范围（可测70多种元素）、快速分析和简便操作等独特的优点。所以原子吸收光谱法已经广泛应用于生物医药、环境保护、农业、食品、化工和地质等各个领域。原子吸收光谱法的局限之处是测定不同元素时，需要更换相应待测元素的空心阴极灯，所以不便于同时分析试样中的多种元素。

第一节　基本原理

我们知道，元素的原子都是由原子核和绕核运动的电子组成，原子核外的电子依所带能量的高低分层分布形成不同的能级，所以原子具有多种能级状态。能量最低的能级状态称为基态能级，其余能级为激发态能级，能量最低的激发态称为第一激发态。一般而言，原子处于基态，原子核外的电子在各自能量最低的轨道上运动。如果提供的一定外界光能量E正好等于该基态原子中基态和某一激发态之间的能级差ΔE，该基态原子将吸收具有此特征波长的光（即吸收能量），外层电子由基态跃迁到相应的激发态，就产生了原子吸收光谱。核外电子从基态跃迁到第一激发态时吸收的谱线称为共振吸收线（共振线）。在基态与激发态之间的所有能级差中，基态与第一激发态之间的能级差最小，所以发生电子跃迁的概率最大，也最易产生第一共振线。对大多数元素而言，第一共振线是最灵敏的，原子吸收光谱中的共振线常称为吸收线。

原子吸收光谱法基于样品蒸气中待测元素基态原子吸收由光源发出的相应元素特种辐射，根据特种辐射减弱的程度求得样品中待测元素的含量，图8-1为原子吸收光谱示意图。

当光源发射线的半宽度小于吸收线的半宽度（即锐线光源），光源发出的射线通过厚度一定的原子蒸气被待测元素的基态原子吸收，此时待测样品的吸光度与原子蒸气中待测元素的基态原子数的关系服从朗伯-比尔（Lambert-Beer）定律：

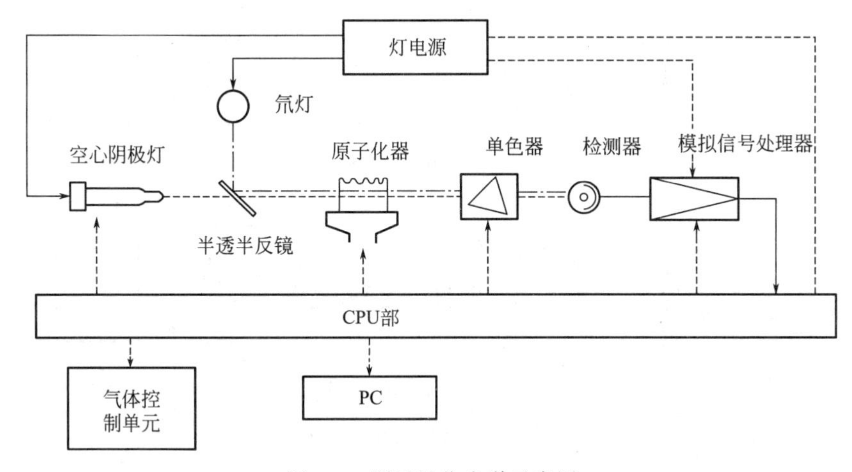

图 8-1　原子吸收光谱示意图

$$A=\lg(I_0/I)=KLN_0 \tag{8-1}$$

式中，A 为吸光度值，即特征谱线因蒸气原子吸收而减弱的程度；I_0 和 I 分别为入射光和透射光的强度值；K 为实验条件常数；L 为光程长度；N_0 为单位体积基态原子数。

因为常用的原子化温度一般低于 3000K，大多数元素的最强共振线都低于 600nm，原子蒸气中基态原子占绝大多数，激发态原子可以忽略，所以可以用基态原子数 N_0 代表吸收辐射的蒸气原子总数。式(8-1) 表示吸光度与蒸气中基态原子数为线性关系。

实际样品测试中，需要测定试样中待测元素的浓度，在一定浓度范围和一定火焰宽度的实验条件下，试样中待测元素的浓度与蒸气原子总数成正比关系。试样中待测元素的浓度与蒸气原子总数的关系确定，如下式所示：

$$A=K(N_0/\alpha)L=KcL \tag{8-2}$$

式中，α 为比例常数；c 为待测元素的浓度；L 为蒸气原子吸收层厚度。式(8-2) 就是原子吸收光谱法分析的定量公式，表示在实验条件一定时，吸光度与试样中待测元素浓度含量成正比关系。

第二节　原子吸收光谱仪的结构

测量原子吸收光谱的光谱仪叫做原子吸收光谱仪。原子吸收光谱仪的主要组成部分包括光源、原子化系统、分光系统、检测和显示系统（如图 8-2 所示）。

图 8-2(a) 是单光束仪器。这种仪器结构简单，但光源的不稳定性易使基线漂移。因待测元素的蒸气原子对辐射的发射和吸收同时存在，火焰也会发射带状特征辐射。发射干扰的信号都是直流的，为了消除来自原子化器的辐射干扰，可以采用两种方法调制光源。一是机械调制，即在光源后加入一个切光灯，调制光源的直流辐射为具有一定频率的辐射，就会在检测端接收到交流信号，采用交流放大器分离掉直流信号；二是采用脉冲供电法，不但可以消除空心阴极灯的发射干扰，还可以提高光源发射的强度和稳定性、降低噪声等。所以空心阴极灯大多采用脉冲供电方式。

图 8-2(b) 为双光束仪器。光源发出的光经过调制后被分成两束：一束光用来测量，另一束光不经过原子化器作为参比。两束光交替进入分光器后分别进行检测，从而可以通过参

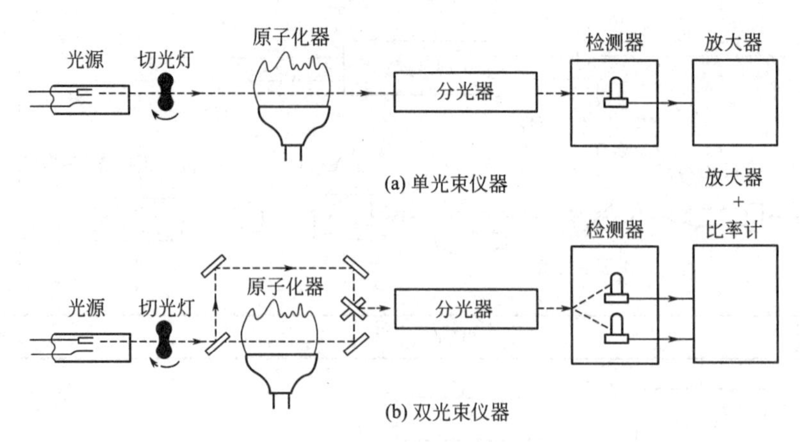

图 8-2 原子吸收光谱仪示意图

比光束克服光源不稳定造成的基线漂移现象。

一、光源

光源是用来发射待测元素的特征共振辐射的发光元件。光源应满足的基本要求如下：锐线光源，发射的共振辐射的半宽度要明显比吸收线的半宽度小；具有很大的辐射强度和较低的背景（低于共振辐射强度的 1%），以保证足够的信噪比，便于提高灵敏度；稳定的辐射光源；较长的使用寿命。空心阴极灯、蒸气放电灯、高频无极放电灯都能满足这些要求，本书以应用最普遍的空心阴极灯为例介绍其结构、工作原理和发射光谱等。

空心阴极灯的结构如图 8-3 所示，用高纯待测金属元素作阴极材料并做成空心圆筒形，阳极为金属镍、钨或钛等材料，阳极和阴极密封在具有光学窗口的硬质玻璃管内。管内充有惰性气体氖或氩作为载气，内部压强为 0.28～1.33kPa，惰性气体可用来载带电流，在阴极发生溅射，并激发原子发射出特征锐线辐射光谱。

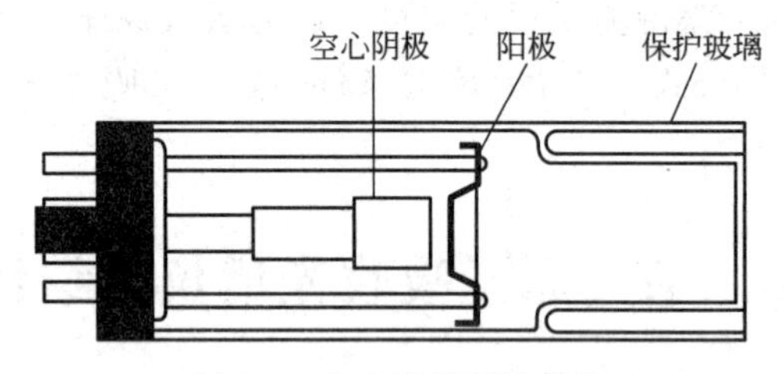

图 8-3 空心阴极灯的结构

在空心阴极灯的两极施加 300～450V 的直流电压或脉冲电压时就会产生辉光放电，在电场作用下，阴极发射的电子高速向阳极运动，途中碰撞惰性载气并将其电离，第二次放出电子和载气正离子，电子和载气正离子间的相互碰撞增加了二者的数目，维持了产生的电流。电场中加速的正离子获得足够的动能，撞击阴极表面后，待测元素的原子就会克服晶格能而溅射出来。除溅射外，阴极受热也会蒸发出表面的待测元素原子。溅射和蒸发出的待测原子聚集在空心阴极灯内，再与受热的电子、离子或原子碰撞而被激发，发射出相应元素的特征共振线。

空心阴极灯发出的特征吸收线随着阴极圆筒内层材料的不同而变化，如果用金属镉作为阴极，空心阴极灯就发射出镉的特征共振线，其透过样品的原子蒸气时，待测样品中的镉元素就会产生共振吸收，从而减弱由空心阴极灯发射出的特征谱线。

二、原子化系统

原子化系统用来提供能量，干燥试样、蒸发并原子化待测元素，从而产生原子蒸气。原子化系统的原子化效率高、稳定性好、干扰低、安全、耐用和操作方便。可分为火焰原子化系统和无焰原子化系统（或称为非火焰原子化系统），无焰原子化系统包括石墨炉原子化系统和低温原子化系统。常用的原子化器有火焰原子化器、石墨炉原子化器和低温原子化器。

1. 火焰原子化器

火焰原子化器由乙炔-空气、氧化亚氮-乙炔等化学火焰提供能量来原子化待测元素。火焰原子化器分为预混合式和直接注入式（消耗式），普遍使用的是预混合式火焰原子化系统。预混合式火焰原子化系统由喷雾器、混合室和燃烧器组成（如图 8-4 所示）。喷雾器又称为雾化器，用来吸入试样溶液并将其雾化，形成微米级的气溶胶。气化的基态原子随着气溶胶微粒直径的减小而增多，即原子化效率提高。

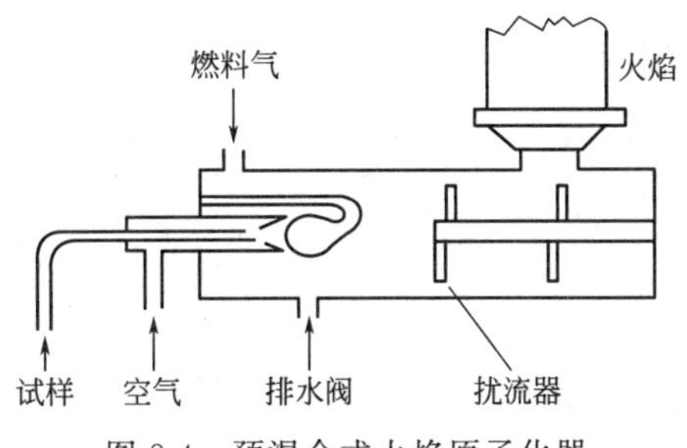

图 8-4　预混合式火焰原子化器

混合室又称为雾化室，用来细化和均匀化待测样品的雾滴，排出由大雾滴聚积成的液滴，只把直径小且均一化程度高的细小雾粒吹进燃烧器；还用来混匀燃气、助燃气和细小雾滴，以便减少混合气溶胶进入火焰时产生的扰动，并在混合室内蒸发脱落部分气溶胶。混合室内的碰撞球、废液排出口和扰流器等装置就起这样的作用。

燃烧器用来产生火焰、蒸发和原子化进入火焰的气溶胶。燃烧器多用不锈钢做成，有单缝和双缝两种，常用的是单缝燃烧器。燃烧器一般要求具有火焰稳定、原子化效率高、吸收光程长、噪声小和背景低等条件。为了能测量合适的火焰部位，有时需要调整燃烧器的角度和高度。

2. 石墨炉原子化器

石墨炉原子化器采用电加热、程序升温的方式原子化试样。石墨炉原子化分析过程包括干燥、灰化、原子化和高温除残四个阶段。干燥可以除去溶剂，灰化是为了尽量除去易挥发的基体和有机物，原子化是解离试样为中性原子，除残是测完一个样品后通过升温除去石墨管中的残留物。待测试样原子化过程中使用氩气等惰性气体封闭保护石墨炉系统，石墨炉炉体四周通有冷却水，以保护炉体（如图 8-5 所示）。

与火焰原子化法相比，石墨炉分析法具有没有火焰、检出限低和耗氧量少的优点（表 8-1 所示）。石墨炉中高温的碳蒸气还原环境能显著提高原子化效率，同时延长蒸气原子在石墨管中的停留时间，所以石墨炉法具有较高的分析灵敏度。生物材料、悬浮液体样品、乳状样品和有机样品等可以用石墨炉法直接分析，在灰化阶段直接处理试样，避免了消解过程中的玷污和损耗。但是程序升温造成的石墨管温度不均匀，会降低测量精度、严重的基体干扰和易于变动校准曲线。采用石墨炉平台技术和横向加热技术，在一定程度上可以消除石墨

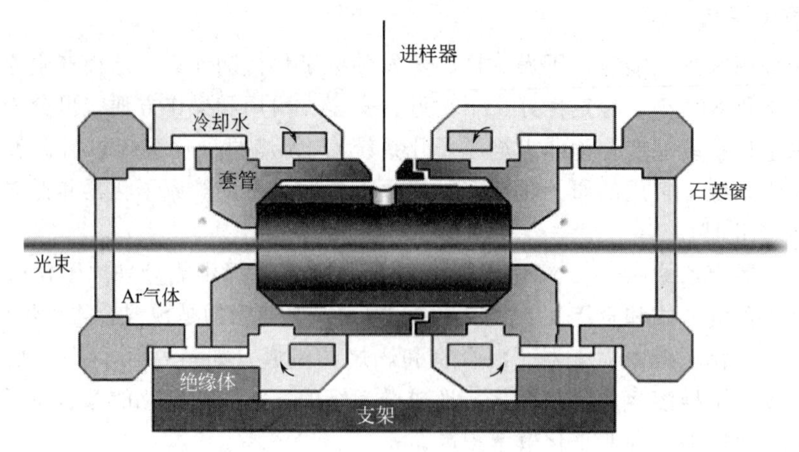

图 8-5 石墨炉原子化器

炉的温度不均匀和基体干扰等问题。

表 8-1 火焰原子化法和石墨炉原子化法的比较

方法	原子化法	原子化温度	原子化效率	进样体积	信号	检出限/(ng/mL)	重现性	基体效应
火焰	火焰	较低 (3000K)	<30%	约 1mL	台阶形	高 (镉 0.5)	较好(RSD 为 0.5%~1%)	较小
石墨炉	电热	较高 (可达 3273K)	>90%	1~50μL	尖峰形	低 (镉 0.002)	较差(RSD 为 1.5%~5%)	较大

3. 低温原子化器

低温原子化法又称为化学原子化法，是利用某些元素（如 Hg）本身或元素的氢化物（如 AsH_3）在低温下的易挥发性，将其导入气体流动吸收池内进行原子化。常用的低温原子化法有汞原子化法和氢化物原子化法。

汞低温原子化法是利用汞在室温下的较大蒸汽压和 629.73K 的沸点。只要适当化学预处理试样就能还原出汞原子，用氩气或氮气将汞蒸气原子送入气体吸收池进行测定。

氢化物原子化法适用于 As、Sb、Se、Sn、Bi、Ge、Pb、Te 等元素的测定。在一定酸度下，还原待测元素为极易挥发和分解的氢化物，如 AsH_3、SnH_3 和 BiH_3 等，生成氢化物是一个氧化还原过程，所生成的氢化物是共价分子型化合物，沸点低、易挥发、分离和分解。以 As 为例，反应过程可表示如下：

$$AsCl_3 + 4NaBH_4 + HCl + 8H_2O = AsH_3(g) + 4NaCl + 4HBO_2 + 13H_2$$

AsH_3 等氢化物在热力学上是不稳定的，在 900℃ 温度下就能分解析出自由 As 原子，实现快速原子化。用载气将氢化物送入石英管加热，进行原子化及吸光度的测量。利用氢化物这一性质可以从大量溶剂中分离出待测元素，其检测限比火焰原子化法低 1~3 个数量级，并且选择性好、干扰少。

三、分光系统

分光系统又称为单色器，由入射狭缝、出射狭缝、反射镜和色散元件组成。其作用是分离出所需要的特征共振线，以便于检测。分光系统的关键部件是色散元件，现在的原子吸收光谱仪大都使用光栅作为色散元件。为了阻止来自原子化器的干扰辐射进入检测器，光栅放置在原子化器之后。原子吸收光谱仪对分光器的分辨率要求不高，现在采用锰二线

Mn279.5nm 和 Mn279.8nm 代替镍三线 Ni230.003nm、Ni231.603nm 和 Ni231.096nm 作为标准来检定光栅的分辨率。

四、检测和显示系统

检测系统包括检测器、放大器、读数和记录系统。原子吸收光谱仪一般使用光电倍增管作为光电转换元件，用来转换经过原子蒸气吸收和单色器分光后的微弱光信号为电信号，并有不同的放大功能。交流放大器的使用即可以提高灵敏度、消除待测元素火焰的发射干扰，也可以放大电信号。电信号经过数据处理系统处理后直接以数据、校正曲线和分析结果等形式输出。如今原子吸收光谱仪采用功能强大的计算机处理数据，大大方便了操作。

第三节　仪器分析方法

采用原子吸收光谱法分析样品时，合适的分析方法不仅能够提高分析结果的准确度，还能加快分析速度、减少试剂用量等。掌握多种分析方法的特点和适用条件，不但可以扩大原子吸收光谱的使用范围，也能提高实验人员的分析能力。常用的分析方法有标准曲线法和标准加入法等。

一、标准曲线法

配制一系列浓度合适的标准溶液，按浓度由低到高依次测定其吸光度 A。以待测元素的含量或浓度 c 为横坐标，测得的吸光度 A 为纵坐标，作 c-A 标准曲线。在实验条件相同时，测试待测样品，依所测吸光度值，在标准曲线上求出待测样品中元素的浓度。

使用标准曲线法定量分析样品的注意事项如下：(1) 应当在吸光度与浓度呈线性关系的范围内配制系列标准溶液；(2) 使用相同的试剂处理标准溶液和待测样品溶液；(3) 应扣除参比的吸光度值；(4) 保持一致的实验操作条件；(5) 因为雾化效率和火焰状态的不稳定性，使得标准曲线的斜率也会相应变化，所以每次测定前都应当用标准溶液检查、矫正吸光度和斜率。

标准曲线法操作简便、可以快速测定待测样品，但是仅仅适用于分析共存组分互不干扰、同一类的大批样品。

二、标准加入法

在实际样品分析时，一般不知道待测样品的组成成分，这就很难配制也待测样品条件相同的标准溶液，就不能采用标准曲线法来分析。如果待测样品的量比较大，可以采用标准加入法。

取几份浓度相同的待测样品溶液，分别加入不同量待测元素的标准溶液，其中一份不加入待测元素的标准溶液，最后稀释到相同体积，则加入的标准溶液浓度分别为 0、C_s、$2C_s$、$3C_s$、$4C_s$、…，分别测定其吸光度值。以加入标准溶液的浓度与吸光度值作标准曲线，再将该曲线外推至与浓度轴相交。交点至坐标原点的距离 C_x 即为待测元素稀释后的浓度。这种方法又称为外推作图法，如图 8-6 所示。

根据朗伯-比尔吸收定律，曲线上各点均可表示为 $A=k(C_x+C_{si})$，式中 C_{si} 为加入的标准溶液浓度。当外推至 $A=0$ 时，曲线与横坐标相交于 C'_{si}（为一负值）。则有 $C_x=-C'_{si}$。

使用标准加入法定量分析未知浓度样品的注意事项如下：(1) 待测样品的浓度及其吸光度成正比关系；(2) 应当扣除标准加入法的试剂空白，不能用标准曲线法的试剂空白值代

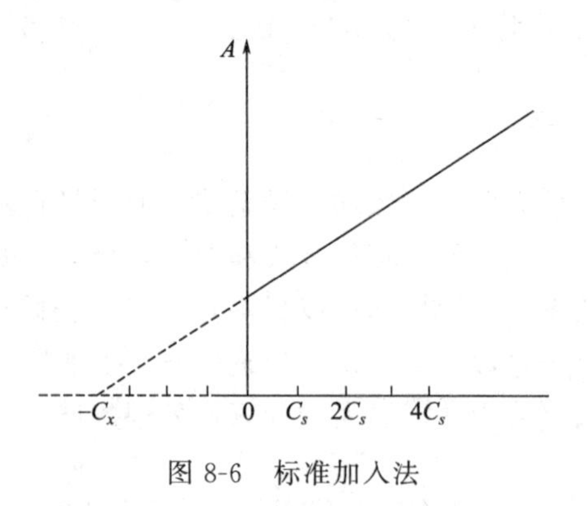

图 8-6 标准加入法

替；(3) 标准加入法可以消除基体效应的干扰，但是不能消除背景干扰；(4) 为了得到待测样品的精确浓度，至少采用包括样品溶液在内的 4 个点作外推曲线，且加入的第一个标准溶液的吸光度约为待测样品原吸光度值的一半，即第一份加入的标准溶液浓度为待测样品浓度的一半（通过待测样品溶液和标准溶液的吸光度尝试检测来判断）；(5) 灵敏度差（斜率太小的曲线），容易引入较大的误差。

第四节 生物样品的前处理

原子吸收光谱法通常分析液体样品，所以需要分解待测试样，配制成待测样品溶液。样品前处理方法主要有干法灰化法、常规湿法消化法和微波湿法消解法。

干法灰化法是在较高的温度下，用空气中的氧气氧化生物样品。精确称取一定量的样品，置于石英坩埚或者铂坩埚中，在 80～150℃低温加热除去大量的有机物，然后放到马弗炉等高温设备中，加热至 450～550℃进行灰化处理。冷至室温后，用硝酸、盐酸或其他试剂溶解，定容后待测。对于挥发性元素（汞、镉、铅、硒等）或易形成挥发性卤素化合物的元素（砷、锡、锌、锑等），不能采用干法灰化，因为这些元素在灰化过程中损失严重，降低回收率。

常规湿法消化法是在升温过程中用合适的酸来氧化生物样品。常用的酸有盐酸、硝酸、高氯酸和磷酸等混合酸。准确称取适量的生物样品于锥形瓶中，加入适量的硝酸（1＋1），缓缓加热使之反应。冷却后，加少量高氯酸，缓慢浓缩。当溶解物转变成深色后，分批次加入少量硝酸，继续加热至溶解物的微黄色消失后呈无色，继续加热直至产生高氯酸的白烟。冷却后加入适量硝酸，加热以便溶解产生的盐。再冷却至室温，定容后用于测定。

微波湿法消解法是将适量生物样品置于聚四氟乙烯耐压密封反应罐中，加入几毫升硝酸、盐酸或者混合酸，在程序升温过程中逐步增加反应罐的内压，在加压条件下具有很高的分解效率，消解结束后冷至室温，将消解罐中的反应液无损转移到定容容器中，加水稀释定容后待测。此法操作简便、快速，不会因挥发造成损失，待测生物样品用量少，空白值低，在处理复杂生物样品时优于常规前处理方法。

思考题与习题

1. 试述原子吸收光谱法的基本原理。
2. 为什么要用待测元素的空心阴极灯作为光源用于原子吸收光谱分析？优点是什么？

3. 应用原子吸收光谱法定量分析的理论依据是什么？有哪些定量分析方法？试比较它们的优缺点？

4. 原子吸收光谱分析中，如果采用火焰原子化法，测定的灵敏度是否随着火焰温度的升高而升高？为什么？

5. 原子吸收光谱法定量分析的基本关系式是什么？为什么要用锐线光源测量原子吸收？

6. 空心阴极灯内充有低压惰性气体具有什么作用？

7. 石墨炉原子化法的工作原理是什么？与火焰原子化法相比较，有什么优缺点？

8. 什么是低温原子化法？常用的有哪几种方法？

第九章　原子发射光谱法

原子发射光谱法（atomic emission spectrometry，AES）是在19世纪60年代作为一种成分分析的手段问世，20世纪60年代以后发展起来的一种仪器分析方法。原子发射光谱法是利用各种化学元素的原子在外部能量（电能或热能）激发下，利用激发态至基态的电子跃迁所产生的特征辐射线来定性或定量分析元素的一种分析方法。随着科学技术的不断发展，发现原子发射光谱法中不仅选用原子发射的特征谱线而且更多地采用离子发射出的特征谱线来分析待测元素，所以原子发射光谱法又称为光学发射光谱法（optical emission spectrometry，OES），但是大家还是习惯称作原子发射光谱法（AES）。

第一节　概　　述

一、原子发射光谱的发展

原子发射光谱法是历史最悠久的一种光学分析方法，早在19世纪初沃拉斯顿（Wollaston）就用分光光度计在火焰中发现了钠元素所特有的黄线。1826年，泰尔博（Talbot）也说明了某些波长的特征光线是某些元素所特有的。1860年德基尔霍夫（Kirchhoff）和本生（Bunsen）利用分光镜研究了某些盐及其溶液在加热的火焰中产生的特征辐射线，发现了Rb和Cs两种元素，证明了特征辐射线是由元素产生，而不是化合物产生的。从而把试样中元素和特征辐射线联系起来、可以利用特征辐射线来确定元素的存在，使之成为一种有效的光谱分析方法。19世纪末至20世纪初巴尔末（Balmer）、帕邢（Paschen）、莱曼（Lyman）、布拉克（Brackett）和蒲芬德（Pfund）先后发现的氢光谱五个线系奠定了光谱学基础。随后普朗克（Planck）的离子理论和波尔（Bohr）的量子理论把原子发射光谱和原子结构联系起来，确立了光谱定性分析的理论基础。20世纪30年代赛伯（Schiebe）和罗马金（Lomakin）分别提出了光谱定量分析的基本关系式，把光谱线强度和物质浓度联系起来。赛伯-罗马金公式物理意义的提出，完善了光谱定量分析的理论基础，从而建立了光谱定量分析法。20世纪60年代以来，各种新型光源、功能材料、电子技术和自动化程度等的应用，原子发射光谱法得到了迅速发展并成为现代仪器分析中不可或缺的方法之一。

二、原子发射光谱的特点

原子发射光谱法作为一种常规的分析方法，具有以下特点：(1) 原子发射光谱法可以同时测定一个样品中的多种元素，即具有多元素同时检测的能力；(2) 分析速度快，几分钟内即可定量分析几十种元素，用电弧或电火花作光源可以直接测定固体、液体样品；(3) 检出限低，一般可达$0.1\sim1\mu g/g$，绝对值可达$10^{-8}\sim10^{-9}g$；(4) 选择性好，因为具有极强的特征性光谱，所以可以分析一些化学性质相似性大的元素；(5) 准确度高，用电感耦合等离子体（inductively coupled plasma，ICP）作为光源时，具有较宽的工作曲线范围（4～6个数量级），可同时测定含量不同的各种元素；(6) 试样使用少，适合检测整批样品的多组分，特别是对元素的定性分析具有独特优点。所以原子吸收光谱法在血液和生物体等生物化学样品、土壤和水体等环境样品、钢铁及其合金和有色金属及其合金等领域具有广泛的应用。

三、与原子吸收光谱法的比较

通过激发光源产生的发射光谱线一般由上百条甚至上千条谱线组成。这为元素的定性分析提供了大量信息，但是又给元素的定量分析带来了复杂的光谱干扰。复杂的光谱干扰只有使用价格昂贵的高分辨仪器才可甄别，这不如原子吸收光谱法的性价比高。原子发射光谱检测的是激发态原子跃迁至基态时释放出的发射线，故其谱线强度与激发态原子数成正比；而原子吸收光谱测量的是基态原子向激发态跃迁时因为特征谱线被吸收而得到的衰减光谱，其强度与基态原子数成正比。相同条件下，激发态的原子数远远小于基态的原子数，即绝大部分原子仍处于基态。所以微量的待测样品即可产生强度足够大的吸收光谱；因为处于激发态的原子少，只有样品中待测元素处于激发态的原子含量达到一定数量后，才能检测出其发射光谱强度，所以原子发射光谱法的灵敏度要远低于原子吸收光谱法。在实际试验条件下，蒸气原子的温度及其周围的环境温度都是不恒定的，激发态的原子数随着温度的变化而上下波动，但是基态的原子数受温度的影响比较小，所以原子吸收光谱法的重复性和稳定性要好于原子发射光谱法。故原子吸收光谱法和原子发射光谱法的关系是相互弥补、不可相互替代的。另外原子发射光谱法只能根据元素带电离子发射的线状光谱确定物质的元素组成，不能检测其结构、形态；常规分析中，有太多因素影响谱线强度，影响特别明显的是化合物组成，故对标准空白溶液的组成部分有较高的要求；对待测元素浓度较大的溶液，准确度较差；磷、硒或碲等非金属元素的激发电位高，使得检测灵敏度不高；一般的原子发射光谱仪器至今还不能检测远紫外区的氧、硫、氮和卤素等非金属元素。

第二节　基本原理

一、原子发射光谱的产生

众所周知，各种元素的原子组成了物质，原子都是由结构紧密的原子核和始终绕核运动的电子组成，原子核外的电子根据所带能量的高低分层分布形成不同的能级，所以原子核具有多种能级状态。就整个原子而言，一定运动状态下的原子也是处在一定的能级上，具有一定的能量。能量最低的能级状态成为基态能级，其余能级为激发态能级，能量最低的激发态称为第一激发态。一般而言，原子处于基态，原子核外的电子在各自能量最低的轨道上运动。如果提供的一定外界光能量 E 正好等于该基态原子中基态和某一激发态之间的能级差 ΔE，该基态原子将吸收具有此特征波长的光，外层电子由基态跃迁到相应的激发态，这个过程叫做激发。在激发态能级的原子处于不稳定状态，在极短时间内（10^{-8}s）外层电子会跃迁至低能级的激发态或基态而释放出多余的能量。通过与其他微粒碰撞来传递释放能量的方式为无辐射跃迁；辐射跃迁是以一定频率（波长）的电磁波形式辐射出去并释放出能量的方式，特征辐射线的波长和释放的能量遵循波尔（Bohr）量子理论能量定律：

$$\Delta E = E_{高} - E_{低} = E_{放} = h\nu = hc/\lambda \tag{9-1}$$

式中，$E_{高}$、$E_{低}$ 分别是高、低能级的能量；$E_{放}$ 为电子跃迁时释放出的能量；ν、λ 分别为辐射的频率、波长；c 为光速；h 为普朗克常数。

原子中低能级态上的某一外层电子激发到高能级态所需要的能量为激发电位，常用电子伏特（eV）表示。原子光谱中产生的每一条谱线都有其相应的激发电位，在元素谱线图中可以检索到。电子由激发态跃迁至基态所发射的辐射线叫做共振发射线（共振线）。拥有最小激发电位的共振发射线最容易被激发，也是该元素的最强谱线（灵敏线）。

在激发光源作用下，原子获得足够的能量使中外层电子发生电离，电离所必需的能量即为电离能（电离电位），同样用 eV 表示。原子发生电离时失去一个电子为一次电离，失去一个电子的原子（离子）再次失去一个电子而发生的电离称为二次电离，以此类推。离子在激发能作用下也能被再次激发，其外层电子跃迁时也会发出辐射线，即离子光谱线。因为原子和离子所具有的能级不同，二者发射的光谱线也是不同的。每一条离子线也都具有相应的激发电位，离子线的激发电位大小和电离电位的高低没有关系（如图 9-1 所示）。在元素原子谱线表中，中性原子发射的谱线用罗马符号“Ⅰ”表示；一次电离形成的离子发射的谱线用符号“Ⅱ”表示；二次电离形成的离子所发射的谱线用“Ⅲ”表示。不同元素的电子排布各不相同，在光源激发下只能辐射出具有其特征波长的光谱线，所以可以据此定性分析发射光谱的归属。

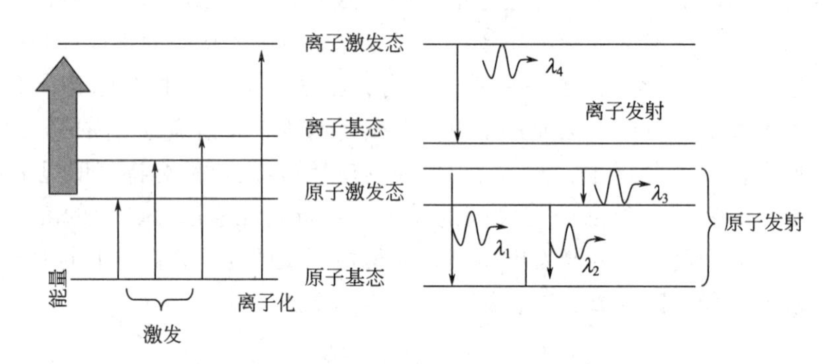

图 9-1 原子和离子的能级图

二、原子发射谱线的强度

发射光谱定量分析的依据是赛伯-罗马金提出的光谱定量基本关系式：

$$I = Ac^b \tag{9-2}$$

式中，I 为光谱线的强度；A、b 分别是发射系数和自吸系数，发射系数 A 与样品组成、试样蒸发和激发等有关；c 指元素含量。

激发光源的性质决定激发温度的高低，激发温度越高，谱线强度越大，但是过高的激发温度又会电离原子而减少原子数，从而减弱原子谱线的强度，增大离子的谱线强度，即每条发射谱线都有一个最适温度（如图 9-2 所示）。

三、谱线的自吸与自蚀

等离子体是指含有分子、原子、离子和电子等各种粒子能导电的净电荷为零的气体混合物，即整个气体状态呈电中性。原子发射光谱法中，电弧和高压电火花产生的发光蒸气粒子团也属于等离子体。激发光源中的等离子体具有一定的体积，温度和原子浓度随着等离子体部位的不同而不同，等离子体中间部位温度高，激发态原子多；边缘等离子体部位温度低，基态原子和较低能级的原子较多。激发态的元素原子在等离子体中心部位发射某一特征辐射线，只有通过其边缘部分才能到达检测器，这样处于较低能级或基态的原子就必然会吸收部分特征辐射线，从而减弱了检测器接收到的谱线强度。这种高能级原子在高温发射某一波长的特征辐射，被边缘低能级状态的同种原子所部分吸收的现象叫做自吸。自吸现象对等离子体中心部分的谱线强度影响较大。当待测元素含量小时，谱线自吸收可以忽略不计，此时

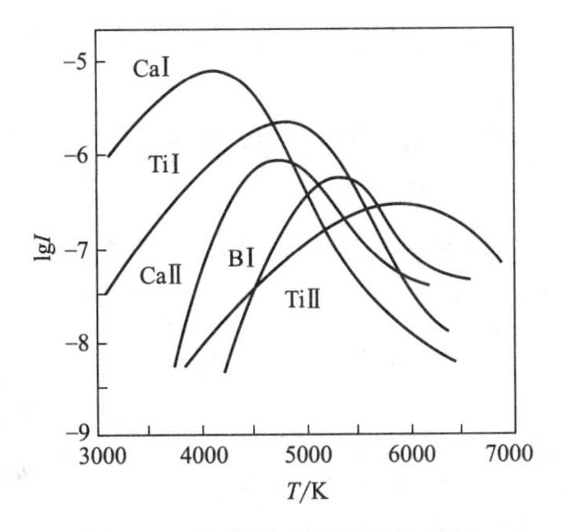

图 9-2　谱线强度和温度的关系

式(9-2) 中的自吸系数 b 为 1；当元素含量较大时，自吸收较大，$b<1$。当达到一定含量时，因为严重的自吸现象，谱线中心的特征辐射几乎被完全吸收，使谱线边缘的强度比中心部分更高，好像形成了两条谱线，这种现象称为自蚀。谱线自吸与自蚀轮廓如图 9-3 所示，自吸和自蚀现象对谱线强度的影响很大，所以在定量分析元素时是不可忽略的因素。

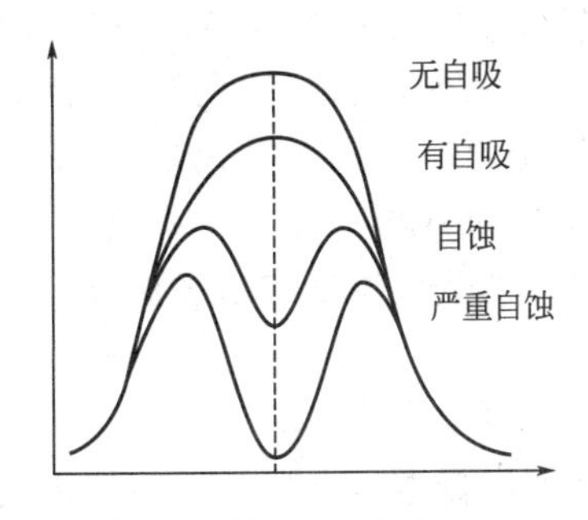

图 9-3　谱线的自吸与自蚀

原子发射光谱法（AES）作为比较成熟的分析方法，已经具备完善的仪器装置。常说的光谱分析法一般就是指原子发射光谱法。原子发射光谱法根据待测试样中不同原子发射的特征辐射谱线来确定待测物质的元素组成。

四、原子发射光谱分析的基本步骤

原子发射光谱法的基本分析步骤分为激发、分光和检测三步。利用激发源蒸发试样后使之解离为原子或者电离成离子，原子或离子再一次被激发，发射出光谱线的过程为第一步，如图 9-4 所示。利用光谱仪展开光源发出的光，从而获得光谱为第二步。用光谱检测仪器测

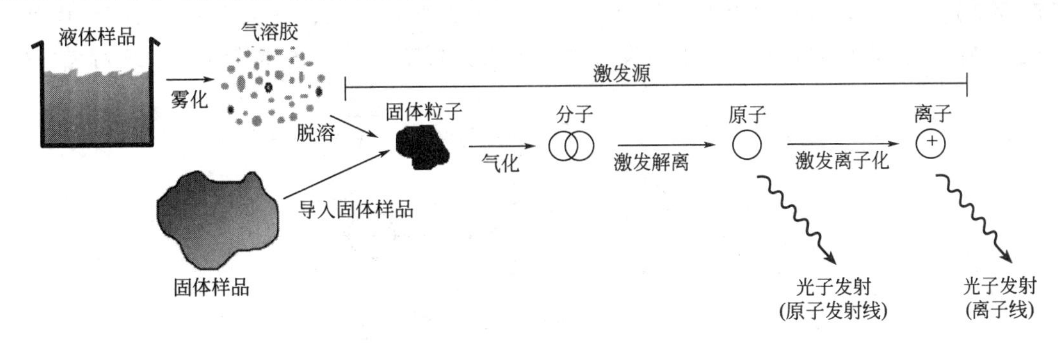

图 9-4　原子发射光谱法的激发过程

量光谱线波长、强度或宽度，完成对试样的定性、半定量或定量分析，此为第三步。

第三节 原子发射光谱仪的结构

测量原子发射光谱的光谱仪叫做原子发射光谱仪。原子发射光谱仪的主要组成部分包括光源、分光系统和检测系统（如图 9-5 所示），用来完成原子发射光谱法的分光和检测两大步骤。

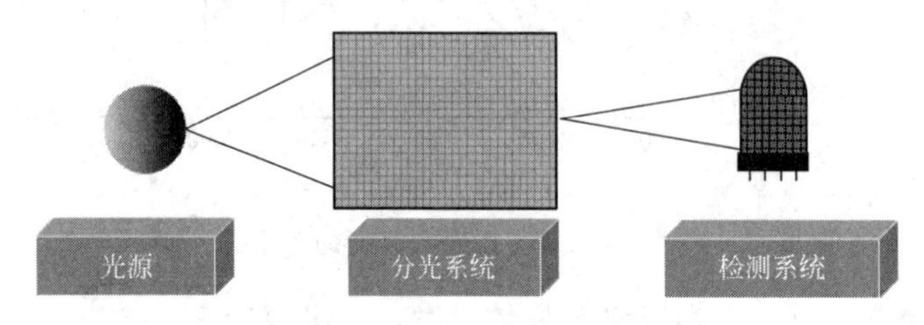

图 9-5 原子发射光谱仪示意图

一、光源

光源的主要作用是提供蒸发和激发试样所需要的能量，使之产生特征辐射光谱。只有激发光源提供足够的能量、并具有较好的稳定性和重现性才能使光谱检测系统有较高的灵敏度、准确度和检出限，所以应当了解激发光源的种类、特点和应用范围。原子发射光谱法中常用的光源包括经典光源和现代光源，经典光源包括火焰光源、辉光放电光源、电弧光源（低压直流电弧和低压交流电弧）和高压电火花光源；现代光源包括激光光源和等离子体光源。因为火焰光源和辉光放电光源的蒸发温度和激发温度较低，现在已经很少使用。原子发射光谱法常用的激发光源如下。

1. 低压直流电弧

低压直流电弧由一个直流电源（低电压 220～380V，电流 5～30A）、一个减小电流波动的自感线圈 L 和一个用来稳定调节电流大小的镇流电阻 R 组成，如图 9-6 所示。引燃直流电弧有两种方法：短路引燃和高频引燃，短路引燃就是接通电源后，使分析间隙 G 的上下电极接触短路后拉开 4～6mm，即可引燃电弧；高频引燃是采用高频电压引燃电弧。引燃电弧后，在电场作用下阴极通过分析间隙向阳极高速发射产生的热电子，电子和 G 处的分子、原子、离子等碰撞以电离气体，电离产生的阳离子高速射向阴极，使阴极又会二次发射电子，同时再次电离气体。持续的电流使电离连续不断进行，电弧从而不灭。电子的不断轰击，使得阳极表面白热、产生温度很高“阳极斑”。作为阳极的石墨电极温度高达 4000K，置于其上的试样易于蒸发而原子化。电弧柱体内的各种粒子相互碰撞而发射出特征光谱。阴极温度不到 3000K，形成“阴极斑”。低压直流电弧设备费用低、操作简单，持续放电使得温度较高的“阳极斑”具有较强的蒸发能力，进入分析空间的大量试样提高了绝对灵敏度，

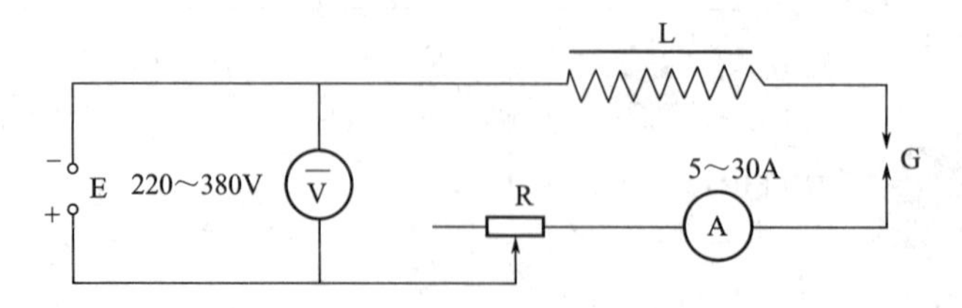

图 9-6 低压直流电弧原理图

E—直流电源；$\overline{V}$—电压表；A—安培表；R—镇流电阻；L—电感；G—分析间隙

适合样品的定性分析；可激发元素达 70 种；同时能定量分析难熔的矿物样品，稀土、铌、钽或锆等元素。但是直流电弧的不稳定性和易漂移性，使之重现性较差；较厚电弧柱体会产生严重的自吸现象；温度偏低的电弧柱削弱了激发能力，所以不能使电离电位或激发电位较高的元素产生激发光谱。

2. 低压交流电弧

大部分低压交流电弧使用 110～220V 的交流电压作为电源。较低的电源电压不能击穿分析间隙形成电弧，所以采用了引燃装置，如图 9-7 所示。与直流电弧相比，因为交流电弧在每半周内有燃烧时间和熄灭时间，所以为间歇性放电。

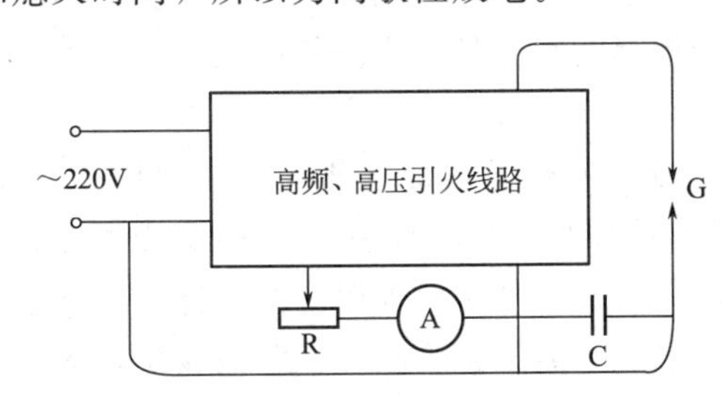

图 9-7　低压交流电弧原理图

R—电阻；C—电容；G—分析间隙；A—电流表

低压交流电弧除了具有电弧放电的一般特点外，还有独有的长处：不明显的负电阻特点使之燃烧稳定，常用于金属、合金中含量较低元素的定量分析；间歇性电流增大了电流密度，升高了电弧温度，从而增强了激发能力；电弧稳定性使分析具有较好的重现性和精密度，适合样品的定量分析；易得的交流电源使之应用广泛。但是间歇性放电减小了电极温度，随之降低了蒸发能力。从激发光源的本质来看，低压交流电弧是介于直流电弧和高压电火花二者之间的一种光源。低压交流电弧的检出限比直流电弧的差，但比高压电火花的好；其准确度比直流电弧的好，但比高压电火花的差。

3. 高压电火花

图 9-8 所示为高压电火花发生器的电路图，220V 的交流电压经变压器 B 升压至 10000V 以上，向电容器充电。当电容 C 两端的充电电压增大到分析间隙的击穿电压时，通过电感 L 向分析间隙 G 放电而产生电火花。当交流电运行至下半周时，电容 C 又重新充、放电，如此高频反复进行，就产生了稳定性良好的放电。由于高压电火花采用脉冲式工作，平均电流密度不高，电极头温度较低，并且弧焰半径较小；但是高压电火花极短的放电时间使其具有较高的激发温度，通过分析间隙 G 的瞬时电流密度很高，使得电弧火焰的瞬时温度高达 10000K，从而具有较大的激发能量。高压电光源主要用于易熔金属、合金等的定性分析和高含量元素的定量分析。

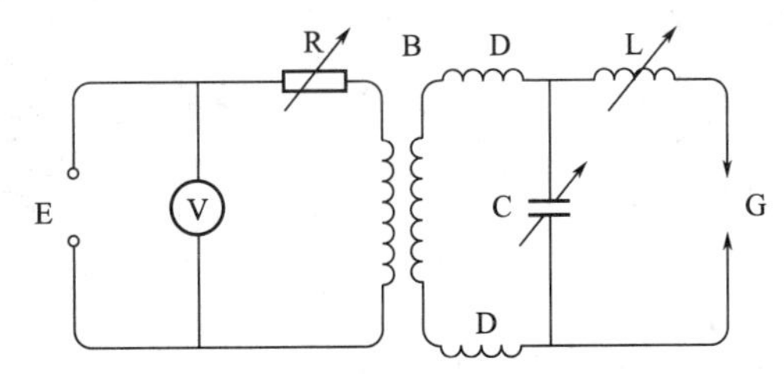

图 9-8　高压电火花的电路

D—扼流圈；L—电感；C—电容；G—分析间隙；V—电压表；R—电阻；E—直流电源；B—变压器

4. 激光光源

激光光源是使用激光蒸发试样表面的微小区域、并通过电极放电激发试样蒸发原子的一种设备。激发光源发射出的激光具有亮度高、方向性强和相干性好等优点，是一种被科学家关注较多的新型激发光源。为了能够分析试样的微小区域，引入显微镜形成了激光显微光源。采用火花激发辅助激光光源，即能提高激发效果、增加谱线强度，也降低了元素检出限。把激光显微光源应用于原子发射光谱的分析方法叫做激光显微光谱分析。激光显微光谱分析能分析块状、片状或粉状等各种形状的试样，既能测定试样中的主要组成元素，也能检测试样中的次要元素和微量元素，绝对检出限可达飞克级。在解决生物、地质和冶金等领域的微量、微区或薄层定性分析等问题上具有广泛的应用。

5. 等离子体

从前文可知等离子体是由自由电子和带电离子为主要成分、在高温存在的一种物质形态。惰性单原子气体 Ar 具有性质稳定、光谱简单、和试样不会形成难解离化合物的特点，所以通常采用氩气等离子体分析发射光谱，虽然待测试样也会产生少量的阳离子，但是导电物质主要是氩离子和电子。氩气等离子体从激发光源吸收足够的能量用来保持等离子体的电导温度并使之进一步离子化，温度一般高达 10000K。高温等离子体主要有三类：电感耦合等离子体（inductively coupled plasma，ICP）；电流型的直流等离子体（direct current plasma，DCP）和电容耦合型的微波感生等离子体（microwave induced plasma，MIP）。ICP 的应用最为广泛，是本章将要叙述的主要等离子体光源。

ICP 是 20 世纪 60 年代提出、70 年代得到迅速发展的一种新型激发光源，现在已广泛应用到样品的实际检测中。ICP 激发光源由进样系统（雾化器）、等离子炬管和高频发生器组成。进样系统是 ICP 激发光源的一个重要组成部分。现在已经有了固体、液体和气体形式的进样系统，但现在通常使用的是蠕动泵-液体雾化进样系统。如图 9-9 所示，通过蠕动泵（2）经进样管（1）将待测样品溶液泵入雾化室（4），多余的试样被蠕动泵经废液管（6）泵到废液桶中，雾化器（3）上进样管下方的高纯 Ar 气（7）把试样雾化并载入等离子炬管（5）。

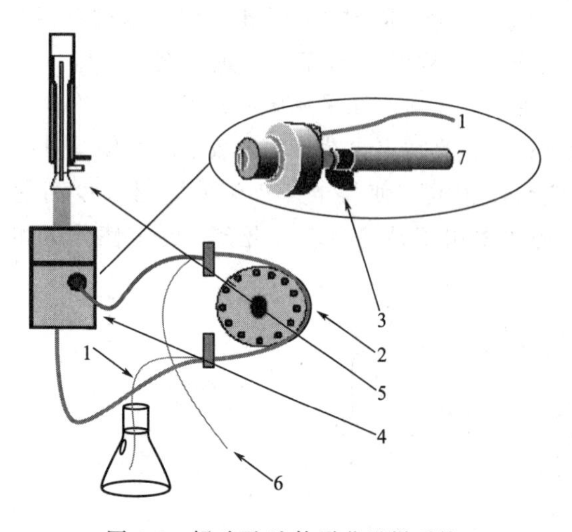

图 9-9 蠕动泵-液体雾化进样系统

1—进样管；2—蠕动泵；3—雾化器；4—雾化室；
5—等离子炬管；6—废液管；7—高纯 Ar 气

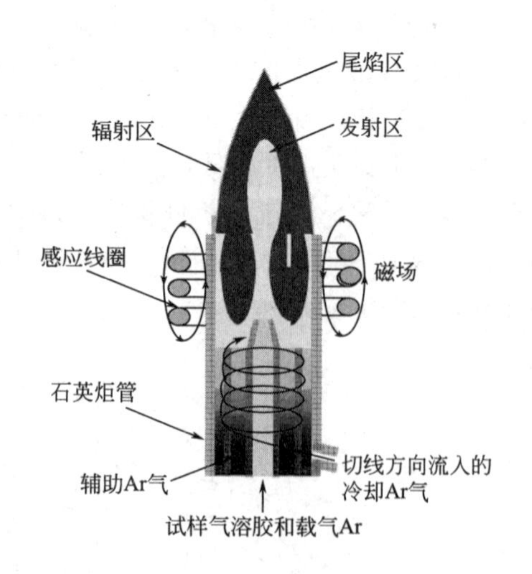

图 9-10 ICP 装置示意图

等离子炬管是一个三层同心的石英玻璃管（如图9-10所示）。内径为1～2mm的中心石英管用来通入携有试样气溶胶的Ar载气，并引入等离子体。中间石英管一般通入1L/min的Ar辅助气流，不仅有助于形成等离子体，还能升高等离子体焰，减少碳粒沉积，进而保护进样管。经过外层石英管切线方向通入流量为10～16L/min的Ar气为等离子体流，用来维持ICP的正常工作，又能隔离等离子体和石英管壁或石英帽，起到冷却的作用，以防高温熔融石英管。等离子体焰分为发射区、辐射区和尾焰区三个区域。发射区位于感应线圈内高频电流形成的涡流区内，温度高达10000K，具有很高的电子密度。发射区能够连续发射较强的光谱，所以不能在这个区分析光谱，是用来预热、蒸发试样气溶胶的区域。辐射区具有半透明淡蓝色的焰炬，温度在7000K左右，蒸发的试样用时0.2毫秒通过辐射区，经过离子化蒸发试样、激发和电离过程，然后辐射出较强的特征光谱线，辐射区具有较低的光谱背景，可以获得分析元素的最佳信噪比，是观测、分析光谱的最佳区域，该区又为标准分析区。尾焰区在等离子体焰的上部，无色透明，温度低于6000K，只可以激发能级低的试样。

高频发生器用来产生25～45MHz的高频磁场，以提供维持等离子体的能量，其最大输出功率为2.5～4.5kW，上下浮动小于1.5%。高频发生器根据振荡形式的不同分为自激式直接耦合系统和他激式射频系统。自激式直接耦合系统具有简单的线路，振荡和放大功率等功能都由一个电子管来完成，频率较差的稳定性对输出功率的影响可以忽略不计；他激式射频系统的线路复杂，一般包括晶体振荡、倍频、放大功率等几部分，具有稳定性较好的振荡频率，但是设备昂贵、维修复杂。高频发生器的基本工作原理：当接通高频电源和等离子体炬管外围绕的高频感应线圈时，刚开始因为常温气体不导电，所以不会产生感应电流，也不会出现等离子体。如果用高频点火装置引燃通过中间管和外管的辅助气和冷却气Ar，触发载气Ar产生离子和电子组成的粒子流。当足够多的粒子流在磁场方向的垂直截面上形成闭合环形路径的涡流，在感应线圈内就会形成类似于变压器的次级线圈，其和相当于初级线圈的感应线圈发生耦合，几百安的高频感应电流能够提供进一步加热、电离载气Ar的能量，从而在等离子炬管的管口形成一个形似火炬的稳定等离子体炬。ICP激发光源适合分析气体、液体、粉状或块状的固体样品。通常采用液体进样，经过进样系统（雾化室）生成的气溶胶试样由载气带入中心石英管上端的等离子体焰中部，形成一个中央通道，在其中蒸发、原子化和激发试样。

虽然ICP光源设备精密、价格昂贵，使得应用、维护费用稍高（消耗大量的高纯Ar气），测定非金属元素的灵敏度较低，但是ICP光源具有稳定性好（0.5%～0.2%的准确度）、线性范围宽（可达4～6个数量级）、检测限低（10^{-9}～10^{-11}g/L）、较小的自吸效应和基体效应等分析性能，可以定量分析液体试样和合金中各种含量的元素，所以ICP光源是目前原子发射光谱法中最常用的光源。

二、分光系统

分光系统是用来接收待测试样被激发光源激发所发射出的各种特征辐射光谱，然后经色散元件分光后得到按波长依次排列的光谱图。所以分光系统一般包括能够获得清晰、均匀、强度大和背景低的照明系统；能把通过入射狭缝的光转变为平行光，并且色差少和光能损失少，由入射狭缝、发射镜和凹面镜组成的准光系统；由棱镜或光栅为主要元件，用来分解不同波长光谱的色散系统。在ICP原子发射光谱仪的分光系统中主要采用光栅作为色散元件。

三、检测系统

按照光谱检测记录方式，原子发射光谱法可分为看谱法、摄谱法和光电法。看谱法-原子发射光谱是直接目视观察可见光区的光谱，这种方法简单，设备费用低，但是较大的目视观测误差使得准确度和精密度不高，只可用于定性、半定量分析钢铁和有色金属；摄谱法-原子发射光谱是20世纪80年代发展起来的一种用感光片（照相乳剂）记录下光谱、再与标准图谱比较的方法，比看谱法的准确度、精密度和应用程度都高，设备费用不高，具有较强的适用性，但是感光片化学处理程序繁琐、费时；光电法-原子发射光谱是采用光电转换器记录光谱，省去了摄谱法的一些中间环节，改进了含量计算方法，把记录、测量和计算合在一起，所以比摄谱法更加简便、快速，从仪器上可以直接获得分析结果，不足之处就是设备费用高。随着社会的快速发展，生物、工业和航天等行业对元素微量、半微量检测的需求，准确度高、精确度好、分析速度快和应用方便的光电直读原子发射光谱得到了广泛应用。

光电直读光谱仪把分光系统引出的特征光谱分别投射到光电倍增管上，将电能转变成电信号，储存在积分电容上。再由测量系统分别测定积分电容上的各个电压，依照测定值大小确定待测元素的含量。ICP光源能满足光电直读光谱仪对光源的苛刻要求（分析线的强度高、稳定的放电性、较小的自吸效应和背景干扰），所以ICP-光电直读原子发射光谱仪的应用范围广。光电转换元件是光电直读光谱仪接收特征光谱的主要部件，主要是利用光电效应将不同波长的辐射转化成光电流信号，光电转换元件在160～800nm波长范围内具有较高的灵敏度、信噪比、较宽的线性范围和较短的响应时间。

按光电转换元件材料的不同，检测系统可分为光电发射检测系统和半导体检测系统。看谱法、摄谱法和光电法的光电转换元件由光电管或者光电倍增管组成，他们都属于光电发射器件；另一类光电转换器是半导体光电器件，固体成像元件是其主要部件，当光能在固体成像元件上的光敏材料上作用时，产生的电子在光敏材料上发生内光电效应（光敏材料吸收光能后产生的电子-空穴会对半导体材料中自由运动的光电导产生电流的现象），从而产生电流，现在半导体光电成像元件比较成熟的有瓦里安公司的电荷耦合器件（charge-coupled device，CCD）检测器（主用于Varian-710、715或者Vista-MPX全谱直读ICP-AES等仪器上）。

现在仪器内部都装有光谱微型处理器，实现了控制、译谱和分析的自动化。在计算机上选择分析元素、编制分析方法、选择处理方法和标准曲线等的各种参数，就可以在计算机控制下自动进样、计算数据和校正分析结果，最后通过打印机打印出测试报告。

第四节　仪器分析方法

采用原子发射光谱法分析样品的过程中，合适的分析方法不仅能够提高分析结果的准确度，还能加快分析速度、减少试剂用量等。掌握多种分析方法的特点和适用条件，不但可以扩大原子发射光谱的使用范围，也能提高实验人员的分析能力。常用的分析方法有标准曲线法、标准加入法、内标法和半定量法等。标准曲线法和标准加入法在原子吸收光谱法中已有详细讲述，本节主要介绍内标法和半定量法。

一、内标法

由式(9-2)可知，发射系数A和自吸系数b常常随着待测元素及其含量的不同和实验条件的改变而发生变化，并且很难采取措施完全避免A、b的这种变化。因为有时不能依照特征谱线的绝对强度值来定量分析待测元素，所以在光谱分析时常采用内标法来消除工作条件对测定结果的影响。

1. 内标法原理

在待分析元素的谱线中选一条线作为分析线，在基体元素（或加入定量的其他元素）的谱线中选一条与分析线相近的谱线作为比较线，分析线和比较线组成分析线对。二者的绝对强度比值为相对强度。内标法就是利用分析线对的相对强度测得值来定量分析待测元素的方法。尽管激发光源的波动等不稳定因素对分析线的绝对强度有较大的影响，但对分析线和内标线的影响是一致的，所以对相对强度影响不大。

设分析线强度 I_1，内标线强度 I_2，被测元素浓度与内标元素浓度分别为 c_1 和 c_2，b_1 和 b_2 分别为分析线和内标线的自吸系数。当内标元素的含量为一定值时，c 为常数；若内标线无自吸，则 $b=1$，这样内标线强度 I 为一常数。则分析线与内标线相对强度比 R 可以用下式表示：

$$R=\frac{I_1}{I_2}=Ac^b \quad \lg R=\lg\frac{I_1}{I_2}=b\lg c+\lg A \tag{9-3}$$

上式为内标法光谱定量分析的基本关系式，只要测出谱线的相对强度 R，则 $\lg R$ 与 $\lg c$ 线性相关，以 $\lg c$ 为横坐标、$\lg R$ 为纵坐标做出二者的工作曲线，就可以根据待测元素的谱线强度值得到其相应含量。

2. 内部元素和分析线对的选择要求

使用内标法分析待测元素时，内标元素和分析线对的选择是非常重要的，所以要遵循如下要求：待测试样中不含或含有极微量的内标元素，如果待测元素的含量变化不大，也可以用待测元素作为内标；选择激发电位（或电离电位）相同或相近的分析线组成分析线对；分析线和内标线的波长尽量相同；如果待测元素作为内标，则选择待测元素的一条强度较弱的谱线，否则选用所加入其他元素的一条强度较大的谱线作为分析线；所选作为分析线的谱线不能被其他元素谱线干扰；内标元素的沸点、化学性质和相对原子质量应和待测元素的相近。内标法的优越性在于没有标准对照元素时，可以定量分析某些元素。

二、半定量法

半定量法又叫做标准对比法（单标法）、直接比较法，是标准曲线法的简化形式，即只配制一个浓度为 c_s 的标准溶液，并测得其发射光强度，求出吸收系数 A，然后根据 $I_x=Ac_x$ 求出待测溶液的浓度。因为半定量分析法只有在测定浓度范围内，并且 c_x 和 c_s 相差不多时，才能得到较准确的结果，但是可以检测出试样中含有哪些元素以及该元素的大致含量。光谱半定量分析法简单、快速，常用于以下几种情况：有时为了能够定量分析某未知样品，会首先采用半定量法检测未知元素的种类及其含量，根据所测得的元素种类及其含量选择相应的定量分析方法、配制相应标准溶液，进而测得未知样品的所得元素及其准确含量；只要求分析快，不太追求成分的准确含量，例如某种合金型号的确定、工业生产中的中间控制、生物医学中对毒物是否超过致死量的鉴定、试剂中杂质是否超过了法定标准的分析；待测样品的量较少时，不能采用其他理想的定量方法。

第五节　生物样品的前处理

20 世纪 70 年代以来，在生物、农业、食品和环境等领域 ICP-AES 得到了广泛应用，虽然样品的前处理方法随着样品状态的不同而不同，但是应用最广的还是液体进样法。所以有些固态或气态的生物样品，首先通过消化分解或吸收溶解的方法转化为溶液，再采用液体进样法进行测定。

生物气体样品的前处理：根据待测样品选择适宜的吸收溶液进行吸收溶解，经过适当处理后，采用液体进样法测得该待测气体样品的溶液，即可求得生物气体样品中待测元素的含量。

生物液体样品的前处理：根据生物液体样品中组成元素种类及其含量从直接分析、稀释后分析、浓缩后分析和消化分解后分析等分析形式中选择合适的分析方法。生物液体样品中不含有机化合物或者无其他干扰介质存在时，且待测元素含量在检测范围之内的，可以采用直接分析形式，如果有悬浮物存在则过滤后再进样分析。若生物样品中待测元素含量过高，则应适当稀释后再检测。生物样品中待测元素含量过低时，应经蒸发浓缩或分离富集后再测试。对有机物含量较多的生物液体样品，应使用硝酸、高氯酸或二者的混合酸消化分解有机物，定容待测元素的溶液后进行分析。

生物固体样品的前处理：生物样品（动、植物的组织器官及微生物等）常采用湿法消解（详见本书第八章中常用消解方法）配成液体样品后再检测。

思考题与习题

1. 名词解释：激发电位和电离电位；共振线、原子线和离子线；等离子体。
2. 原子发射光谱是怎样产生的？为什么各种元素的原子都有其特征谱线？
3. 试比较原子发射光谱中常用的几种光源激发的工作原理、特性及使用范围。
4. 简述 ICP 的形成原理及其特点。
5. 影响原子发射光谱谱线强度的因素有哪些？产生谱线自吸及自蚀的原因是什么？
6. 光谱定量分析的依据是什么？为什么要采用内标法？简述内标法的原理。
7. 内标元素和分析线对应具备哪些条件？为什么？
8. 光谱半定量分析的基本原理是什么？适用于哪种场合？
9. 什么是基体效应？如何消除或降低其对光谱分析的影响？
10. 为什么原子发射光谱法比火焰原子吸收法更适宜同时测定多种元素？

第十章　红外吸收光谱法

红外光谱（infrared absorption spectrum，IR）又称分子振动-转动光谱，属于分子吸收光谱。当样品受到频率连续变化的红外光照射时，分子吸收某些频率的辐射，并由其振动或转动引起偶极矩的净变化，产生分子振动和转动能级从基态到激发态的跃迁，相应区域的透射光强减弱，记录红外光的百分透射比与波数或波长关系曲线，就得到红外光谱。利用红外光谱进行定性、定量分析及分子结构表征的方法称为红外吸收光谱法。

早在1800年，英国的威廉·赫谢尔（William Herschel）在一次实验中偶然发现了红外光。1881年，Abney和Festing在1000～1200nm红外光谱范围照相记录了有机液体的光谱，从而揭示了原子团和氢键的近红外光谱特性。1903年，有人研究了纯物质的红外吸收光谱。第二次世界大战期间，由于对合成橡胶的迫切需求，红外光谱才引起了化学家的重视和研究，并因此而迅速发展。20世纪40年代，商品红外光谱仪就已经投入应用，揭开了有机化合物结构鉴定的新篇章。20世纪70年代，随着计算机技术及数学手段（快速傅里叶变换、数理统计等）的发展，带动了分析仪器的数字化和化学计量学的发展，数字化光谱仪器与化学计量学方法的结合形成了现代红外光谱技术。近年来，出现了红外光谱仪与其他大型仪器的联用，使得红外吸收光谱法的应用范围迅速扩展到生物化学、高聚物、环境、染料、食品、医药等诸多领域，在结构分析、化学反应机理研究以及生产实践中发挥着极其重要的作用。

红外光区在可见光区和微波光区之间，波长范围约为0.75～1000μm，根据仪器技术和应用，习惯上又将红外光谱区按波长分为三个区：近红外光区，中红外光区和远红外光区。

(1) 近红外光区：0.75～2.5μm（13300～4000cm^{-1}），该光区的吸收带主要是由低能电子跃迁、含氢原子团（如N—H、O—H、C—H）的伸缩振动的倍频及合频吸收产生。该区的光谱可用来研究稀土和其他过渡金属离子的化合物，并适用于水、醇、某些高分子化合物以及含氢原子团化合物的定量分析。可以用来直接分析谷物等样品中蛋白质、水分、脂肪、淀粉以及氨基酸等的含量，广泛应用于农产品、石油等领域内对有机物质的定量分析和检测。

(2) 中红外光区：2.5～25μm（4000～400cm^{-1}），绝大多数有机化合物和无机离子的振动能级跃迁的基频吸收都出现在中红外区。由于基频振动是红外光谱中吸收最强的振动，所以该区是物质结构分析中应用最多的谱区。通常，中红外光谱法又简称为红外光谱法。目前中红外光谱仪最为成熟、简单，而且该区已积累了大量的数据资料。

(3) 远红外光区：25～1000μm（400～10cm^{-1}），物质对远红外区的吸收主要是能级间距小的一些振动、气体分子的纯转动能级跃迁、液体和固体中重原子的伸缩振动、某些变角振动、骨架振动以及晶体中的晶格振动所引起的。由于低频骨架振动能灵敏地反映出结构变化，所以对异构体的研究特别方便。此外，还能用于金属有机化合物（包括络合物）、氢键、吸附现象的研究。远红外光区光子能量较低，对光源和检测器的要求较高，因此在使用上受到限制。但是分析仪器的不断更新升级，在很大程度上缓解了这个问题，使得该区域的应用研究开始逐渐受到关注。

红外光谱是“四大波谱”中应用最多、理论最为成熟的一种方法，红外光谱法的特点如下：(1) 除单原子分子及单核分子外，几乎所有化合物均有红外吸收，且谱带复杂，显示了丰富的分子结构和组成信息；(2) 测试简单，无繁琐的前处理和化学反应过程；测试速度快，测试过程大多可以在1分钟之内完成，大大缩短测试周期；(3) 样品用量少且可回收，可减少到微克级；测试过程无污染，检测成本低；(4) 对样品无损伤，可以在活体分析和医药临床领域广泛应用；(5) 使用的样品范围广，通过相应的测试器件可以直接测量气态、液体、固体、半固体和胶状体等不同物态的样品，光谱测量方便。

第一节　红外吸收光谱基本原理

一、红外吸收光谱的产生条件

任何物质的分子都是由原子通过各类化学键连结为一个整体。分子中的原子与化学键都处于不断的运动中。它们的运动，除了原子外层价电子跃迁以外，还有分子中原子的振动和分子本身的转动。这些运动形式都可能吸收外界能量而引起能级的跃迁。当用一定频率的红外线照射分子时，如果分子中某一个键的振动频率和它一致，二者就会产生共振，光的能量通过分子偶极矩的变化传递给分子，这个键就会吸收部分该频率的红外光的能量，振动加强，发生振动能级跃迁。如果用连续改变频率的红外光照射某分子，由于分子对不同频率的红外光吸收程度不同，使得相应的某些吸收区域的透射光强度减弱，而另一些波数范围透射光强度仍然较强，记录相应数据，即得到分子的红外吸收光谱图。

红外吸收光谱是分子振动能级跃迁产生的，但并不是所有的振动能级跃迁都能在红外光谱中产生吸收峰。物质吸收红外光发生振动和转动能级跃迁必须满足两个条件：(1) 红外辐射光量子具有的能量与发生振动跃迁所需的跃迁能量相等；(2) 分子振动时，偶极矩的大小或方向必须有一定的变化。红外跃迁的能量转移机制是通过振动过程所导致的偶极矩的变化与交变的电磁场（红外线）相互作用发生的。只有发生偶极矩变化的振动才能引起可观测的红外吸收光谱，称为红外活性；偶极矩不变的分子振动不能产生红外振动吸收，称为非红外活性。因此，除了单原子和同核分子如 Ne、He、O_2、H_2 等之外，几乎所有的有机化合物在红外光谱区均有吸收。除光学异构体，某些高分子量的高聚物以及在分子量上只有微小差异的化合物外，凡是具有结构不同的两个化合物，一定不会有相同的红外光谱。

二、双原子分子的振动

简单的双原子化合物的振动方式是分子中的两个原子以平衡点为中心，沿着键的方向，以非常小的振幅（与原子核之间的距离相比）做周期性的伸缩运动，可近似的看作简谐振动。这种分子振动的模型，可以以经典力学的方法来表示，即把两个质量为 m_1 和 m_2 的原子看成刚体小球，连接两原子的化学键设想成无质量的弹簧，弹簧的长度 r 就是分子化学键的长度，如图10-1所示。

由胡克定律可导出该体系的基本振动频率计算公式：

$$\nu=\frac{1}{2\pi}\sqrt{\frac{k}{\mu}} \quad 或 \quad \bar{\nu}=\frac{1}{2\pi c}\sqrt{\frac{k}{\mu}} \tag{10-1}$$

式中，k 为化学键的力常数，定义为将两原子由平衡位置伸长单位长度时的恢复力（单位为 $N\cdot cm^{-1}$），相当于胡克弹簧常数，是各种化学键的属性，代表键伸缩和张合的难易程

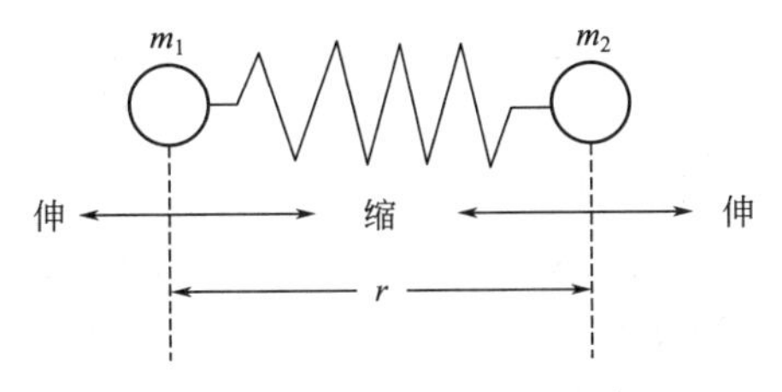

图 10-1　双原子分子振动示意图

度，与原子质量无关，单键、双键和三键的力常数分别近似为 5N·cm^{-1}、10N·cm^{-1}和 15N·cm^{-1}；c 为光速；μ 为两原子的折合质量，即 $\mu = m_1 \cdot m_2/(m_1+m_2)$。上式表明影响基本振动频率的直接原因是相对原子质量和化学键的力常数。化学键的力常数 k 越大，原子折合质量 μ 越小，则化学键的振动频率越高，吸收峰将出现在高波数区；反之，则出现在低波数区。

例如≡C—C≡、═C═C═和—C≡C—三种碳碳键的质量相同，键力常数的顺序为：三键>双键>单键。因此在红外光谱中，—C≡C—的吸收峰出现在 2222cm^{-1}，而═C═C═约在 1667cm^{-1}，≡C—C≡在 1429cm^{-1}。对于相同化学键的基团，波数与原子质量平方根成反比。例如 C—C、C—O、C—N 键的力常数相近，但原子折合质量不同，其大小顺序为 C—C< C—N < C—O，因而这三种键的吸收峰分别出现在 1430cm^{-1}、1330cm^{-1}、1280cm^{-1}附近。

上述用经典方法来处理分子的振动是宏观处理方法，或是近似处理的方法。但一个真实分子的振动能量变化是量子化的，除了化学键两端的原子质量、化学键的力常数影响基本振动频率外，分子中的基团与基团之间，基团中的化学键之间都有相互影响。

三、多原子分子的振动

多原子分子的振动比双原子的振动要复杂得多。在红外光谱中分子的基本振动形式可分为两大类，一类为伸缩振动，另一类为变形振动。

（一）伸缩振动

原子沿键轴方向做周期性的伸和缩，键长发生变化而键角不变的振动称为伸缩振动，用符号 ν 表示。它又可以分为对称伸缩振动（ν_s）和不对称伸缩振动（ν_{as}）。对同一基团，不对称伸缩振动的频率要稍高于对称伸缩振动的频率。

1. 对称伸缩振动（ν_s）：两个化学键在同一平面内均等地同时向外或向内伸缩振动。

2. 不对称伸缩振动（ν_{as}）：两个化学键在同一平面内，一个向外伸展，另一个向内收缩。

（二）变形振动（又称弯曲振动或变角振动）

基团键角发生周期性变化而键长不变的振动称为变形振动，用符号 δ 表示。变形振动又分为面内变形振动和面外变形振动。

1. 面内变形振动（β）：弯曲振动在几个原子所构成的平面内进行。又可分为：①剪式振动（δ）：在振动过程中键角发生变化的振动；②平面摇摆振动（ρ）：基团作为一个整体，同时向左或向右弯曲，在平面内摇摆的振动。

2. 面外变形振动（γ）：变形振动在垂直于几个原子所构成的平面外进行。也可分为两种：①非平面摇摆振动（ω）：两个键同方向运动；②扭曲振动（τ）：两个键异方向运动。

亚甲基的各种振动形式如图 10-2 所示。同等原子之间键的伸缩振动所需能量远比弯曲振动的能量高，因此伸缩振动的吸收峰波数比相应键的弯曲振动峰波数高。上面几种振动形式中出现较多的是伸缩振动（ν_s 和 ν_{as}）、剪式振动（δ）和面外变形振动（γ）。按照振动形式的能量排列，一般为 $\nu_{as}>\nu_s>\delta>\gamma$。

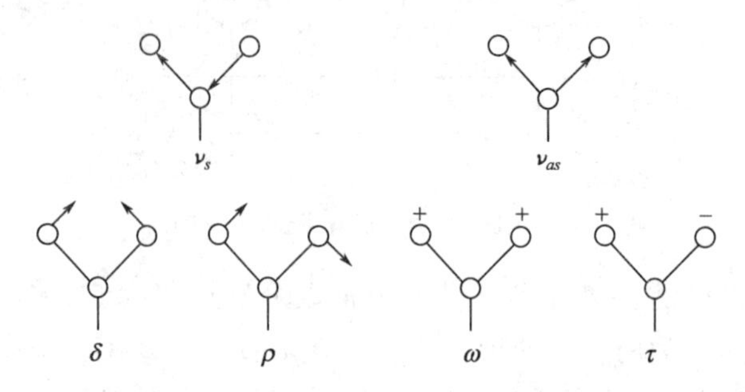

图 10-2　亚甲基的各种振动形式

+、−分别表示运动方向垂直纸面向里和向外

分子吸收红外辐射后，由基态振动能级跃迁至第一振动激发态时，所产生的吸收峰称为基频峰。基频峰的位置等于分子的振动频率。在红外吸收光谱上除基频峰外，还有振动能级由基态跃迁至第二激发态、第三激发态……，所产生的吸收峰称为倍频峰。在倍频峰中，二倍频峰仍比较强，三倍频峰以上，因跃迁几率很小，一般都很弱，常常不能测到。而且由于分子非谐振性质，各倍频峰并非正好是基频峰的整数倍，而是略小一些。除此之外，合频峰是在两个以上基频峰波数之和处出现的吸收峰，差频峰是在两个以上基频峰波数之差处出现的吸收峰，这些峰多数很弱，一般不容易辨认。倍频峰、合频峰和差频峰统称为泛频峰。

四、基本振动的理论数

双原子分子只有一种振动方式（伸缩振动），所以可以产生一个基本振动吸收峰。而多原子分子随着原子数目的增加，组成分子的键或基团以及空间结构不同，振动方式比双原子分子要复杂，因而它可以出现一个以上的吸收峰，且这些峰的数目与分子的振动自由度有关。在研究多原子分子时，常把多原子的复杂振动分解为许多简单的基本振动（又称简谐振动、简正振动），分子中任何一个复杂振动都可以看成这些基本振动的线性组合。

简谐振动的数目称为振动自由度，每个振动自由度相当于红外光谱图上一个基频吸收带。分子自由度数目与该分子中各原子在空间坐标中运动状态的总和紧密相关。经典振动理论表明，含有 n 个原子的分子就得用 $3n$ 个坐标描述分子的自由度，相当于 $3n$ 种基本振动，其中 3 个为转动、3 个为平动、剩下 $3n-6$ 个为振动自由度。每种振动形式都有它特定的振动频率，即有相对应的红外吸收峰，因此分子振动自由度数目越大，在红外吸收光谱中出现的峰数也就越多。但是实际上，绝大多数化合物在红外光谱图上出现的峰数远小于理论上计算的振动数，这是由如下原因引起的：（1）没有偶极矩变化的振动，不产生红外吸收；（2）相同频率的振动吸收重叠，即简并；（3）仪器不能区别频率十分接近的振动，或吸收带很弱，仪器无法检测；（4）有些吸收带落在仪器检测范围之外。例如，线型分子二氧化碳在理论上计算其基本振动数为：$3n-5=9-5=4$，共有 4 个振动形式，在红外图谱上有 4 个吸收峰。但在实际红外图谱中，只出现 $667cm^{-1}$ 和 $2349cm^{-1}$ 两个基频吸收峰。这是因为对称伸缩振动偶极矩变化为零，不产生吸收，而面内变形和面外变形振动的吸收频率完全一样，发生简并。

五、吸收谱带的强度

红外吸收谱带的强度取决于分子振动时偶极矩的变化，而偶极矩与分子结构的对称性有关。振动的对称性越高，振动中分子偶极矩变化越小，谱带强度也就越弱。一般地，极性较强的基团（如C═O、C—X等）的振动，吸收强度较大；极性较弱的基团（如C═C、C—C、N═N等）振动，吸收强度较弱。红外光谱的吸收强度一般按摩尔吸光系数ε的大小用很强（vs）、强（s）、中（m）、弱（w）和很弱（vw）等表示。

吸收峰的强弱取决于基团偶极矩改变的难易程度。基团的极性越大，吸收峰越强。如羰基特征峰在整个图谱中总是最强的峰之一。如果在羰基吸收区仅出现弱的吸收，就只能将其视作样品中少量含羰基的杂质产生的，或是其他峰的倍频峰和合频峰。同一种基团当其化学环境不相同时，除了吸收峰位置有变动外，吸收强度也发生变化。有些基团如氰基强度变化比位置的变动更突出。如芳香腈或α,β-饱和腈与饱和脂肪腈的氰基峰位置仅差30～40cm^{-1}，而吸收强度相差4～5倍。

六、基团频率

物质的红外光谱，是分子结构的反映。谱图中的吸收峰，与分子中各基团的振动形式相对应。多原子分子的红外光谱与其结构的关系，一般通过实验手段获得。即通过比较大量已知化合物的红外光谱，从中总结出各种基团的吸收规律。实验表明，组成分子的各种基团，如O—H、N—H、C—H、C═C、C═O和C≡C等，都有自己的特定的红外吸收区域，分子的其他部分对其吸收位置影响较小。通常把这种能代表基团存在、并有较高强度的吸收谱带称为基团频率，其所在的位置一般又称为特征吸收峰。

（一）基团频率区和指纹区

按照红外光谱与分子结构的特征，红外光谱可大致分为4000～1300cm^{-1}和1300～400cm^{-1}两个区域。最有分析价值的基团频率在4000～1300cm^{-1}之间，这一区域称为基团频率区、官能团区或特征区。区内的峰是由含氢的官能团和含双键、三键的官能团伸缩振动产生的吸收带，由于折合质量小或键的力常数大，因而出现在高波数区，峰的数目较少但强度较大，容易辨认。一般说来，每个峰都可得到较确切的归属，由此给出化合物的特征官能团和结构类型的重要信息。

在1300～400cm^{-1}的低频区内出现的谱带主要是由不含氢的单键官能团伸缩振动和各种弯曲振动引起的，同时也有一些相邻键之间的振动偶合而成，并与整个分子的骨架结构有关的吸收峰，各种振动的频率差别较小、数目较多、相互重叠偶合、谱图变化较多，大部分峰找不到准确的归属，当分子结构稍有不同时，该区的吸收就有细微的差异，并显示出分子特征。这种情况就像人的指纹一样，因此称为指纹区。指纹区对于指认结构类似的化合物很有帮助，而且可以作为化合物存在某种基团的旁证。

1. 基团频率区可分为四个区域

（1）4000～2300cm^{-1}为X—H的伸缩振动区，X可以是O、N、C或S等原子。O—H基的伸缩振动出现在3650～3200cm^{-1}范围内，它可以作为判断有无醇类、酚类和有机酸类的重要依据。由于氢键的缔合作用，对峰的位置、形状、强度有很大的影响。处于气态、低浓度的非极性溶剂中的羟基和有空间位阻的羟基，是无缔合的游离羟基，其吸收峰在高波数（3640～3610cm^{-1}），峰形尖锐。当试样浓度增加时，羟基化合物产生缔合现象，O—H基的伸缩振动吸收峰向低波数方向位移，峰形宽而钝。羟基形成分子内氢键时，吸收峰可降到3200cm^{-1}。胺和酰胺的N—H伸缩振动也出现在3500～3100cm^{-1}，可能会对O—H伸缩振动有干扰。

C—H 的伸缩振动可分为饱和和不饱和的两种。饱和的 C—H 伸缩振动出现在 $3000cm^{-1}$以下，约 $3000\sim2800cm^{-1}$，取代基对它们影响很小。如 RCH_3 基的伸缩吸收出现在 $2960cm^{-1}$和 $2870cm^{-1}$附近；R_2CH_2 基的吸收在 $2930cm^{-1}$和 $2850cm^{-1}$附近；R_3CH 基的吸收出现在 $2890cm^{-1}$附近，但强度很弱。不饱和的 C—H 伸缩振动出现在 $3000cm^{-1}$以上，以此来判别化合物中是否含有不饱和的 C—H 键。苯环的 C—H 键伸缩振动出现在 $3030cm^{-1}$附近，它的特征是强度比饱和的 C—H 键稍弱，但谱带比较尖锐。不饱和的双键 ═C—H 的吸收出现在 $3040\sim3010cm^{-1}$范围内，末端═CH_2 的吸收出现在 $3085cm^{-1}$附近。三键≡CH 上的 C—H 的伸缩振动出现在更高的区域（$3300cm^{-1}$）附近。

（2）$2300\sim2000cm^{-1}$为三键和累积双键区。主要包括 —C≡C 、—C≡N 等三键的伸缩振动，以及—C═C═C、—C═C═O 等累积双键的不对称性伸缩振动。除了空气中的 CO_2 在 $2365cm^{-1}$的吸收峰外，任何小峰都不可忽视。对于炔烃类化合物，可以分成 R—C≡CH 和 R′—C≡C—R 两种类型。R—C≡CH 的伸缩振动出现在 $2140\sim2100cm^{-1}$附近；R′—C≡C—R 出现在 $2260\sim2190cm^{-1}$附近；R—C≡C—R 分子是对称性的，为非红外活性。—C≡N 基的伸缩振动在非共轭的情况下出现在 $2260\sim2240cm^{-1}$附近。当与不饱和键或芳香核共轭时，该峰位移到 $2220\sim2230cm^{-1}$附近。若分子中含有 C、H、N 原子，—C≡N 基吸收比较强而尖锐。若分子中含有 O 原子，且 O 原子离 —C≡N 基越近，—C≡N 基的吸收越弱，甚至观察不到。

（3）$2000\sim1500cm^{-1}$为双键伸缩振动区，是提供分子的官能团特征峰的很重要区域。该区域主要包括三种伸缩振动：①C═O 伸缩振动，出现在 $1900\sim1650cm^{-1}$，往往是红外光谱中最强的特征吸收峰，以此很容易判断酮类、醛类、酸类、酯类以及酸酐等有机化合物。酸酐的羰基吸收带由于振动偶合而呈现双峰；②C═C 伸缩振动，烯烃的 C═C 伸缩振动出现在 $1680\sim1620cm^{-1}$，一般峰很弱。单核芳烃的 C═C 伸缩振动出现在 $1600cm^{-1}$和 $1500cm^{-1}$附近，有两个峰，这是芳环的骨架结构，用于确认有无芳核的存在；③苯的衍生物的泛频谱带，出现在 $2000\sim1650cm^{-1}$范围，是 C—H 面外和 C═C 面内变形振动的泛频吸收，虽然强度很弱，但它们的吸收面貌在表征芳核取代类型上有一定的作用。

（4）$1500\sim1300cm^{-1}$ 主要提供 C—H 的变形振动信息。如—CH_3 在 $1370cm^{-1}$ 和 $1450cm^{-1}$附近，—CH_2 仅在 $1470cm^{-1}$附近。

2. 指纹区可分为两个区域

（1）$1300\sim900cm^{-1}$，所有单键的伸缩振动频率、分子骨架振动频率都在这个区域。部分含氢基团的一些弯曲振动和 C═S、S═O、P═O 等双键的伸缩振动也在这个区域。其中约为 $1375cm^{-1}$的谱带为甲基的 C—H 对称弯曲振动，对识别甲基十分有用，C—O 的伸缩振动在 $1300\sim1000cm^{-1}$，是该区域最强的峰，也较易识别。

（2）$900\sim400cm^{-1}$区域的某些吸收峰可用来确认双键取代程度和构型，苯环取代位置等。苯环因取代而在 $900\sim650cm^{-1}$产生吸收。

（二）影响基团频率的因素

基团频率主要取决于基团中原子的质量和原子间的化学键力常数，那么由相同原子和化学键组成的基团在红外光谱中的吸收峰位置应该是固定的，然而由于在不同化合物中的相同基团受到的分子内和分子间的相互作用力的影响不同，其特征吸收并不总在一个固定频率上，而是根据分子结构和测量环境的影响呈现出特征吸收谱带频率的位移。例如脂肪族的乙酰氧基（R—O—CO—CH_3）在 $1724cm^{-1}$，而芳香族的乙酰氧基（Ar—O—CO—CH_3）在

$1770cm^{-1}$。同样都是乙酰氧基中的羰基振动，其频率竟相差近 $50cm^{-1}$，显然是由于基团的环境不同所引起的，因此了解影响基团频率的因素，对解析红外光谱和推断分子结构都十分有用。影响基团频率的因素可分为内部和外部两类。

1. 内部因素

（1）质量效应

由本章前面基本振动频率的公式可看出，振动的基频与相对原子质量成反比，凡由质量不同的原子构成的化学键，其振动波数是不同的。

（2）电子效应

包括诱导效应、共轭效应和中介效应，它们都是由于化学键的电子分布不均匀引起的。①诱导效应（I 效应）：由于取代基具有不同的电负性，通过静电诱导效应，引起分子中电子云密度的变化，改变了键的力常数，使键或基团的特征频率发生位移。一般电负性大的基团或原子吸电子能力较强，与烷基酮羰基上的碳原子数相连时，由于诱导效应就会发生电子云由氧原子转向双键的中间，增加了 C═O 键的力常数，使 C═O 的振动频率升高，吸收峰向高波数移动。随着取代原子电负性的增大或取代数目的增加，诱导效应越强，吸收峰向高波数移动的程度就越显著。诱导效应是沿化学键直接起作用的，它与分子的几何形状无关。如 R—CO—R′ 的 $\nu_{C=O}$ 是在 $1715cm^{-1}$，R—CO—O—R′ 的 $\nu_{C=O}$ 在 $1735cm^{-1}$，而 R—CO—Cl 的$\nu_{C=O}$出现在 $1780cm^{-1}$。②共轭效应（C 效应）：共轭效应的存在使体系中的电子云密度平均化，双键略有伸长（即电子云密度降低）、力常数减小，使其吸收频率向低波数方向移动。例如：R—CO—CH_2—的 $\nu_{C=O}$ 出现在 $1715cm^{-1}$，而—CH ═ CH—CO—CH_2—的 $\nu_{C=O}$出现在 $1685\sim1665cm^{-1}$。③中介效应（M 效应）：含有孤对电子的原子（O、S、N 等），能与相邻的不饱和基团共轭，为了与双键的 π 电子云共轭相区分，称其为中介效应。此种效应能使不饱和基团的振动波数降低，而自身连接的化学键振动波数升高。电负性弱的原子，孤电子对容易供出去，中介效应大，反之中介效应小。酰胺分子中的 C═O 因 N 原子的共轭作用，使 C═O 上的电子云更向 O 原子方向移动，C═O 双键的电子云密度平均化，造成 C═O 键的力常数下降，使吸收频率向低波数位移。N—H 键的键长缩短，伸缩振动波数反而升高。电子效应是一个很复杂的因素，同一基团或元素的诱导效应和中介效应不能截然分开，而它们的作用方向刚好相反，则振动频率最后位移的方向和程度，取决于这两种效应的结果。当诱导效应大于中介效应时，振动频率向高波数移动，反之振动频率向低波数移动。

（3）空间效应

①空间障碍：指分子中的大基团在空间的位阻作用，迫使邻近基团间的键角变小或分子平面与双键不在同一平面，此时共轭效应下降，使基团的振动波数和峰形发生变化，红外峰移向高波数。②环张力：环状烃类化合物与链状化合物相比吸收频率增加。对环外双键及环上碳基来说，随着环原子的减少，环张力增加，其振动频率也相应增加，如环己酮的 $\nu_{C=O}$ 出现在 $1715cm^{-1}$，环戊酮的 $\nu_{C=O}$出现在 $1745cm^{-1}$，环丁酮的 $\nu_{C=O}$出现在 $1780cm^{-1}$，而环丙酮的 $\nu_{C=O}$则出现在 $1815cm^{-1}$。

（4）氢键效应

由于形成氢键之后，使电子云密度平均化，基团的键力常数变小，因此有氢键的基团伸缩振动频率减少。形成氢键的 X—H 键的伸缩振动波数降低，吸收强度增加，峰变宽。分子内氢键的 X—H 的伸缩振动谱带的位置、强度和形状的改变均较分子间氢键小；分子内氢键不受溶液浓度影响，分子间氢键与溶液的浓度和溶剂的性质有关。例如：羧酸中的羰基和羟基之间容易形成氢键，使羰基的伸缩振动频率降低。游离羧酸的 $\nu_{C=O}$ 出现在 1760cm^{-1} 左右；在固体或液体中，由于羧酸形成二聚体，$\nu_{C=O}$ 出现在 1700cm^{-1}。

（5）振动偶合效应

当两个振动频率相同或相近的基团相邻，具有一公共原子时，由于一个键的振动通过公共原子使另一个键的长度发生改变，产生一个“微扰”，形成共振，其结果是使振动频率发生变化，谱带裂分，一个向高频移动，另一个向低频移动，这种现象叫做振动偶合。当基团在光谱中表现出非正常吸收时，应考虑到两个频率之间的偶合作用。振动偶合常出现在一些双羰基化合物中，如酸酐（R—CO—O—CO—R′）中，两个羰基的振动偶合，使 C ═O 吸收峰裂分成两个峰，波数分别为：1820cm^{-1}（ν_{as}）和 1760cm^{-1}（ν_s）。

（6）费米共振

当弱的倍频（或合频）峰位于某强的基频峰附近时，由于发生相互作用而产生很强的吸收峰或发生谱峰裂分。这种倍频（或合频）与基频之间的振动偶合现象称为费米共振。例如，正丁基乙烯醚（n-C_4H_9—O—CH ═CH_2）分子中的双键与氧原子相连接，═CH 面外弯曲振动波数由 990cm^{-1} 降至 810cm^{-1}，它的倍频（1620cm^{-1}）刚好与双键基频（1623cm^{-1}）靠近，因此发生费米共振，从而出现 1640cm^{-1}和 1613cm^{-1}两个强吸收峰。

（7）样品物理状态的影响

同一物质在不同状态时，分子间相互作用力不同，所得光谱也往往不同。气态下测定红外光谱，分子间相互作用力很弱，可以提供游离分子的吸收峰的情况，而对于液态和固态样品，分子间作用力较强，在有极性基团存在时，可能发生分子间的缔合和氢键的产生，常常使峰位、强度或峰的形状发生改变。如丙酮在液态时 $\nu_{C=O}$ 在 1718cm^{-1}，气态时 $\nu_{C=O}$ 在 1742cm^{-1}。同一基团伸缩振动波数降低的顺序是气态→溶液→纯液体→结晶（固体）。因为分子间距离随上述顺序渐次缩短，所以分子间的相互作用依次增强，而变形振动波数是依次升高的。

2. 外部因素

外部因素大多是机械因素，如制备样品的方法、溶剂的性质、样品结晶条件、吸收池厚度、仪器光学系统以及测试温度等均能影响基团的吸收峰位置及强度，甚至峰的形状。含极性基团的样品在溶液中检测时，不仅与溶液的浓度和温度有关，而且与溶剂的极性大小有关。极性大的溶剂围绕在极性基团的周围，形成氢键缔合，使基团的伸缩振动波数降低。在非极性溶剂中，因是游离态为主，故振动波数稍高。极性基团的伸缩振动频率常常随溶剂极性的增加而降低，并且强度增大。如羧酸中 C═O 的伸缩振动在非极性溶剂、乙醚、乙醇和碱中的振动频率分别为 1760cm^{-1}、1735cm^{-1}、1720cm^{-1}和 1610cm^{-1}。因此，在红外光谱测定中，应尽量采用非极性的溶剂。

第二节　红外光谱仪的基本构成

红外吸收光谱仪目前主要有两类：色散型红外光谱仪和傅里叶变换红外光谱仪（FTIR）。

一、色散型红外光谱仪

（一）仪器的工作原理

色散型红外光谱仪一般均采用双光束。来自光源的光被分成两个强度相同的光束，一束通过试样，另一束通过参比，利用半圆扇形镜调制后进入单色器，然后被检测器检测。当试样光束与参比光束强度相等时，检测器不产生交流信号；当试样有吸收，两光束的能量就不再相等，检测器中产生与光强差成正比的交流电信号，经放大和记录，从而获得红外吸收光谱图。色散型红外光谱仪工作原理如图 10-3 所示。

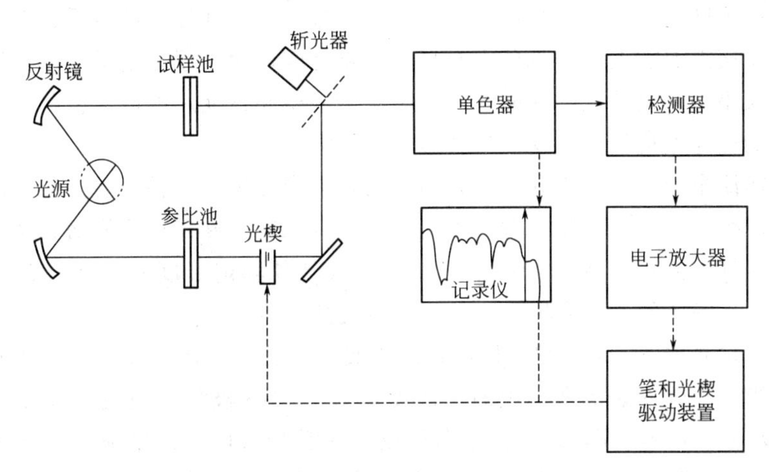

图 10-3　色散型红外光谱仪工作原理示意图

（二）仪器的主要部件

色散型红外光谱仪的组成部件与紫外-可见分光光度计相似，包括红外光源、单色器、吸收池、检测器和记录仪等部分，但对每一个部件的结构、所用的材料及性能与紫外-可见分光光度计不同。它们的排列顺序也略有不同，红外光谱仪的样品是放在光源和单色器之间；而紫外-可见分光光度计是放在单色器之后。

1. 光源

红外光谱仪中所用的光源通常是一种惰性固体，用电加热使之发射高强度的连续红外辐射。常用的是能斯特灯或硅碳棒。能斯特灯是用耐高温的氧化锆、氧化钇和氧化钍等稀土元素混合烧结而成的中空棒或实心棒，室温下是非导体，加热到 700℃以上时变为导体，工作温度为 1700℃左右。对短波范围，辐射效率优于硅碳棒。它的优点是发射强度高，使用寿命长，稳定性较好，但价格较贵，机械强度差，操作不如硅碳棒方便。硅碳棒是由碳化硅经高温烧结而成的两端粗、中间细的实心棒，工作温度在 1200～1500℃。对长波范围，其辐射效率优于能斯特灯，优点是使用波长范围宽、发光面积大、操作方便、价格便宜。

2. 单色器

由色散元件、准直镜和狭缝构成。单色器是色散型红外光谱仪的心脏，其作用是把进入狭缝的复合光色散为单色光，色散元件常用复制的闪耀光栅。由于闪耀光栅存在次级光谱的干扰，因此需要将光栅和用来分离次光谱的滤光器或前置棱镜结合起来使用。狭缝的宽度可控制单色光的纯度和强度。

3. 吸收池

因玻璃、石英等材料不能透过红外光，红外吸收池要用可透过红外光的 NaCl、KBr、CsBr、KRS-5（TlI 58%，TlBr 42%）等材料制成窗片。用 NaCl、KBr、CsBr 等材料制成的窗片需注意防潮。

4. 检测器

将接收到的红外光信号转变成电信号的元件。常用的红外检测器有：真空热电偶、辐射热测量计、热释电检测器和碲镉汞检测器等。

（1）真空热电偶：是利用不同导体构成回路时的温差热电现象，将温差转变成电位势。由两根温差电位不同的金属丝焊接在一起，并将一接点安装在涂黑的接受面上，吸收了红外辐射的接受面及接点温度上升，就使它与另一接点之间产生了温差电动势，在回路中有电流通过，电流的大小随照射的红外光的强弱而变化。该检测器使用的波数范围广，寿命长，价格低廉，但是响应速度比较慢，受热噪音影响比较大。

（2）辐射热测量计：是基于导体（如铂、镍）或半导体吸收辐射后，温度的改变使其电阻改变，从而产生输出信号。将很薄的黑化金属片（热敏元件）作受光面，装在惠斯登电桥的一个臂上，当红外光照射到受光面上时，它吸收红外辐射温度升高，引起电阻值发生改变，使电桥失去平衡，便有信号输出。该检测器受热噪音影响也比较大。

（3）热释电检测器（TGS 检测器）：是用硫酸三苷肽（TGS）等热电材料的单晶薄片作为检测元件。当红外辐射照到薄片上时，温度上升，TGS 极化度改变，表面电荷减少，相当于 TGS 释放了一部分电荷，释放的电荷经放大后转变成电压或电流的方式进行测量。由于它的响应极快，足以跟踪从干涉仪中出来的时间域信号的变化，能实现高速扫描，而且噪声影响小，因此适合在傅里叶变换红外光谱仪中使用。

（4）碲镉汞检测器（MCT 检测器）：是由半导体碲化镉和半金属化合物碲化汞的混合物做成的半导体薄膜作为敏感元件的检测器。为了减少热噪音，必须用液氮冷却。MCT 检测器比 TGS 检测器有更高的灵敏度和更快的响应速度，适于傅里叶变换红外光谱仪和 GC-FTIR 联机检测。

5. 记录仪

红外光谱仪一般都有记录仪自动记录谱图。现代的红外光谱仪都配有计算机系统来控制仪器自动操作、设置参数、检索谱图等。

二、傅里叶变换红外光谱仪

傅里叶变换红外光谱仪是 20 世纪 70 年代随着傅里叶变换技术引入红外光谱仪而问世的，是根据傅里叶变换的基本原理，利用两束光相互干涉产生干涉谱后经过快速傅里叶变换获得红外光谱的仪器。

（一）仪器的工作原理

从光源发出的光经准直镜后变为平行光，平行光进入干涉仪被分束器分成两束，分别到达固定平面反射镜（定镜）和移动反射镜（动镜），经原路返回后由于光程差产生干涉，干涉光被样品吸收后，再由检测器接收。在连续改变光程差的同时，记录吸收后中央干涉条纹的光强变化，即得到含有光谱信息的干涉图。经计算机进行快速傅里叶变换，再转变为随频率（波数）变化的普通红外光谱图。傅里叶变换红外光谱仪工作原理如图 10-4 所示。

（二）仪器的主要部件

傅里叶变换红外光谱仪没有色散元件，主要由红外光源、迈克尔逊（Michelson）干涉仪、检测器、数据处理和记录装置等组成。它与色散型红外光谱仪的主要区别在于干涉仪和数据处理两部分。迈克尔逊干涉仪是傅里叶变换红外光谱仪的心脏，迈克尔逊干涉仪的结构如图 10-5 所示，它的作用是将光源发出的光经分束器分成两束，一束为透射光，另一束为

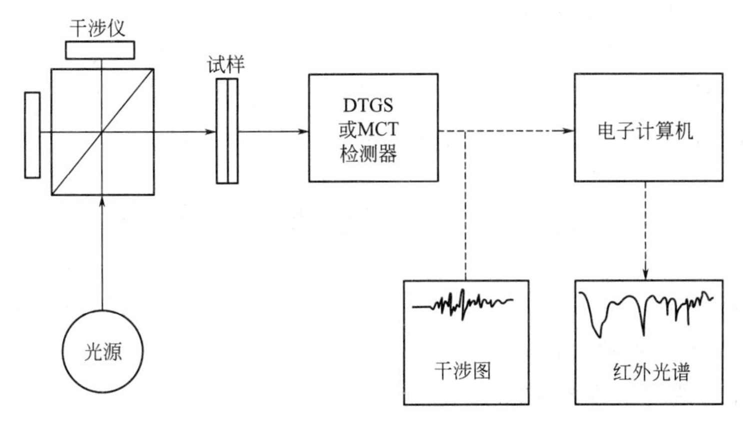

图 10-4　傅里叶变换红外光谱仪工作原理示意图

反射光，分别经动镜和定镜反射后又汇集到一起，再经过样品投射到检测器上。由于动镜的移动，使两束光产生了光程差，发生干涉现象，检测器上得到的是相干光。当两束光的光程差为 $\lambda/2$ 的偶数倍时，则落在检测器上的相干光相互叠加，发生相长干涉，产生明线，其相干光强度有极大值；当两束光的光程差为 $\lambda/2$ 的奇数倍时，则落在检测器上的相干光相互抵消，发生相消干涉，产生暗线，相干光强度有极小值。当动镜连续移动，在检测器上记录的信号将呈余弦变化。由于多色光的干涉图等于所有各单色光干涉图的加合，故得到的是具有中心极大，并向两边迅速衰减的对称干涉图。如将有红外吸收的样品放在干涉仪的光路中，由于样品能吸收特征波数的能量，结果所得到的干涉图强度曲线就会相应地产生一些变化。将包含光源的全部频率和与该频率相对应的强度信息的干涉图，送往计算机进行傅里叶变换的数学处理，从而得到吸收强度或透过率和波数变化的普通光谱图。

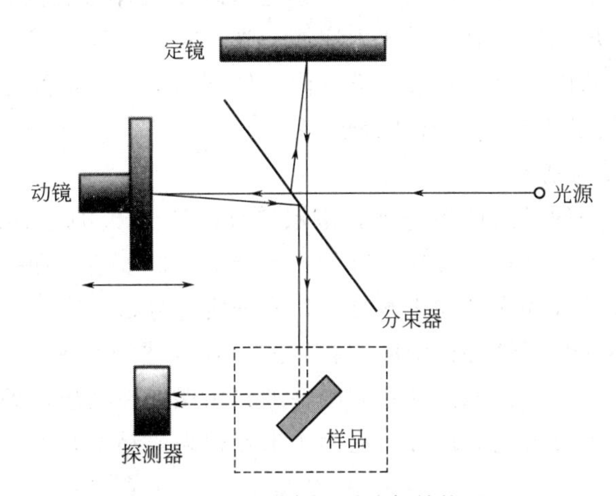

图 10-5　迈克尔逊干涉仪结构图

（三）仪器主要特点

1. 多路优点，扫描速度极快　傅里叶变换红外光谱仪是在整个扫描时间内同时测定所有频率的信息，一般只要 1s 左右即可。因此，它可用于测定不稳定物质的红外光谱。

2. 具有很高的分辨率　通常傅里叶变换红外光谱仪分辨率达 0.1～0.005cm^{-1}，而一般光栅型红外光谱仪分辨率只有 0.2cm^{-1}。

3. 灵敏度高　因傅里叶变换红外光谱仪不用狭缝和单色器，反射镜面又大，故能量损失小，到达检测器的能量大，可检测≤10^{-9}g数量级的样品。

除此之外，还有测定的光谱范围宽、测定精度高、杂散光干扰小、样品不受因红外聚焦而产生的热效应的影响等优点。同时也是实现联用较理想的仪器，目前已有气相色谱-红外光谱、高效液相色谱-红外光谱、热重-红外光谱等联用的商品仪器。

第三节 试样处理与制备

在红外光谱法中，试样的制备及处理占有重要地位。要获得一张高质量红外光谱图，除了仪器本身的因素外，还必须有合适的样品制备方法。

一、红外光谱法对试样的要求

红外光谱的试样可以是液体、固体或气体，一般应要求：(1) 试样应该是单一组分的纯物质，纯度应>98%或符合商业规格，才便于与纯物质的标准光谱进行对照。多组分试样应在测定前尽量预先用分馏、萃取、重结晶或色谱法进行分离提纯，否则各组分光谱相互重叠，难于解析。(2) 试样中不应含有游离水。因为水本身有红外吸收，会严重干扰样品谱，而且会侵蚀吸收池的盐窗。(3) 试样的浓度和测试厚度应选择适当，以使光谱图中的大多数吸收峰的透光率处于10%～80%范围内。

二、制样的方法

1. 气体样品的制备

气体样品可在玻璃气槽内进行测定，它的两端粘有能透红外光的NaCl或KBr窗片。先将气槽抽真空，再将试样注入。各类气体池（常规气体池、小体积气体池、长光程气体池、加压气体池、高温气体池和低温气体池等）和真空系统是气体分析必需的附属装置和附件，气体在池内的总压、分压都应在真空系统上完成。光程长度、池内气体分压、总压力、温度都是影响谱带强度和形状的因素。通过调整池内气体样品浓度（如降低分压、注入惰性气体稀释）、气体池长度等可获得满意的谱带吸收。

2. 液体和溶液试样的制备

(1) 液体池法　采用的是封闭液体池，液层厚度一般为0.01～1mm。液体池中两块盐片与间隔片和垫圈以及前后框是黏合在一起的，不能随意拆开清洗和盐片抛光，因此溶液法适合于沸点低、挥发性较大和充分除去水分的试样的定量分析。

(2) 液膜法　液体样品定性分析中应用较广的一种方法。滴加1～2滴样品于一片窗片的中央，再压上另一片窗片，依靠两窗片间的毛细作用保持住液层，即制成液膜，将它放在可拆式液体池架中固定即可测定。该方法适用于沸点较高、黏度较低、吸收很强的液体样品的定性分析。

3. 固体样品的制备

(1) 压片法　一般红外测定用的锭片为直径13mm、厚度为1mm左右的小片。常采用0.1%～0.5%的KBr片进行分析，即将1～2mg试样在玛瑙研钵中磨细后与200mg已干燥磨细的纯KBr粉末，充分混合并研磨后置于模具中，用10MPa左右的压力在压力机上1～2min即可得到透明或均匀半透明的锭片，即可用于测定。压片法可用于固体粉末和结晶样品的分析，试样和KBr都应经干燥处理，研磨到粒度小于2μm，以免散射光影响。压片法的最大优点是如不考虑KBr吸湿的因素，红外谱图获得的所有吸收峰，应完全是被测样品的吸收峰，因而在固体样品制样中，KBr 压片法是优选的方法。但是该法所用分散剂极易吸湿，因而在 3448cm^{-1} 和 1639cm^{-1} 处难以避免地有游离水的吸收峰出现，不宜用于鉴别羟基的存在；未知样品与分散剂的比例难以准确估计，因此常会因样品浓度不合适或透光率低等问题需要重新制片。

（2）糊状法　将干燥的样品放入玛瑙研钵中充分研细，然后滴几滴液体石蜡到玛瑙研钵中继续研磨，直到呈均匀的糨糊状，夹在盐片中测定。大多数能转变成固体粉末的样品都可采用糊状法测定。糊状法制样非常简便，应用也比较普遍。尤其是要鉴定羟基峰、胺基峰时，采用糊状法制样就是一种行之有效的好方法。但是用石蜡油作为糊剂不能用于样品中饱和 C—H 链的鉴定，因为石蜡的红外光谱将会干扰表面活性剂疏水基谱带，如果要测定 $—CH_3$、$—CH_2$ 基的吸收，可以用四氯化碳或六氯丁二烯等作为糊剂，这样把几种糊剂配合使用，相互补充，才能得到样品在中红外区完整的红外吸收光谱。糊状法不适合做定量分析。

（3）薄膜法　主要用于高分子化合物的测定。可将它们直接加热熔融后涂制或压制成膜。也可将试样溶解在低沸点的易挥发溶剂中，涂在盐片上，待溶剂挥发后成膜测定。薄膜的厚度为 10～30μm，且厚薄均匀。固体样品制成薄膜进行测定可以避免基质或溶剂对样品光谱的干扰。

第四节　红外光谱图的分析

红外光谱中吸收峰的位置和强度取决于分子中各基团的振动形式和所处的化学环境。只要掌握了各种基团的振动频率及其位移规律，就可应用红外光谱来鉴定化合物中存在的基团及其在分子中的相对位置。对红外谱图进行解析就是根据实验所测绘的红外光谱图上出现的吸收谱带的位置、强度和形状，利用基团振动频率与分子结构之间的关系，分析并确定吸收谱带的归属，确认分子中所含的基团或键，推测分子结构。红外光谱的成功解析往往还需结合其他实验数据和测试手段，如相对分子质量、物理常数、紫外光谱、核磁共振波谱及质谱等，当然也离不开光谱解析者自身的实践经验。

一、红外光谱解析的一般步骤

1. 收集样品的有关资料和数据。在进行光谱解析之前，应尽可能了解样品的来源、用途、制备方法、分离方法等；最好通过元素分析或其他化学方法确定样品的元素组成，推算出分子式；还应注意样品的纯度以及理化性质，如相对分子质量、沸点、熔点、折光率、旋光率等以及其他分析的数据，它们可作为光谱解释的旁证，有助于对样品结构信息的归属和辨认。当发现样品中有明显杂质存在时，应利用色谱、重结晶等方法纯化后再作红外分析。

2. 获得清晰可靠的红外图谱后，首先辨认并排除谱图中不合理的吸收峰，排除可能的“假谱带”。如由于样品制备纯度不高存在的杂质峰，仪器及操作条件等引起的一些“异峰”。

3. 若可以根据其他分析数据写出分子式，则应先算出分子的不饱和度 Ω。不饱和度是表示有机分子中是否含有双键、三键、苯环、是链状分子还是环状分子等，即表示碳原子的不饱和程度，对决定分子结构非常有用。计算不饱和度的经验公式为：

$$\Omega=1+n_4+(n_3-n_1)/2 \qquad (10\text{-}2)$$

式中，n_4、n_3、n_1 分别为分子中所含的四价、三价和一价元素原子的数目。当 $\Omega=0$ 时，表示分子是饱和的，分子为链状烷烃或其不含双键的衍生物；当 $\Omega=1$ 时，分子可能有一个双键或脂环；当 $\Omega=2$ 时，可能有一个双键和脂环，也可能有一个三键或两个双键；当 $\Omega=4$ 时，可能有一个苯环（一个脂环和三个双键）等。

4. 图谱解析，确定分子中所含基团或键的类型，确定化合物的结构单元，推出可能的结构式。首先在特征区搜寻官能团的特征伸缩振动，特别注意红外光谱峰的位置、强度和峰形等特征要素。吸收峰的波数位置和强度都在一定范围时，才可推断某基团的存在。再根据指纹区的吸收情况，进一步确认该基团的存在以及与其他基团的结合方式。需要注意同一基团出现的几个吸收峰之间的相关性，即分子中的一个官能团在红外光谱中可能出现伸缩振动和多种弯曲振动，因而在红外谱图的不同区域内显示出几处相关的吸收峰。对于一些分子量较大的同系物，指纹区的红外谱图可能非常相似或基本相同；某些制样条件也可能引起同一样品的指纹区吸收发生一些变化，所以不能仅仅依靠红外谱图对化合物的结构作出准确的结论，还需用其他谱学方法互相印证。

5. 化合物分子结构的验证。确定了化合物的可能结构后，应对照其相关化合物的标准红外光谱图（如萨特勒红外标准图谱集、Aldrich 红外谱图库、Sigma Fourier 红外光谱图库等）或由标准物质在相同条件下绘制的红外光谱图。由于使用的仪器性能和谱图的表示方式等的不同，特征吸收谱带的强度和形状可能有些差异，但其相对强度的顺序是不变的，因此在进行验证时要允许合理性差异的存在。如果样品为新化合物，则需要结合紫外、质谱、核磁等数据，才能决定所推测的结构是否正确。

二、红外谱图解析实例

未知物分子式为 C_4H_5N，其红外谱图如图 10-6 所示，推断其结构。

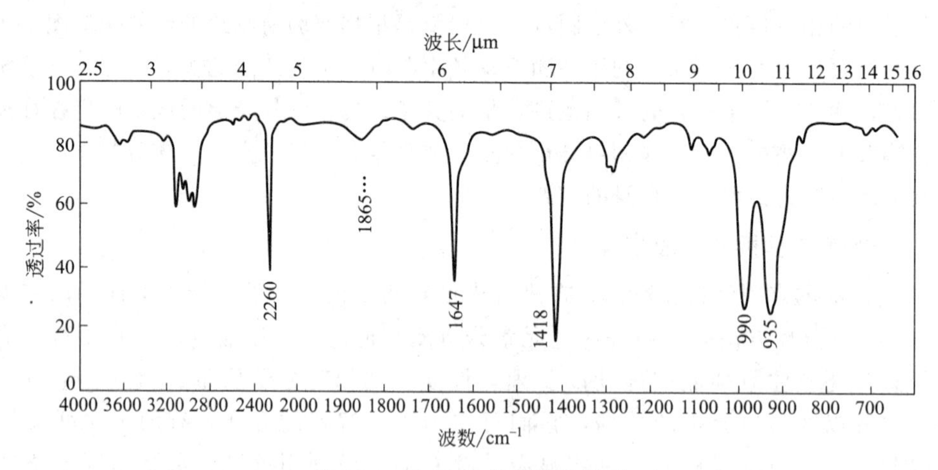

图 10-6　C_4H_5N 的红外光谱图

解：由不饱和度分析，分子中可能存在一个双键和一个三键。由于分子中含 N，可能分子中存在—CN 基团。

由红外谱图看出：从谱图的高频区可看到 $2260cm^{-1}$ 氰基的伸缩振动吸收；$1647cm^{-1}$ 乙烯基的—C═C—伸缩振动吸收。可推测分子结构为 CH_2═CH—CH_2—CN。由 $1865cm^{-1}$、$990cm^{-1}$、$935cm^{-1}$ 分别表明为末端乙烯基（$1418cm^{-1}$）、亚甲基的弯曲振动（$1470cm^{-1}$）受到两侧不饱和基团的影响，向低波数位移和末端乙烯基弯曲振动（$1400cm^{-1}$）。验证推测正确。

第五节　红外光谱的应用

红外光谱不仅用于分子结构的基础研究，如确定分子的空间构型，求出化学键的力常数、键长和键角等；而且广泛地用于化合物的定性、定量分析和化学反应机理研究等。红外吸收带的波数位置、波峰的数目以及吸收谱带的强度反映了分子结构上的特点，可以用来鉴定未知物的结构组成或确定其化学基团；而吸收谱带的吸收强度与分子组成或化学基团的含量有关，可用以进行定量分析和纯度鉴定。

一、定性分析

红外光谱法广泛用于有机化合物的定性鉴定和结构分析。将试样的谱图与纯物质的标准谱图或者已知结构的化合物的谱图进行对照，根据前面介绍的方法，对试样的谱图作出正确的解析，鉴定化合物。如果两张谱图各吸收峰的位置和形状完全相同，峰的相对强度一样，就可以认为样品是该种化合物。如果两张谱图不一样，或峰位不一致，则说明两者不为同一化合物，或样品有杂质。如用计算机谱图检索，则采用相似度来判别。使用文献上的谱图应当注意试样的物态、结晶状态、溶剂、测定条件以及所用仪器类型是否与标准谱图相同，从而进行理性分析。

二、定量分析

由于红外光谱的谱带较多，选择的余地大，所以能方便地对单一组分和多组分进行定量分析。此外，该法不受样品状态的限制，能定量测定气体、液体和固体样品。但红外光谱法定量灵敏度较低。

红外光谱定量分析是通过对特征吸收谱带强度的测量来求出组分含量。其理论依据是朗伯-比尔定律。

$$A=\lg(1/T)=\lg(I_0/I)=\varepsilon bc \qquad (10\text{-}3)$$

式中，A 是吸光度；T 是透光率；I_0 是入射光强度；I 是透过光强度；ε 是摩尔吸光系数，即单位长度和单位浓度溶液中溶质的吸光度；b 是吸收池厚度，单位为 cm；c 是溶液浓度，单位为 $mol \cdot L^{-1}$。透光率 T 和浓度 c 没有正比关系，当用 T 记录的光谱进行定量时，必须将 T 转换为吸光度 A 进行计算。

红外光谱图中吸收带很多，因此定量分析时，特征吸收谱带的选择尤为重要，除应考虑 ε 较大之外，还应注意以下几点：(1) 谱带的峰形应有较好的对称性；(2) 周围尽可能没有其他吸收带存在，以免干扰；(3) 溶剂或介质在所选择特征谱带区域应无吸收或基本没有吸收；(4) 所选溶剂不应在浓度变化时对所选择特征谱带的峰形产生影响；(5) 特征谱带不应选在对二氧化碳、水蒸气有强吸收的区域。

三、定量分析方法

根据被测物质的情况和定量分析的要求可采用直接计算法、标准曲线法和内标法等。

1. 直接计算法

直接从谱图上读取吸光度 A 值或 T 值，再按朗伯-比尔定律算出组分浓度 c。这一方法的前提是应先测出样品厚度 L 及摩尔吸光系数 ε 值，分析精度不高时，可用文献报道 ε 值。这种方法适用于组分简单，特征吸收谱带不重叠，且浓度与吸光度成线性关系的样品。

2. 标准曲线法

将标准样品配成一系列已知浓度的溶液，在同一吸收池内测出需要的谱带，计算的吸光度作为纵坐标，再以浓度为横坐标，绘出相应的标准曲线。在相同条件下测得试样的吸光度，从标准曲线上查得试样的浓度。这种方法适用于组分简单，样品厚度一定（一般在液体样品池中进行），特征吸收谱带重叠较少的样品。

3. 内标法

内标法是吸光度比法的特殊情况，该方法是在测定单组分样品时，在未知试样中加入某一已知的标准物质作为内标，按吸光度比法进行测定和计算。常用的内标物有：$Pb(SCN)_2$，$2045cm^{-1}$；$Fe(SCN)_2$，$1635cm^{-1}$、$2130cm^{-1}$；KSCN，$2100cm^{-1}$；NaN_3，$640cm^{-1}$、$2120cm^{-1}$；C_6Br_6，$1300cm^{-1}$、$1255cm^{-1}$。

思考题与习题

1. 产生红外吸收的条件是什么？是否所有的分子振动都会产生红外吸收光谱？为什么？
2. 以亚甲基为例说明分子的基本振动模式。
3. 什么是基团频率？影响基团频率的因素有哪些？它有什么重要用途？
4. 红外光谱定性分析的基本依据是什么？简要叙述红外定性分析的过程。
5. 什么是指纹区？它有什么特点和用途？
6. 试预测 CH_3CH_2COOH 在红外光谱官能团区有哪些特征吸收？
7. 某气体试样的红外光谱在 $2143cm^{-1}$（$4.67\mu m$）处有一强吸收峰，在 $4260cm^{-1}$（$2.35\mu m$）处有一弱吸收峰。经测定，知其摩尔质量为 28g/mol，因而该气体可能是 CO 或 N_2，也可能是这两种气体的混合物。试说明这两个红外吸收峰由何种振动引起。
8. 今欲测定某一微细粉末的红外光谱，应选用何种制样方法？为什么？
9. 指出下列化合物预期的红外吸收：

$$CH_3-\overset{\overset{O}{\|}}{C}-\overset{\overset{H}{|}}{N}-CH_2CH_3$$

10. 下图是化学式为 C_8H_8O 的 IR 光谱，试由光谱判断其结构。

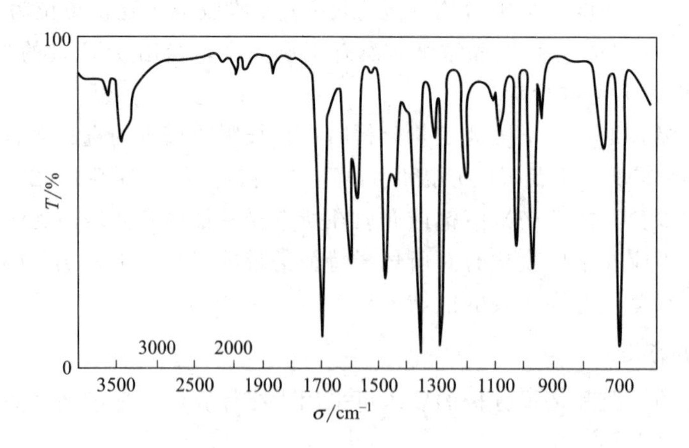

第十一章 紫外-可见吸收光谱法

当辐射能通过气态、液态或透明的固态物质时，物质的分子将吸收与其内能相适应的辐射能，使分子的外层电子由基态或低能激发态跃迁到高能激发态，这种由物质对辐射能的选择吸收而得到的吸收光谱，通常称为电子光谱，因其波长范围在光谱的紫外区和可见区，所以又叫做紫外-可见吸收光谱。根据物质分子对 190～900nm 波长范围内辐射能的吸收特征建立起来的，对物质进行定性、定量和结构分析的方法叫做紫外-可见分子吸收光谱法（ultraviolet-visible molecular absorption spectrometry，UV-Vis），又称紫外-可见分光光度法（ultraviolet-visible spectrophotometry，UV-Vis）。

对物质进行定性、定量分析的紫外-可见吸收光谱法具有悠久的历史和广泛的应用。据文献记载，在公元 60 年古希腊人已经知道利用五味子浸泡所得溶液的颜色来估计醋中铁含量的高低，因为这一古老的方法最初是用人的眼睛来进行辨别，所以又叫做目视比色法。在光学、材料学等相关科学理论发展的基础上，逐步建立了紫外-可见吸收光谱法的主要理论框架。20 世纪 30 年代出现了第一台光电比色计，40 年代 Bakman UV 吸收光谱仪的发明则促进了紫外-可见吸收光谱法的崭新发展。随着激光学说的问世、红宝石激光器的成功研制、电子技术和微型计算机的快速发展，在追求准确、快速、可靠的同时，紫外-可见吸收光谱仪已向着微型化、自动化、在线化、网络化和多组分同时测定等方向发展，并且已经取得了较多的成果。与其他各种仪器分析方法相比，紫外-可见吸收光谱法所用的仪器结构简单、性价比高、分析操作简单、准确度高、重现性好，并且分析速度快。紫外-可见吸收光谱法既可以广泛用于生物医学和天然产物等学科的各种原料和产物中微量、超微量以及常量的无机和有机物质的定量分析；也可以用于推断化合物的空间阻碍效应、氢键的强度、互变异构和几何异构现象等结构分析及其定性分析；也可研究酶和底物反应物浓度随时间而变化的函数关系，进而测定反应速度和反应级数，探讨反应机理，即反应动力学的研究；还可以测定配合物的组成、稳定常数、酸碱离解常数等，来研究生物的体液平衡。虽然紫外-可见吸收光谱法不能单独确定物质的分子结构，还受共轭效应、超共轭效应、溶剂效应和溶剂 pH 值等因素的影响，但是不管在生物学、医学、物理学、化学、材料学和环境科学等科学研究领域，还是在环境检测、化工、医药、冶金等现代生产与管理部门，紫外-可见吸收光谱仪作为一类重要的分析仪器都有着广泛而重要的应用。

第一节 基本原理

分子光谱比原子光谱要复杂得多。这是因为在分子中，除了电子相对于原子核的运动外，还有组成分子的原子的原子核之间相对位移引起的分子振动和各分子围绕其质量中心的转动。分子的外层电子相对于相应原子核的运动状态不同、原子所处的振动状态不同或分子所处不同的转动状态都会有不同的能级状态。由量子力学可知，这三种运动能量都是量子化的，运动状态不同则所处的能级不同，这三种运动状态分别对应着电子运动能级、原子振动能级和分子转动能级。每个电子运动能级中存在着若干原子振动能级，每个原子振动能级中又存在着若干分子转动能级。当分子在 10^{-15} s 时间内吸收外来辐射的一定能量后，分子会发生运动状态的变化，即发生了电子运动、原子振动或分子转动的能级跃迁。可以把分子的总能量看作上述三种运动能量之和，即：

$$E=E_{\varepsilon}+E_{v}+E_{\gamma} \quad (11\text{-}1)$$

若用 ΔE_{ε}、ΔE_{v} 和 ΔE_{γ} 分别表示电子能级、振动能级和转动能级的能级差，则有：

$$\Delta E=\Delta E_{\varepsilon}+\Delta E_{v}+\Delta E_{\gamma} \quad (11\text{-}2)$$

且

$$\Delta E_{\varepsilon}>\Delta E_{v}>\Delta E_{\gamma} \quad (11\text{-}3)$$

分子中的电子运动能级、原子振动能级和分子转动能级跃迁所产生的光谱分别为电子光谱、振动光谱和转动光谱。其对应的光谱区范围如表 11-1 所示。

表 11-1 分子吸收光谱

能级状态	电子运动状态	原子振动能级	分子转动能级
能级差	ΔE_{ε}	ΔE_{v}	ΔE_{γ}
波长	190～900nm	2.5～25μm	25～600μm
光谱	电子光谱	振动光谱	振动光谱
光谱区	紫外-可见光谱区	近红外、中红外光谱区	远红外、微波区

紫外-可见吸收光谱法检测的物质一般是溶液，所以得到的紫外-可见吸收光谱一般包括若干光谱系，不同的光谱系源于不同的电子能级跃迁，一个光谱系含有若干谱带，不同谱带由不同的振动能级跃迁产生。同一谱带又包含若干光谱线，每一条光谱线源于转动能级的跃迁，光谱线之间的间隔约为 0.25nm。溶液中存在着溶质分子间相互作用、溶质-溶剂分子间相互作用和溶剂分子间相互作用，这些相互作用使得分子的电子光谱中能产生振动光谱和转动光谱的精细结构可以忽略不计，另外紫外-可见吸收光谱仪的分辨率一般不高，观察到的为合并成较宽的谱带，所以分子光谱是一种带状光谱。正因如此，紫外-可见吸收光谱法只可定性分析具有生色团和共轭体系的有机化合物，通过比对标准光谱图、再结合其他方法才可以确定，所以不能广泛地鉴定有机化合物。但是紫外-可见吸收光谱法联合其他谱学方法就有其独特的作用。

一、有机化合物的紫外-可见吸收光谱

有机化合物中与紫外-可见吸收光谱相关的电子有三种：未参与成键的 n 电子、形成单键的 σ 电子和形成双键的 π 电子。则相应的跃迁为：$\sigma\rightarrow\sigma^*$、$n\rightarrow\sigma^*$、$n\rightarrow\pi^*$ 和 $\pi\rightarrow\pi^*$。

1. 饱和有机化合物的电子跃迁类型为 $\sigma\rightarrow\sigma^*$，电子跃迁所需的能量最大，吸收峰一般出现在真空紫外区（10～200nm)，真空紫外区又称为远紫外区。含有 σ 电子的化合物只在真空紫外区有吸收峰，因为氧可以吸收 160nm 以下的紫外光，只能在无氧或真空状态下测定，所以没有多大的实际应用价值。如甲醇的最大吸收峰在 177nm、甲烷的最大吸收峰在 125nm。

2. 含有杂原子 S、N、O、P 和卤族原子的饱和有机化合物中可以发生 $n\rightarrow\sigma^*$ 跃迁，这种跃迁与分子结构的关系不大，主要取决于 n 电子所属原子的性质，所需的能量比 $\sigma\rightarrow\sigma^*$ 的少。其吸收光谱的最大吸收波长一般在 150～250nm，即主要在真空紫外区和近紫外区。如巯基甲醇的吸收峰在 195nm、一氯甲烷的吸收峰在 173nm。这种能使化合物的最大吸收峰向长波方向移动而产生红移现象的原子团叫做助色团（如—SH、—I 等)。

3. 不饱和有机化合物中可以发生 n→π* 跃迁，共轭效应的存在使其具有较强的吸收，吸收峰主要在 200～700nm，如共轭烯烃、芳香烃和稠环芳烃化合物等；含有杂原子 N、O 等的不饱和有机化合物的电子跃迁类型为 π→π*，其吸收强度较弱，主要在近紫外区（200～250nm），如酮、醛和硝基化合物等。这些能够吸收紫外-可见光并引起分子内电子跃迁的含有 π 键的不饱和基团叫做生色团（如 >C=C<，—C≡C—，—C=N—，—C=N，—N=O 等），紫外-可见区的生色团是 π 电子系统，而真空紫外区的生色团是 σ 电子系统。

上述四种电子跃迁中，只有 n→π* 和 π→π* 两种跃迁需要的能量小，相应吸收波长出现在近紫外区和可见光区，并且对光的吸收比较强，是紫外-可见吸收光谱法研究的重点。

为了方便解析谱图，常把分子中电子跃迁产生的紫外-可见吸收光谱分为 R、K、B 和 E 四个吸收带。

R 吸收带是由 n→π* 跃迁形成的吸收带，因为摩尔吸光系数很小，吸收带较弱，很容易被 K、B 和 E 三个强吸收带掩盖，并且容易受溶剂极性的影响而发生偏移。

K 吸收带是由 π→π* 跃迁形成的吸收带，摩尔吸光系数高达 $10000L \cdot mol^{-1} \cdot cm^{-1}$，吸收带较强。共轭烯烃和芳香族衍生化合物可以产生 K 吸收带。

B 吸收带是芳香族化合物和杂环芳香族化合物的特征谱带之一，能反映有机化合物的精细结构，但受溶剂的极性、酸性、碱性等的影响较大。如辛烷中苯酚的 B 吸收带可以呈现出苯酚的精细结构，但是在极性溶剂甲醇中其精细结构则不明显。

E 吸收带是芳香族化合物的另一个特征谱带，有较大的吸收强度，摩尔吸光系数为 $2000 \sim 14000L \cdot mol^{-1} \cdot cm^{-1}$，吸收波长一般在近紫外区，有时在真空紫外区。如甲苯的 208nm 吸收峰、萘的 220nm 吸收峰。

有机化合物不同的结构类型有不同的紫外-可见吸收光谱带，有的化合物有几种吸收谱带。如正庚烷溶液中的乙酰苯，在其紫外光谱上可以分析到 K、B、R 三种谱带，吸收峰分别为 240nm、278nm 和 319nm，吸收强度依次减弱，摩尔吸光系数依次为 $>10000L \cdot mol^{-1} \cdot cm^{-1}$、$\approx 1000L \cdot mol^{-1} \cdot cm^{-1}$、$\approx 50L \cdot mol^{-1} \cdot cm^{-1}$。K 吸收带是苯环和羰基的共轭效应产生的，B 和 R 吸收带分别是苯环和羰基产生的。在有机化合物的紫外-可见吸收光谱中，四个吸收带的分类即要考虑到各官能团中电子的跃迁方式，还要考虑到分子结构中各官能团之间的相互作用。

综上所述，根据有机化合物的紫外-可见吸收光谱可以推断出该化合物所含主要生色团种类及其位置，以及该化合物含有共轭体系的数目和位置，这就是紫外-可见吸收光谱在定性、结构分析中的重要应用之一。如：吸收带在 210～250nm，摩尔吸光系数较大，则可能有两个共轭双键；吸收带在 260～300nm，但摩尔吸光系数较大，则可能有 3～5 个共轭双键；吸收带在 250～300nm，但摩尔吸光系数较小，并且随着溶剂极性的增加会发生蓝移，说明可能有羰基存在；吸收带在 250～300nm，吸收强度中等，并伴有精细结构产生的振动光谱，则说明有苯环存在。

由前文可知，根据紫外-可见吸收光谱只能确定有机化合物中存在的某些官能团，不能完全确定其分子结构，只有与其他谱学方法结合，才能分析其结构。因为共轭效应对紫外-可见吸收光谱的影响比较大，可以用来辨别同分异构体，这是紫外-可见吸收光谱的一大特点。如：具有顺、反两种异构体的某化合物，当该化合物中生色团和助色团在同一平面式(反式异构体)，因为共轭效应最大化，所以吸收峰会向长波长方向位移；在化合物的顺式异构体中，位阻效应的存在降低了共轭程度，则吸收峰会向短波长方向位移，根据吸收峰的位移方向就可以辨别该化合物的顺反异构体。

具有π电子系统和共轭双键的有机化合物在紫外区有强烈的吸收，并且摩尔吸光系数高达 $10^4 \sim 10^5$ $L \cdot mol^{-1} \cdot cm^{-1}$，有很高的检测灵敏度，所以有机化合物的紫外-可见吸收光谱主要应用在定量分析上。如生物化学中蛋白质含量、DNA 纯度和酶活力等的紫外-可见吸收光谱测定法。

二、无机化合物的紫外-可见吸收光谱

无机化合物的紫外-可见吸收光谱主要有两类：一是电荷转移吸收光谱，波长范围在200～450nm；另一类是配位体场吸收光谱，波长范围在 300～500nm。

1. 电荷转移吸收光谱

电荷转移吸收光谱就是当外来电磁辐射照射到某些无机化合物（尤其是配合物时），在发生电子跃迁的同时，某些电子就会从电子给予体（配位体）的轨道上跃迁至电子接受体（中心离子）的相关轨道时产生的吸收光谱。电荷转移一般有异核转移（如蓝宝石中 Fe-Ti 间的转移）、同核转移（如普鲁士蓝中 Fe^{2+}-Fe^{3+}）、金属-配位体转移（如 Fe^{3+}-SCN^-）和配位体-配位体转移（如显示深蓝色的 S_3^-）。电荷转移吸收光谱所需要的能量和配位体的电子亲和力密切相关，电子亲和力越低，电子就越容易被激发，则所需的激发能量也就越低，产生的电荷转移吸收光谱的波长也就越长。

电荷转移吸收光谱具有光谱宽、吸收强度大的特点，其波长范围处于紫外区，其摩尔吸光系数一般大于 10000$L \cdot mol^{-1} \cdot cm^{-1}$，所以广泛用于无机化合物的定量分析。

2. 配位体场吸收光谱

配位体场的电子跃迁有 d-d 跃迁和 f-f 跃迁两种，元素周期表中第 4、5 周期的过渡金属元素分别具有 3d 和 4d 轨道，镧系和锕系元素分别具有 4f 和 5f 轨道。配位体存在时，过渡元素五个能级相等的 d 轨道、镧系和锕系元素七个能量相等的 f 轨道分别裂分成几组能量不等的 d 轨道和 f 轨道，当其低能级的 d 电子或 f 电子吸收辐射能后分别跃迁至高能级的 d 或 f 轨道，因为 d-d 跃迁或 f-f 跃迁必须在配位体的配位场作用下才能产生，所以产生的光谱叫做配位体场吸收光谱。

配位体场吸收光谱波长范围处于可见光区，且摩尔吸光系数较小在 10～100$L \cdot mol^{-1} \cdot cm^{-1}$范围之内，所以很少用于定量分析，但是常用于研究无机配合物的分子结构及其键合理论等方面。

三、朗伯-比尔定律

朗伯-比尔定律又叫做光吸收定律，是紫外-可见吸收光谱法定量分析的理论基础。在紫外-可见吸收光谱法中，吸收定律公式：

$$A = abc \tag{11-4}$$

式中，c 为吸光物质的浓度，单位为 $g \cdot L^{-1}$；b 为吸收层厚度，单位为 cm；吸光系数（absorption coefficient）a，其单位为 $L \cdot g^{-1} \cdot cm^{-1}$。

如果 c 的浓度单位为 $mol \cdot L^{-1}$，b 的单位为 cm，摩尔吸光系数（molar absorption coefficient）ε 代替了 a，其单位为 $L \cdot mol^{-1} \cdot cm^{-1}$。ε 值的大小取决于待测样品对某波长光的吸收能力强弱，ε 值越大则紫外-可见吸收光谱法测定的灵敏度就越高，ε 值大于 1000$L \cdot mol^{-1} \cdot cm^{-1}$就可以用于紫外-可见吸收光谱的测定。

$$A=\varepsilon bc \qquad (11\text{-}5)$$

朗伯-比尔定律是用单色光照射理想的稀溶液条件下推导出来的，所以经紫外-可见吸收光谱仪分光得到的单色光纯度和实际待测溶液必将影响朗伯-比尔定律的适用性。随着待测溶液浓度的增大，溶质分子间的间距缩小，溶质分子和溶剂分子间的相互作用增大，使其吸光度降低，不再适用于朗伯-比尔定律。

第二节　紫外-可见吸收光谱仪的结构

用于检测待测溶液对紫外光、可见光的吸收强度或其紫外-可见吸收光谱，并进行定性、定量和结构分析的仪器叫做紫外-可见吸收光谱仪。根据仪器结构，紫外-可见吸收光谱仪分为单波长单光束、单波长双光束、双波长双光束和多道紫外-可见吸收光谱仪。各类型紫外-可见吸收光谱仪的光路图如图 11-1 所示。

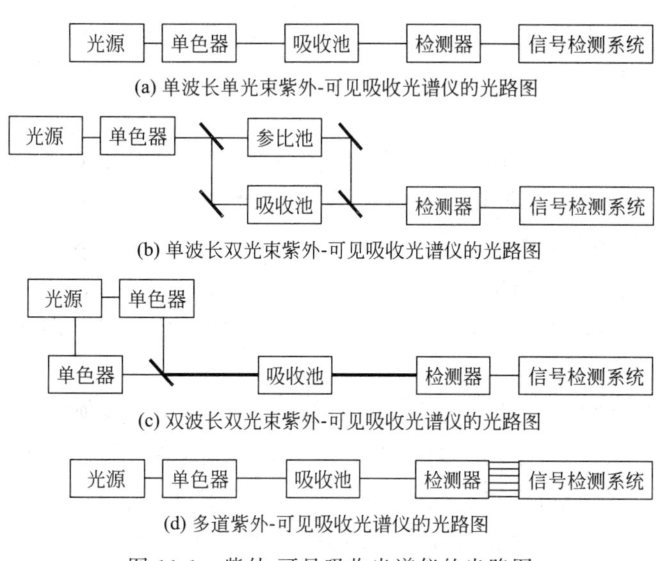

图 11-1　紫外-可见吸收光谱仪的光路图

单波长单光束紫外-可见吸收光谱仪［图 11-1(a)］：经过单色器的一束光依次通过参比溶液和试样溶液，并检测透过光的强度。这类光谱仪结构简单、价格容易被客户接受，主要适用于定量分析，尤其是固定波长的定量分析，而不适用于定性分析；不足之处是电源的波动对测定结果影响较大，所以对光源和检测器的稳定性要求较高。

单波长双光束紫外-可见吸收光谱仪［图 11-1(b)］：现在的光谱仪大都是双光束的，从单色器出来的光经分光器一分为二，分别通过参比溶液和样品溶液，经扇形棱镜反射后将两束透射光汇合在一起进入具有换能器的检测系统。因为光强相同的两束光分别同时通过参比溶液和样品溶液，可以消除光源强度变化造成的误差。双光束紫外-可见吸收光谱仪可以连续绘出吸收光谱图，并记录下各波长下的吸光度，所以能定性分析试样。

双波长双光束紫外-可见吸收光谱仪［图 11-1(c)］：两束同一光源发射出的光分别透过两个单色器，可以同时得到两个波长不同的单色光，它们交替通过同一样品溶液，再汇集到光电倍增管检测系统和信号检测系统。则得到的信号为两不同波长处的吸光度之差，当两波长间隔 1～2nm 并同时扫描时，所得信号为光谱的一阶导数，即吸光度对波长的变化曲线。

这类光谱仪既能测定浓度高的试样、多组分混合试样，也能检测一般光谱仪不能测定的浑浊试样。双波长双光束紫外-可见吸收光谱法测定相互干扰的混合试样时，操作方法较单波长法简单，精确度也高。两个波长的光通过同一吸收池，既可以消除吸收池参数不同、位置不同和参比溶液造成的误差，也可以减小光源电压波动产生的干扰，从而提高检测的准确度、灵敏度。

多道紫外-可见吸收光谱仪［图 11-1(d)］是在单波长单光束紫外-可见吸收光谱仪的基础上，改用多道光子检测器系统。这类光谱仪扫描快捷，可以在 1s 以内扫描整个光谱，这就便于化学反应过程的跟踪和快速反应的研究。和 HPLC 或 CEC 联合可以定性和定量分析分离后的试样。但是价格昂贵的这类光谱仪很难大范围使用。

由图 11-1 可知，紫外-可见吸收光谱仪的主要组成部分为：光源、单色器、吸收池、检测器和信号检测系统。

一、光源

光源是提供入射光的设备，在所需光谱区域内能够发射连续光谱；连续光谱应有足够的辐射强度及良好的稳定性；辐射强度随着波长的变化而基本不变；光源的使用寿命要长，且操作方便。

紫外-可见吸收光谱仪中常用的光源有热辐射光源和气体放电光源两类。前者用于可见光区，如钨灯、卤钨灯等，后者用于紫外光区，如氢灯和氘灯等。

钨灯和碘钨灯可使用的波长范围为 340～2500nm。这类光源的辐射能量与施加的外加电压有关，在可见光区，辐射的能量与工作电压的 4 次方成正比，光电流也与灯丝电压的 n 次方（$n>1$）成正比。因此，使用时必须严格控制灯丝电压，必要时须配备稳压装置，以保证光源的稳定。

氢灯和氘灯可使用的波长范围为 160～375nm，由于受石英窗吸收的限制，通常紫外光区波长的有效范围为 200～375nm。灯内氢气压力为 102Pa 时，用稳压电源供电，放电十分稳定，光强度且恒定。氘灯的灯管内充有氢同位素氘，其光谱分布与氢灯的类似，但光强度比同功率的氢灯大 3～5 倍，是紫外光区应用最广泛的一种光源。

二、单色器

单色器是能从光源的复合光中分出单色光的光学装置，其主要功能是产生光谱纯度高、色散率高和波长任意可调的紫外-可见单色光。单色器的性能直接影响入射光的单色性，从而也影响到测定的灵敏度、选择性及校准曲线的线性关系等。

单色器由入射狭缝、准光器（透镜或凹面反射镜使入射光变成平行光）、色散元件、聚焦元件和出射狭缝等几个部分组成。起分光作用的色散元件是其核心部分。狭缝宽度的大小也决定着单色器性能，狭缝宽度过大时，光谱带宽度太大，入射光单色性差；过小时，又会减弱光强，减小单色器的灵敏度。

能起分光作用的色散元件主要是棱镜和光栅。棱镜有玻璃和石英两种材料，是依据不同波长的光通过棱镜时有不同的折射率而将不同波长的光分开。由于玻璃会吸收紫外光，所以玻璃棱镜只适用于 350～3200nm 的可见和近红外光区波长范围；石英棱镜适用的波长范围较宽，为 185～4000nm，即可用于紫外、可见、红外三个光谱区域。光栅是利用光的衍射和干涉作用制成的，它可用于紫外-可见和近红外光谱区，虽然分出的各级光谱间的重叠会产生干扰，但是产生的匀排光谱具有检测波长范围宽、分辨率高，且光栅具有成本低、便于保存和易于制作等优点，所以是目前用得最多的色散元件。其不足之处是各级光谱间的重叠会产生干扰。

三、吸收池

在紫外-可见吸收光谱法中，检测试样一般为置于吸收池中的液体。吸收池又叫做比色皿或者液槽，是由相对两面透明材料、相对两面毛玻璃黏结制成的，用来盛放待测溶液的方形容器，其中待测溶液可以部分吸收顺利透过的入射光束。吸收池一般由玻璃和石英两种材料做成，玻璃吸收池只能用于可见光区，石英吸收池可用于紫外-可见光区。吸收池的光路径一般在 5～50mm 范围内，最常用的是光路径为 10mm 的吸收池。根据检测时所盛放的溶液不同又分为参比池和样品池。制备材料、光学性能等保持基本一致的参比池和样品池，在紫外-可见光区的分析测定中才能具有较高的精确度。

四、检测器

检测器是一种光电转换元件，用来检测透过溶液后的单色光强度，并把这种光信号转变为电信号的装置。紫外-可见吸收光谱仪的检测器应满足以下条件：灵敏度高、对辐射能量的响应快速、线性关系好、线性范围宽、对不同波长的辐射响应性能相同且可靠；稳定性良好和噪音水平低等。常用的检测器有光电池、光电管、光电倍增管和光电二极管阵列检测器。

常用的光电池主要是硒电池，其光区的灵敏度为 310～800nm，其中以 500～600nm 的灵敏度最高，其特点是不必经过放大，可直接推动微安表或检流计的光电流。因为光电池容易出现“疲劳效应”、寿命较短，只能用于低档的分光光度计中。

光电管在紫外-可见分光光度计上应用很广泛。它以一个弯成半圆柱且内表面涂上一层光敏材料的镍片作为阴极，而置于圆柱中心的一金属丝作为阳极，密封于高真空的玻璃或石英中构成的，当光照到阴极的光敏材料时，阴极发射出电子，被阳极收集而产生光电流。随阴极光敏材料不同，灵敏的波长范围也不同。可分为蓝敏和红敏两种光电管，前者是阴极表面上沉积锑和铯，可用于波长范围为 210～625nm，后者是阴极表面上沉积银和氧化铯，可用波长范围为 625～1000nm，与光电池比较，光电管具有灵敏度高、光敏范围宽、不易疲劳的优点。

光电倍增管实际上是一种加上多级倍增电极的光电管。其外壳由玻璃或石英制成，阴极表面涂上光敏物质，在阴极和阳极之间装有一系列次级电子发射极，即电子倍增极等。阴极和阳极之间加直流高压（约 1000V），当辐射光子撞击阴极时发射光电子，该电子被电场加速并撞击第一个电子倍增极，撞出更多的二次电子，如此不断进行，像“雪崩”一样，最后阳极收集到的电子数将是阴极发射电子的 10^5～10^6 倍。与光电管不同，光电倍增管的输出电流随外加电压的增加而增加，且极为敏感，这是因为每个倍增极获得的增益取决于加速电压。因此必须严格控制光电倍增管的外加电压。光电倍增光的暗电流越小，质量越好。光电倍增管灵敏度高、抗疲劳性好，可以配套使用狭缝较窄的单色器，从而能较好地分辨光谱的精细结构，是目前紫外-可见吸收光谱仪中应用最广的一种检测器。

二极管阵列检测器（diode array detector，DAD），又称为光电二极管矩阵检测器（photo-diode array detector，PDAD），是 20 世纪 80 年代出现的一种光学多通道检测器。在晶体硅上紧密排列一系列光电二极管，每一个二极管相当于一个单色器的出口狭缝，二极管越多分辨率越高，一般是一个二极管对应接受光谱上一个纳米谱带宽的单色光。二极管阵列检测器具有灵敏度高、噪音低和线性范围宽等优点，但是设备价格昂贵、其灵敏度也比常用的光电倍增管低一个数量级。光电二极管阵列检测器目前已在紫外-可见吸收光谱仪、液相色谱仪和毛细管电色谱仪中大量使用，在紫外-可见吸收光谱法中也是发展潜力最大的检测器之一。

五、信号检测系统

信号检测系统是用来记录或显示经检测器放大后的电信号。现在的紫外-可见吸收光谱仪中大都装有微型处理器，既可以记录、处理电信号，也可以在计算机上操作控制紫外-可见吸收光谱仪。

第三节 仪器分析方法

近年来，紫外-可见吸收光谱法已经得到广泛的应用，既可以用于纯粹化合物的鉴定和结构分析，也可以用于某化合物含量的检测。前面已经介绍了紫外-可见吸收光谱法在定性分析方面的应用，下面主要讨论紫外-可见吸收光谱法的定量分析方法。

一、单一组分的定量分析

利用紫外-可见吸收光谱法定量分析单一组分是比较简单的，无非是选用前文叙述的标准曲线法、标准加入法和半定量法等。紫外-可见吸收光谱法除了能够定量分析单一组分，根据化合物在紫外-可见区的吸光度加和性原理，还能直接定量分析不经分离的两种或两种以上具有吸光特性的混合物。

二、多组分的定量分析

根据吸收峰的相互干扰情况，混合物的紫外-可见吸收光谱图可以分为下面三种情况（图 11-2）。

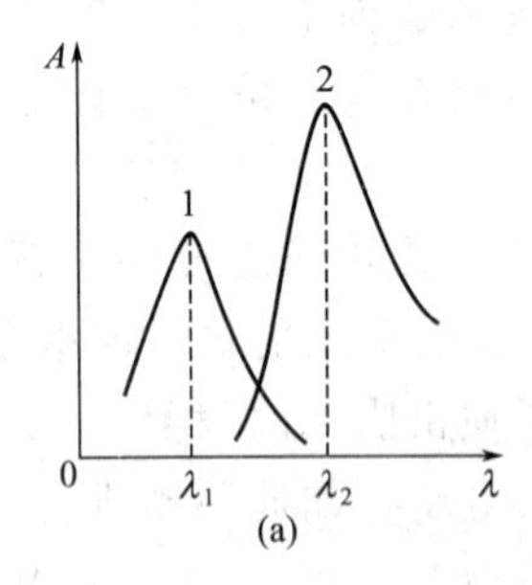

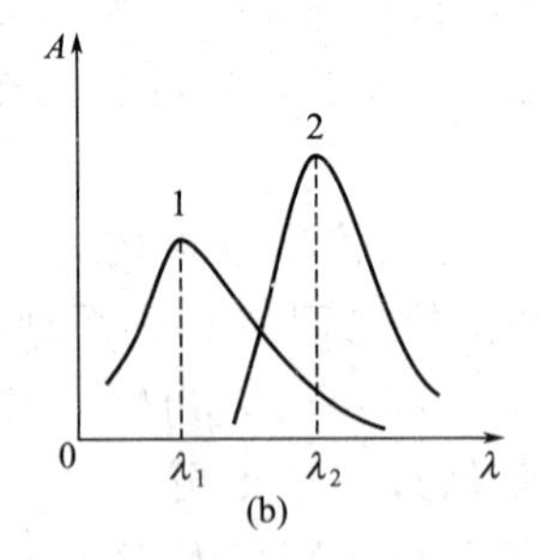

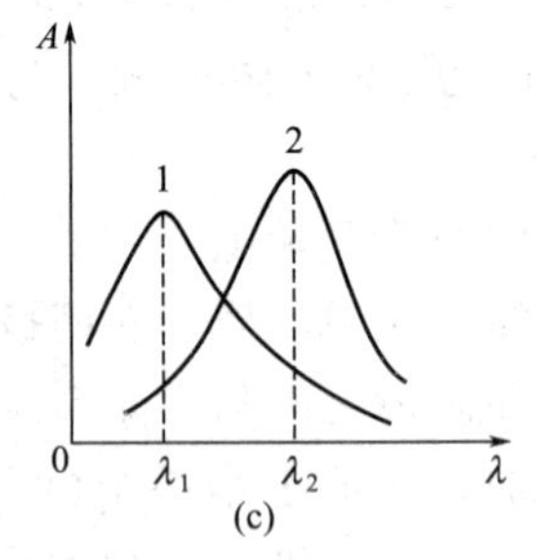

图 11-2 混合物的紫外-可见吸收光谱

1. 组分之间的吸收光谱不重叠

如图 11-2(a) 所示，混合物中组分 1 和组分 2 互不干扰各自的最大吸收峰，这时可以按单组分的定量分析方法分别在组分 1、2 的最大吸收波长 λ_1、λ_2 处测得二者的含量。

2. 组分之间的吸收光谱单向重叠

如图 11-2(b) 所示，在 λ_1 处检测组分 1 时，组分 2 不干扰；但是组分 1 会干扰在 λ_2 处对组分 2 测定，所以可以先在 λ_1 处测定组分 1 的吸光度 A_1：

$$A_1=\varepsilon_1 c_1 b \tag{11-6}$$

式中，ε_1 为组分 1 在 λ_1 处的摩尔吸光系数，可由组分 1 的标准溶液求得，所以由式(11-6)可以求得组分 1 的浓度。再在 λ_2 处测定组分 1、2 的总吸光度 A_2^{1+2}：

$$A_2^{1+2}=A_2^1+A_2^2=\varepsilon_2^1 c_1 b+\varepsilon_2^2 c_2 b \tag{11-7}$$

式中，ε_2^1、ε_2^2 分别为组分 1、2 在 λ_2 处的吸光系数，可由各自的标准溶液求得，从而可由式(11-7) 求出组分 2 的浓度。

3. 组分之间的吸收光谱双向重叠

如图 11-2(c) 所示，组分 1、2 的吸收光谱互相重叠，根据吸光度加和性原理，分别在 λ_1 和 λ_2 处测得总吸光度 A_1^{1+2}、A_2^{1+2}：

$$A_1^{1+2}=A_1^1+A_1^2=\varepsilon_1^1 c_1 b+\varepsilon_1^2 c_2 b \tag{11-8}$$

$$A_2^{1+2}=A_2^1+A_2^2=\varepsilon_2^1 c_1 b+\varepsilon_2^2 c_2 b \tag{11-9}$$

上述两式中，ε_1^1、ε_1^2、ε_2^1 和 ε_2^2 分别为组分 1、2 在 λ_1 和 λ_2 处的吸光系数，可分别由各自的标准溶液求得，通过方程组可以求得组分 1、2 的浓度 c_1、c_2。

如果有三个以上组分（n）的吸收光谱相互干扰，就必须在所有组分相对应的 n 个最大吸收波长处分别测定总吸光度值，然后解 n 元一次方程组求出各组分的浓度。组分数越多，实验结果的误差也就越大、准确度越差。现在对于多组分紫外-可见吸收光谱法的测定，多采用化学计量学方法获得较为准确的结果。

第四节　生物样品的前处理

紫外-可见吸收光谱法分析的通常是试样溶液。气体样品需要富集到相应溶液中，液体试样原液需要稀释到合适的浓度，固体试样需要溶解后稀释成待测溶液。无机样品需要用合适的酸溶解或碱熔融后稀释成浓度合适的溶液，有机样品需要用有机溶剂溶解、抽提或浓缩后配制成待测溶液。有的时候需要采用干法灰化、湿法消化和微波消解等方法处理待测原样，最后转化成能用紫外-可见吸收光谱法检测的溶液。

紫外-可见吸收光谱法所用的溶剂必须具有良好的溶解能力、较小的挥发性和毒性、不易燃和价格便宜等特点，另外在检测波长范围内的没有明显的紫外-可见吸收。表 11-2 中列出了紫外-可见吸收光谱法中常用的溶剂及其最低波长使用极限，以供选择溶剂时参考。

表 11-2　紫外-可见吸收光谱法中常用的溶剂及其最低波长使用极限

溶剂	最低波长极限 λ/nm	溶剂	最低波长极限 λ/nm
十二烷	200	1,4-二氧六环	225
十氢化萘	200	二氯甲烷	235
庚烷	210	1,1-二氯乙烷	235
环己烷	210	氯仿	245
水	210	四氯化碳	265
己烷	210	苯	280
乙醇	210	四氯乙烯	290
乙腈	210	二甲苯	295
乙醚	210	苯甲腈	300
异辛烷	210	吡啶	305
正丁醇	210	丙酮	330
甲醇	215	溴仿	335
异丙醇	215	硝基甲烷	380

思考题与习题

1. 名词解释

(1) $\sigma \rightarrow \sigma^*$、$n \rightarrow \sigma^*$、$n \rightarrow \pi^*$和$\pi \rightarrow \pi^*$;(2) 电荷迁移;(3) 吸收光谱;(4) 摩尔吸光系数;(5) 透光率;(6) 吸光度;(7) 生色团和助色团;(8) 红移和蓝移;(9) R带、K带、B带和E带。

2. 怎样获得紫外-可见吸收光谱?

3. 简述紫外-可见吸收光谱仪的主要组成。

4. 紫外-可见吸收光谱有哪几种主要光谱带系,它们分别具有什么特点?产生的原因是什么?

5. 为什么说紫外-可见吸收光谱基本上是分子中生色团和助色团的特性?

6. 在有机化合物的鉴定与结构分析上,紫外-可见吸收光谱能提供哪些信息?有什么应用?

7. 什么是电荷转移光谱?具有哪些类型?

8. 什么是配位体场吸收光谱?在结构分析中有什么应用?

第十二章　分子发光分析法

分子发光（molecular luminescence）就是某些物质分子受到某些能源激发而吸收一定波长的能量，电子从基态跃迁到激发态后再以光辐射的形式释放能量并从激发态回到基态时所产生的发光现象。根据光源、化学反应能、电能和生物体释放的能量等能源激发模式的不同，分子发光可以相应分为光致发光（photoluminescence，PL）、化学发光（chemiluminescence，CL）、电致发光（electroluminescence，EL）和生物发光（bioluminescence，BL）等。根据光辐射机理的不同光致发光分析法可以分为分子荧光（molecular fluorescence，MF）和分子磷光（molecular phosphorescence，MP）。分子发光分析法（molecular luminescence analysis，MLA）是在分子发光基础上建立起来的分析方法。分子发光分析法具有灵敏度高，比紫外-可见吸收光谱法的要高 2～3 个数量级；选择性好，根据物质吸光与否、吸光后能否发光和所发光波长的不同可轻易排除干扰物质；实验方法简单，操作方便；所需样品量小，并且标准曲线的动态线性范围宽；以及发光光谱、发光强度、发光寿命等各种发光特性对待测化合物体系的局部因素的敏感性。因此，分子发光分析法在生物学、医学、药学、光学分子传感器和环境科学等方面的应用具有很大的优越性。本章主要论述分子荧光分析法（molecular fluorescence analysis，MFA）、分子磷光分析法（molecular phosphorescence analysis，MPA）和化学发光分析法（chemiluminescence analysis，CLA）。

第一节　分子荧光分析法

分子荧光分析法（molecular fluorescence analysis，MFA）是根据物质分子的荧光光谱和荧光强度进行定性、定量检测的一种分析方法。

早在 16 世纪，人们就发现某些矿物或植物的提取液只有在光的照射下才能够发射出颜色和强度各不相同的光。之后有许多科学家多次观察到了荧光现象并作了描述。直到 1852 年，荧光现象的理论解释才取得了较大的进展，斯托克斯（Stokes）在研究奎宁和叶绿素的荧光时，发现其荧光的波长比入射光的稍长，才断定这种现象不是由光的漫射作用所引起的，而是这些物质在吸收光能后重新发射的不同波长的光，从而引入了荧光是发射光的理念，通过对荧光强度和物质浓度关系的研究于 1864 年提出了荧光可以作为分析方法来使用的结论（此为分子荧光定量分析的理论基础），斯托克斯还根据能发荧光的“萤石”矿而提出“荧光”这一沿用至今的学科术语。1867 年高贝勒斯莱德（Goppelsroder）利用铝-桑色素配合物发出的荧光和斯托克斯的研究结论分析了溶液中铝的含量。1880 年莱伯曼（Liebeman）认为物质发出的荧光和其化学结构密切相关（此为分子荧光定性分析的理论基础）。19 世纪末，已经发现了包括荧光素、多环芳烃在内的 600 余种荧光化合物。进入 20 世纪后，在光学理论、化学和材料等学科快速发展的影响下，共振荧光和增感荧光的相继发现使得荧光现象的研究越来越深入，第一台分子荧光分析仪也于 1928 年问世并在 1952 年实现了商品化。自此以后，分子荧光分析法和荧光仪得到了极大发展，如今已经成为一种重要、有效的分子光谱分析方法。

一、基本原理

1. 分子荧光的产生

大多数有机分子的电子在基态是自旋成对的，分子中的总自旋量子数 $S=0$。根据光谱的多重性定义 $M=2S+1$，当 $S=0$，$M=1$ 时，为基态的单重态，用 S_0 表示。当物质受外部能量激发时，电子的自旋方向和基态的电子依旧配对，即自旋方向保持不变，则激发态仍为单重态（singlet state），具有抗磁性，用 S_i 表示，则第一、第二电子激发单重态分别以 S_1、S_2 表示。如果在激发过程中电子的自旋方向发生改变，与基态时的自旋方向相反，和处于基态的电子呈平行状态，则 $S=(+1/2)+(+1/2)=1$，$M=2S+1=3$，这样的激发态为三重态（triplet state），具有顺磁性，以符号 T_i 表示。因为自旋平行状态电子的稳定性比自旋相反的好，所以三重态电子的能量低于单重态电子。处于激发单重态的电子稳定性稍差，能较快地通过辐射跃迁和无辐射跃迁释放能量而返回基态。辐射跃迁发射光子，产生分子荧光和分子磷光；无辐射跃迁则以振动弛豫（vibrational relaxation，VR）、内转化（internal conversion，IC）和体系间窜跃（intersystem crossing，ISC）等热的形式释放能量。如图 12-1 为分子内发生的各种光物理过程示意图。

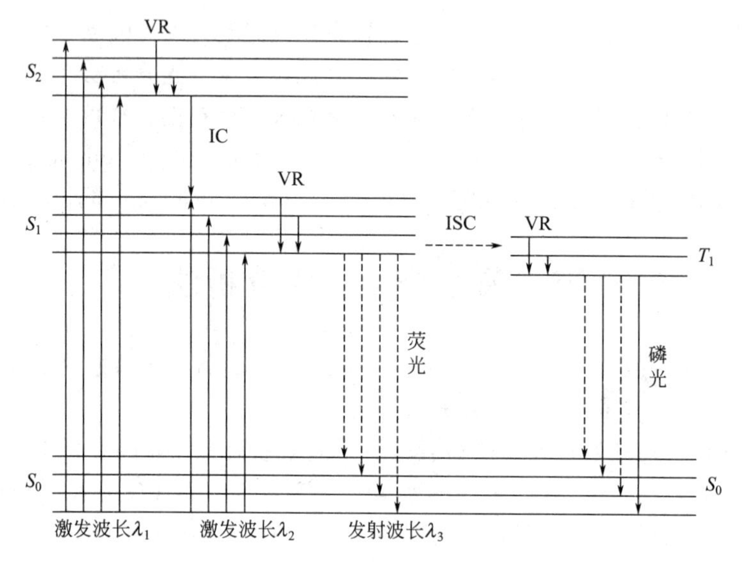

图 12-1 分子内的光物理过程

振动弛豫是在同一电子能级中，分子由较高振动能级向该电子态的最低振动能级的无辐射跃迁。振动弛豫的速率极大，在 $10^{-14}\sim10^{-12}$s 内即可完成。

内转化是相同多重态的两个电子态之间（如 $S_2\rightarrow S_1$，$S_1\rightarrow S_0$）的无辐射跃迁。内转化的速率很大程度上取决于相关能级之间的能量差。相邻激发单重态之间能级接近，其振动能级常发生重叠，内转化很快。故不论电子被激发到哪一个电子激发态，在 $10^{-13}\sim10^{-11}$s 内经内转化和振动弛豫都会跃迁到最低电子激发态的最低振动能级上，所以 $S_1\rightarrow S_0$ 的内转化速率相对要小得多，使得第一电子激发态有较长的寿命。处于第一电子激发单重态最低振动能级的分子，以辐射跃迁的形式返回基态各振动能级时，就产生了分子荧光。由于激发态中存在振动弛豫和内转化现象，使得荧光的光子能量比其分子受激发所吸收的光子能量低，所以荧光发射波长 λ_3 总比激发波长 λ_1 或 λ_2 要长。而且，不管电子被激发到哪个能级，都只发射波长为 λ_3 的荧光，并在 $10^{-9}\sim10^{-6}$s 内产生。

体系间窜跃指不同多重态的两个电子态间的无辐射跃迁。当分子的第一、第二电子处于激发三重态时，以 T_1、T_2 表示。激发单重态 S_1 的最低振动能级和三重态 T_1 的较高振动能级重叠，所以 $S_1 \rightarrow T_1$ 的体系间窜跃就有了发生的较大可能性。第一电子激发单重态的电子经体系间窜跃到达三重态后，快速振动弛豫至最低振动能级 $v=0$ 上。此时电子返回基态的途径有两种，一种是辐射跃迁发出分子磷光，另一种是体系间窜跃。因为改变电子自旋方向的跃迁属于禁阻跃迁，所以跃迁速率小得多，使得三重态有较长寿命，约为 10^{-3}～10s。

2. 荧光效率及其影响因素

(1) 荧光效率

化合物在吸附了紫外-可见光后，激发态电子是以辐射跃迁还是无辐射跃迁返回到基态，决定于化合物是否具有发射荧光的能力。常以荧光效率（或荧光量子产率）来描述辐射跃迁发生概率的大小。荧光效率为发射荧光的分子数目与激发态分子总数的比值，即：

$$\text{荧光效率}(\varphi_f)=\text{发射荧光分子数}/\text{激发态分子总数} \tag{12-1}$$

荧光效率越高，则发生辐射跃迁的概率就越大，物质发射的荧光强度也就越强，如果用各种跃迁的速率常数来表示，则：

$$\varphi_f = K_f/(K_f + \sum K_i) \tag{12-2}$$

式中，K_f 为荧光发射过程的速率常数；$\sum K_i$ 为无辐射跃迁的速率常数之和。一般而言，K_f 主要决定于化合物的分子结构。而 $\sum K_i$ 则主要取决于化合物所处的外界环境，同时也受到分子结构的影响。荧光效率在 0.1～1 之间的荧光化合物才具有分析应用价值。

(2) 荧光与分子结构的关系

化合物只有能够吸收紫外-可见光，才有可能发射荧光。所以能够发射荧光的化合物的分子中肯定含有强吸收官能团共轭双键，并且共轭体系越大，π 电子的离域能力越强，越易被激发而产生荧光。大部分能发荧光的物质至少含有一个芳环，随着共轭芳环的增大，荧光效率逐渐升高，荧光波长向长波长方向移动。如萘的荧光效率为 0.29，荧光波长为 310nm，而蒽的荧光效率和波长分别为 0.16 和 400nm。其次，分子的刚性平面结构有利于荧光的产生。如分子结构极其相似的酚酞和荧光黄，酚酞没有氧桥，分子不易保持刚性平面，不易产生荧光，而有氧桥的荧光黄在 0.1mol/L NaOH 溶液中的荧光效率高达 0.92，这是因为刚性平面结构减少了分子间振动碰撞去活的可能性。一些有机配位剂与金属离子形成螯合物后会增强荧光强度，这也可以归功于刚性结构存在。如 8-羟基喹啉的荧光较弱，而与 Mg^{2+} 形成的配合物则是强荧光化合物。取代基对化合物的荧光特征和强度也有很大的影响，$—OH$、$—NH_2$ 和 $—OR$ 等给电子取代基能增大共轭效应，从而使荧光增强；$—COOH$、$—NO$ 和 $—NO_2$ 等吸电子取代基可以使荧光减弱。如苯胺和苯酚的荧光强度比苯的大，而硝基苯则成了非荧光化合物。在卤素取代基中，随着卤族元素原子序数的增加，化合物的荧光强度会逐渐减弱，而磷光强度则逐渐增强，这种现象即为“重原子效应”。这是因为重原子中能级交叉现象严重，容易发生自旋轨道耦合作用，显著增加了 $S_1 \rightarrow T_1$ 的体系间窜跃概率。

(3) 外界环境因素对荧光的影响

同一种荧光化合物在不同的溶剂中可能具有不同的荧光性质。一般而言，激发态电子的极性比基态电子的大。增加溶剂的极性，会使激发态电子更加稳定，使化合物的荧光波长发生红移，能增大荧光强度。如苯、乙醇和水中奎宁的荧光效率分别为 1、30 和 1000。温度对化合物荧光强度的影响也比较明显。因为辐射跃迁的速率随温度的变化基本保持不变，而无辐射跃迁的速率则随温度的升高而显著增大。所以，升高温度会增加无辐射跃迁的发生概率，从而降低大多数荧光化合物的荧光效率。因为三重态电子的寿命比激发单重态的长，所以温度对分子磷光的影响比对分子荧光的大。pH 值仅对含有酸性或碱性取代基芳香族化合物的荧光性质有较大的影响。共轭酸碱两种型体因为具有不同的电子云排布，所以具有不同的荧光性质，分别具有各自特有的荧光效率和荧光波长。溶液中的表面活性剂能使荧光物质处于更加有序的胶束微环境中，保护了处于激发单重态的荧光化合物分子，从而减小了发生无辐射跃迁的概率、提高了荧光效率。顺磁性化合物如 O_2 能够加大 $S_1 \rightarrow T_1$ 的体系间窜跃速率，所以溶液中溶解氧会降低荧光效率。

3. 荧光强度和溶液浓度的关系

由荧光效率定义可知，荧光强度 I_f 为荧光化合物所吸收的辐射强度 I_a 和荧光效率 φ_f 的积：

$$I_f=\varphi_f \cdot I_a=\varphi_f \cdot (I_0-I) \tag{12-3}$$

式中，I_0 为入射光强度；I 是出射光强度。根据朗伯-比尔定律 $I/I_0=10^{-A}$，A 为溶液的吸光度值。则上式可转化为：

$$I_f=\varphi_f \cdot I_a=\varphi_f \cdot I_0(1-10^{-A}) \tag{12-4}$$

当 $A<0.05$ 时，化合物的荧光强度和荧光效率、激发光强度；摩尔吸收系数、溶液的浓度成正比。式(12-4) 展开后可近似成下式：

$$I_f=\varphi_f \cdot I_a=2.303\varphi_f A I_0 \tag{12-5}$$

如果 I_0 保持不变，荧光强度只和溶液浓度线性相关：

$$I_f=Kc \tag{12-6}$$

式中，$K=2.303\varphi_f I_0 A/c=2.303\varphi_f I_0 \varepsilon b$，摩尔吸光系数 ε 和待测溶液的厚度 b 均为常数；c 为待测溶液的浓度。式(12-6) 为分子荧光定量分析的基本依据，如果以荧光强度对荧光化合物作图，在浓度低时呈现良好的线性关系；当荧光化合物的溶液浓度较高时，荧光强度和浓度之间的线性关系将发生偏离，甚至会随溶液浓度的增大而降低。除式(12-4) 中的高次项影响外，荧光猝灭效应的存在也是导致标准工作曲线弯曲的重要原因。

荧光猝灭效应指荧光化合物分子之间或者与溶剂分子发生致使荧光强度下降的物理或化学反应的过程。能与荧光化合物分子发生作用而使荧光强度下降的物质称为荧光猝灭剂。上文中具顺磁性的氧分子和能产生重原子效应的溴、碘取代物等都是荧光猝灭剂。荧光化合物自身导致荧光强度减弱的现象称为荧光自猝灭效应，常见的有两种：一种是自吸收现象，即荧光化合物发出的荧光被溶液中荧光化合物的基态电子吸收；另一种是因为激发态电子间的碰撞增大了无辐射跃迁的概率，从而降低了荧光效率。显然，无论哪一种猝灭效应都会随着荧光化合物浓度的升高而增强荧光猝灭效应，使得标准工作曲线弯向浓度轴，即降低其荧光强度。

4. 荧光光谱

因为荧光化合物分子结构的特殊性，任何能发射荧光或磷光的化合物都具有两个特征光谱：激发光谱和发射光谱。根据荧光光谱检测方式和表达方式的不同，荧光光谱还可以分为同步荧光光谱、三维荧光光谱和时间分辨荧光光谱。

(1) 荧光的激发光谱和发射光谱

以不同波长的入射光激发荧光化合物，并在荧光强度最大的波长处检测荧光强度，以激发波长为横坐标、荧光强度为纵坐标绘制关系曲线图，即可得到荧光激发光谱，激发光谱实质上就是荧光化合物的吸收光谱。如果固定入射激发光的波长和强度不变，检测荧光化合物不同波长下的荧光强度，绘制出荧光强度随波长变化的关系曲线图即为荧光发射光谱，简称为荧光光谱。荧光的激发光谱和发射光谱是检测荧光时选择最佳激发波长或发射波长的依据，也可用于荧光化合物的定性鉴定。

（2）同步荧光光谱

因为荧光化合物同时具有激发光谱和发射光谱，所以采用同步扫描技术（即两个单色器同时运行）所得到的谱图称为同步荧光光谱。同步扫描的方式有波长差固定、能量差固定和可变波长同步扫描三种。

波长差固定同步扫描法就是在同时扫描过程中，使激发波长和发射波长间的波长差保持不变，即 $\Delta\lambda=\lambda_{em}-\lambda_{ex}$＝恒定值。波长差同步荧光光谱并非荧光化合物的激发光谱和荧光光谱的简单叠加，只有同时扫描到激发光谱和发射光谱的波长重叠处，才同时产生光信号。在波长差固定同步扫描法中 $\Delta\lambda$ 的不同直接影响同步荧光光谱的形状、光谱宽度和光谱信号强度，通过不同 $\Delta\lambda$ 的选择可以用来分析荧光混合物。如酪氨酸和色氨酸具有极其相似的荧光激发光谱，使得发射光谱严重重叠，当 $\Delta\lambda<15$nm 时，同步荧光光谱只能显示出酪氨酸的光谱特征；而 $\Delta\lambda>60$nm 时，则只显示色氨酸的光谱特征，从而可分别检测。

能量差固定同步扫描法是在同步扫描过程中，使激发波长和发射波长间的波数差保持不变，即 $\Delta\sigma=(1/\lambda_{em}-1/\lambda_{ex})$＝恒定值。

可变波长同步扫描法就是两个单色器分别同时以不同速率进行扫描，即激发波长和发射波长间的波长是变化的。

虽然同步荧光光谱会因为化合物光谱带的损失而减少了光谱信息提供量，但是较窄、简单的同步荧光光谱即能减小谱图重叠现象，也可以减弱散色光的影响，从而提高了选择性分析的灵敏度。

（3）三维荧光光谱

20 世纪 80 年代以来，随着计算机的广泛应用和快速发展，出现了以荧光强度、激发光谱和发射光谱为坐标的三维荧光光谱（又叫做总发光光谱）。三维荧光光谱有三维曲线光谱图和等高线光谱图两种图形表示方式。三维荧光光谱作为一种指纹鉴定技术提供了非常全面的荧光光谱信息，从光谱图上可以清晰地看到荧光强度随激发波长和发射波长变化的变化趋势。

（4）时间分辨荧光光谱

时间分辨荧光光谱是一种根据不同荧光化合物具有不同的寿命衰减速率、利用延迟时间设备、采用发射单色器检测而获得时间分辨发射光谱的一种测量技术。时间分辨荧光光谱不但可以辨别、检测光谱重叠但发光时间不同的组分，还能利用不同荧光化合物形成速率的不同分别选择性测定，钍-桑色素-三正辛基膦化氧-十二烷基磺酸钠（Th-Morin-TOPO-SLS）体系中，干扰元素锆和铝形成荧光配合物比较慢，在 12s 内测定钍可以不考虑锆和铝的影响。

二、分子荧光分析仪

常用的分子荧光分析仪的组成和紫外-可见吸收光谱仪的类似，都是由光源、单色器、液槽和检测器等组成。与紫外-可见吸收光谱仪的不同之处在于：一是为消除透射光的影响，分子荧光分析仪采用垂直测量方式，即在与激发光垂直的方向检测荧光；二是分子荧光分析仪有两个单色器，为了获得单色性较好激发光而置于液槽前的激发单色器，以及为了得到某一特定波长荧光、消除其他杂散光干扰而置于液槽和检测器之间的发射检测器。

1. 光源

荧光分析仪的光源应满足强度大、使用波长范围宽的要求。荧光计中常用卤钨灯作为光源；在分子荧光分析仪中常用的有高压汞灯和氙灯。高压汞灯是利用汞蒸气放电发光的光源，常用的分子荧光分析谱线有 365nm、405nm 和 436nm 三条，其中 365nm 波长处的谱线最强，其光谱略呈带状、平均寿命在2500h 左右；氙灯是一种短弧气体放电灯，其在分子荧光分析仪中的应用最广泛，工作时，在相距约 8mm 的钨电极间形成一强电子流，氙原子经电子流撞击后解离为正离子，氙正离子和电子复合而发光，其光谱在 200～800nm 范围内呈连续光谱，在 200～400nm 波段内的光谱强度几乎不变。另外可调谐染料激发器作为一种新型荧光激发光源显示出巨大的潜力和优势。

2. 单色器

荧光计的单色器是滤光片，所以只能用于定量分析，而不能获得光谱。由前文可知，采用两个单色器的分子荧光分析仪既可以获得激发光谱，也可以获得荧光光谱。

3. 液槽

液槽即为荧光比色皿，一般采用低荧光材料石英制成，形状以方形和长方形为宜。作用同紫外-可见吸收光谱仪的吸收池，不同之处在于荧光比色皿是四透光的（这是因为分子荧光分析仪有两个垂直的、作用不同的单色器）。

4. 检测器

因为荧光的强度一般较弱，所以要求检测器需要具有较高的灵敏度。又因为有两个不同作用的单色器，所以需配置两个检测器。荧光计采用光电管作为检测器；分子荧光分析仪采用光电倍增管为检测器。荧光强度和激发光强度线性相关，现代电子技术又可以检测微弱的光信号，故可以通过提高激发光强度来增大荧光强度，从而能提高分子荧光分析仪的检测灵敏度。因为紫外-可见吸收光谱仪检测的是待测化合物的吸光度，不管是增大入射光强度、还是提高检测器的灵敏度，都会以相同的比例增大透过的光信号和入射光信号，吸光度值也不会增加，所以不能提高其灵敏度。

三、分子荧光分析法的应用

1. 无机化合物的分析

大多数无机离子和溶剂分子间的相互作用很强，其激发态大都以无辐射跃迁形式返回基态，能发出荧光的很少。但是很多无机离子与某些有机化合物作用可以形成能发射荧光的配合物，利用这一性质通过配合物荧光强度的测定间接检测无机离子。当前能用荧光分析的元素近 70 种，其中经常使用荧光分析法检测的元素有铍、铝、硼、镓、硒、镁、锌、镉和某些稀土元素等。

和金属离子能形成荧光配合物的有机试剂绝大部分是芳香族化合物。它们通常含有两个或两个以上的官能团，与金属离子能形成五元环或六元环的螯合物。因为形成的螯合物增大了有机化合物的刚性平面结构，所以使原来不发荧光或荧光较弱的化合物转变为强荧光化合物。如桑色素在碱性溶液中与 Be^{2+} 形成发射黄绿色荧光的配合物；安息香在碱性溶液中和硼酸盐形成发射蓝色荧光的配合物，而与 Zn^{2+} 形成发射绿色荧光的配合物等。

分子荧光分析法中常用的另一类配合物是三元离子缔合物。如金、镓、铊等阳离子和卤族离子先形成二元络合阴离子，再与阳离子荧光染料罗丹明 B 缔合成荧光化合物；银离子先与邻菲罗啉形成二元络合阳离子，再与阴离子荧光染料曙红缔合使其产生荧光猝灭，根据荧光强度降低的程度间接分析银离子。另外 F^-、S^{2-}、Fe^{3+}、Co^{2+}、Ni^{2+} 和 Cu^{2+} 等元素离子也可以采用荧光猝灭法间接测定。

2. 有机化合物的分析

饱和脂肪族化合物的分子结构比较简单，本身能发射荧光的很少，大部分需要和某些试剂反应后才可以采用荧光分析法检测。如丙三醇和苯胺在浓硫酸存在时反应生成能发射蓝色荧光的喹啉，通过喹啉的检测可以间接测定丙三醇的含量。

大多数具有不饱和共轭体系的芳香族化合物能发射荧光，可以直接采用分子荧光分析法检测。如微碱性条件下，可以检测蒽和对氨基萘磺酸等。对于具有致癌活性的稠环芳烃，分子荧光分析法已经成为主要的检测方法。为了提高检测的灵敏度，有时也将芳香族化合物和某些试剂反应后再检测。如水杨酸和铽形成配合物后，即增强了荧光强度，也提高了检测灵敏度；糖尿病中的重要化合物阿脲（四氧嘧啶）和苯二胺反应后，极大地增强了荧光强度，可以检测到血液中极微量的阿脲。

在生物化学分析、生理医学研究、临床检验和药物分析等领域中，如维生素、氨基酸、蛋白质、胺类、甾族化合物、酶和辅酶等许多重要的分析对象，都可以用分子荧光分析法检测。因为其具有较高的灵敏度，还用来研究生理过程中生物活性物质之间的相互作用、生物化学物质的变化和反应动力学过程。

第二节　分子磷光分析法

分子磷光分析法（molecular phosphorescence analysis，MPA）是以分子磷光光谱来鉴别、定量分析有机化合物的一种方法。

早在 15 世纪，人们就发现主要成分为硫酸钡的重晶石（Barite）在强烈太阳光的照射下能发射出某种波长的光，后来才知道这种光属于分子磷光。直到 1944 年刘易斯（Lewis）提出分子磷光用于分析检测领域的可能性，1957 年吉尔斯（Keirs）把分子磷光用于磷光化合物的定量分析和多组分混合物的分析检测，到 1963 年分子磷光分析法已经广泛应用于血液和尿液等生物体液中痕量药物及农药残留分析。但是 1975 年以前的分子磷光分析方面的工作都是在低温条件下进行的，后来随着科学技术的快速发展相继出现了胶束增稳、固体表面和敏化等室温分子磷光分析法。从而使得分子磷光分析法在生物制药、药物分析和临床分析等领域的应用日益发展，并与分子荧光分析法相互补充，在有机化合物的定量分析中发挥出越来越重要的作用。

一、基本原理

1. 分子磷光的产生和磷光强度

由前文可知，分子磷光是处于激发三重态的电子跃迁返回到基态时以光辐射形式释放出的能量。因为分子的第一电子激发三重态（T_1）的能量比第一电子激发单重态（S_1）的低，分子的磷光的波长比分子荧光的长。$T_1 \rightarrow S_0$ 的电子跃迁属于自禁阻跃迁，跃迁速率小，就增加了三重态的稳定性，所以分子磷光的寿命比分子荧光的长。当激发光停止后，荧光马上消失，而磷光则可以持续一段时间（$10^{-4} \sim 10$s）。寿命较长的三重态增加了激发态电子在

$T_1 \rightarrow S_0$ 体系间窜跃、发生无辐射跃迁的概率。因为磷光化合物在室温溶液中产生的磷光强度一般都比较小，当磷光化合物浓度很小时，磷光强度 I_p 与磷光化合物浓度 c 之间的关系如下：

$$I_p = 2.303\varphi_p I_0 \varepsilon bc \tag{12-7}$$

式中，φ_p 为磷光效率；I_0 为激发光强度；ε 为磷光化合物的摩尔吸光系数；b 为待测溶液的光程。在一定条件下，φ_p、I_0、ε 和 b 都为恒定值，上式可写成：

$$I_p = Kc \tag{12-8}$$

式(12-8) 表明磷光强度和磷光化合物的溶液浓度线性相关，是定量分析磷光化合物的理论依据。

2. 温度对磷光强度的影响

溶液中磷光化合物的磷光强度和温度有着密切的关系。室温条件下，溶剂分子的热运动比较剧烈，处于激发三重态的磷光化合物分子都和溶剂分子碰撞而失活，很难产生分子磷光。随着溶液温度的降低，溶剂分子的热运动速率逐渐变缓，能发射分子磷光的激发三重态磷光化合物分子就会增多，从而增强分子磷光强度。当溶液在液氮中（－195.6℃）冷冻至玻璃状时某些化合物可以产生很强的分子磷光，低温分子磷光分析就是基于这一原理建立起来的。低温分子磷光分析法检测吲哚、色氨酸和利血平等磷光化合物的灵敏度比分子荧光分析法的要高。

3. 重原子效应

在磷光化合物中引入重原子取代基或者使用含有重原子的化合物（如碘乙烷、溴乙烷等）作为溶剂都可以增大磷光化合物的磷光强度，这种效应为重原子效应。前面一种为内部重原子效应，后面一种为外部重原子效应。重原子效应的作用机理：重原子（Br、I 等）的高核电荷使得磷光化合物分子的电子能级参差交错，这就容易引起或者增强磷光化合物分子的自旋轨道偶合作用，从而增加 $S_1 \rightarrow T_1$ 体系间窜跃的概率，有利于分子磷光效率的增大。利用重原子效应来提高分子磷光分析法的灵敏度是一个简单而有效的方法。除重原子溶剂外，碘化物、银盐、二价铅盐和铊盐等的应用也比较多。

4. 室温磷光

一般来说，室温磷光化合物发射出的分子磷光的强度太弱，不能用于磷光化合物的分析检测。如果向溶液中加入适量的表面活性剂，就会在溶液中形成表面活性剂胶束，进而改变磷光化合物的微环境、增强其定向约束力，从而减少了磷光化合物分子和溶剂分子的碰撞几率，增加了磷光化合物分子在激发三重态的稳定性，最终使其磷光强度显著增大，称为胶束增稳室温磷光。当某些固体的表面吸附磷光化合物时，就会增加磷光化合物分子的刚性，大大减小了激发三重态磷光化合物分子的去活化概率，在室温就可以产生较强的分子磷光，据此产生了固体表面室温磷光分析法。

二、分子磷光分析仪

分子磷光分析仪的组成和分子荧光分析仪相似，也是由光源、激发单色器、液槽、发射单色器、检测系统等组成。因为分子磷光产生原理和分析原理上的特殊性，分子磷光分析仪还有些专用部件。

1. 试样室

因为低温磷光分析法一般是在液氮中进行，所以盛放待测样品溶液的液槽需要放在装有液氮的杜瓦瓶等专用试样室内。固体表面室温磷光分析法也需要特制的试样室。

2. 磷光镜

有些化合物既能产生分子荧光，也能同时产生分子磷光。为了排除分子荧光的干扰，检测到分子磷光。通常使用一种叫做磷光镜的机械斩光装置，根据分子荧光和分子磷光的寿命长短来消除分子荧光的干扰。现代的分子磷光分析仪大都采用脉冲光源和自动控制检测技术相结合的时间分辨技术达到消除分子荧光干扰的目的。

三、分子磷光分析法的应用

分子磷光分析法在生物制药、药物分析、临床分析和环境分析等领域的应用比较广泛，和分子荧光分析法相互补充，已经成为痕量有机化合物分析检测的重要手段之一。

低温分子磷光分析法已经应用于萘、蒽、菲、芘、苯并芘等多环芳烃和含氮、硫和氧的杂环化合物的检测，还用于阿司匹林、可卡因、磺胺嘧啶、维生素 K、维生素 B_6 和维生素 E 等许多药物的分析。固体表面室温分子磷光分析法也可以用来检测多环芳烃和杂环化合物，并具有快速、灵敏的优点；胶束增稳室温分子磷光分析法也可用于萘、芘和联苯等化合物的分析。

第三节　化学发光分析法

化学发光（chemiluminescence，CL）又称为冷光（cold light），指在没有任何光、热或电场等外来激发能量的情况下，由化学反应过程中所提供的化学能产生光辐射的现象。发生于生命体系的化学发光称为生物发光（bioluminescence，BL）。化学发光分析法（chemiluminescence analysis，CLA）就是利用化学反应产生的发光现象对化合物进行分析的方法。人们在 19 世纪中期就已经熟知化学发光现象，但是直到 20 世纪中期才应用于分析化学领域。1970 年前后，化学发光分析法用来监测空气污染物的含量。此后液相化学发光分析法得到了快速的发展。化学发光分析法具有如下特点：较高的灵敏度，如荧光素酶和腺苷三磷酸（ATP）的化学发光反应可用来检测低至 2×10^{-17}mol/L 的 ATP，鲁米诺化学发光体系对 Cr^{3+} 和 Co^{2+} 等离子的检出限也低至 10^{-12}g/mL；较宽的线性范围，一般有 5～6 个数量级；简单的仪器装置，化学发光分析仪没有激发光源，所以不存在杂散光和散射光等引起的干扰背景，并且检测的是整个光谱范围内的发光总量，所以也不需要单色器；快速的分析速度，流动注射化学发光分析仪每小时可分析测定 100 多个样品。所以化学发光分析法作为一种不可或缺的痕量分析手段已经广泛地应用于生物医学分析、痕量元素分析和环境监测等领域。

一、基本原理

1. 化学发光反应的产生条件

由前文可知化学发光的激发能由化学反应提供，在反应过程中某反应产物分子被化学能激发使电子跃迁至激发态，当它们从激发态跃迁返回基态时以光辐射形式释放出能量。这一过程可表示为：

$$A+B \rightarrow C^{*}+D \qquad C^{*} \rightarrow C+h\nu$$

能够产生化学发光的反应必须满足以下三个条件：一是能快速地释放出足够的能量，根据 $\Delta E=h\nu$ 可知，如果要在可见光区观察到化学发光，需要 170～300kJ/mol 的激发能，一些氧化还原反应（尤其是具有过氧化物中间产物的氧化反应）可满足这一要求；二是反应途径有利于形成激发态产物；三是处于激发态的电子能以辐射跃迁的方式返回基态，或能够将其能量转移给能产生辐射跃迁的其他分子。

2. 化学发光效率和发光强度

化学发光效率即为能发光的化合物分子数占参加反应总分子数的百分数，以 φ_{CL} 表示，则有：

$$\varphi_{CL}=\text{发光的分子数}/\text{参加反应的总分子数}=\varphi_r\cdot\varphi_f \tag{12-9}$$

由上式可知 φ_{CL} 为生成激发态分子的化学效率 φ_r 和激发态分子的发光效率 φ_f 的乘积，φ_r=激发态分子/参加反应的分子数，φ_f=发光的分子数/激发态总分子数。

化学效率 φ_r 主要决定于化学反应自身的性质；而发光效率 φ_f 的影响因素和荧光效率的相同，即取决于发光化合物本身的性质和分子结构，也会受外界环境的影响。

生物体系中化学发光的效率最高，而非生物体系的化学发光效率最高仅达 0.01。化学发光效率最高的鲁米诺反应体系的发光效率仅为 0.01～0.5。化学发光强度 I_{CL} 和反应速率 $\frac{dc}{dt}$ 有如下关系：

$$I_{CL}(t)=\varphi_{CL}\cdot\left(\frac{dc}{dt}\right) \tag{12-10}$$

因为化学发光的强度随着反应时间的延长和反应原料的消耗而逐渐减小，如果是一级动力学反应，则 t 时刻的 $I_{CL}(t)$ 和该时刻待测化合物浓度 c 成正比关系，即化学发光峰值的强度和分析物浓度线性相关。在化学发光分析法中，常用发光总强度来进行定量分析。积分式(12-10) 可得：

$$\int I_{CL}\,dt=\varphi_{CL}\cdot\int(dc/dt)\,dt=\varphi_{CL}\cdot c \tag{12-11}$$

由上式可知，化学发光总强度和分析物浓度成正比，所以可以根据已知时间内的发光总强度来定量分析产生化学发光的化合物。

3. 化学发光反应的类型

(1) 液相化学发光

在碱性溶液中鲁米诺易被过氧化氢或碘单质等氧化剂氧化，产生最大波长为 425nm 的发射可见光。此外，光泽精、没食子酸和洛粉碱等也能被氧化，从而产生液相化学发光。

(2) 气相化学发光

在气相中 O_3 能氧化 NO、乙烯等产生化学发光；O 原子也能氧化 SO_2、NO 和 CO 等产生化学发光。如：

$NO+O_3\rightarrow NO_2^*+O_2$　　$NO_2^*\rightarrow NO_2+h\nu$　　($\lambda_{max}\geqslant600nm$)

$CO+O\rightarrow CO_2^*$　　$CO_2^*\rightarrow CO_2+h\nu$　　($300nm\leqslant\lambda_{max}\leqslant500nm$)

二、化学发光分析仪

1. 分立式化学发光分析仪

分立式化学发光分析仪是一种静态下检测液相化学发光信号的装置，基本结构如图所示。先把试样分别加入贮液容器中，再开启旋塞使溶液进入反应池混合，同时发生化学发光反应。发射出的光信号经光电倍增管检测并放大后记录。分立式仪器具有操作简单、灵敏度高的特点，还可用来研究化学反应动力学。但因为是手动进样，所以实验具有重复性差、检测精密度低和分析效率低等缺点。

2. 流动注射式化学发光分析仪

流动注射式化学发光分析仪是一种自动进样的溶液分析技术，经蠕动泵把一定体积的试样溶液泵入一个连续流动的液体载流中，试样在流动中均匀分散、即时反应并产生化学发光，组成部分为蠕动泵、进样阀、反应盘管和化学发光检测器等。蠕动泵用来推动液体载流在一较小内径管道内连续稳定地流动。进样阀以高重现性注射一定体积的试液于液体载流中，在流动过程中，试液逐渐均匀分散并与载流中的试剂反应产生化学发光。化学发光检测器中的光电倍增管检测到化学发光信号，经转换为电信号经放大后记录下来。

因为流动注射式化学发光分析仪检测到的光信号仅是整个发光动力学曲线的一部分，所以只有根据反应速率调整进样阀和检测器之间的管道长度或流速、控制留存时间，以便恰好检测到发光信号的峰值，从而得到仪器和方法的最大灵敏度。

三、化学发光分析法的应用

根据液相化学发光分析法中鲁米诺-双氧水化学发光体系能被多种过渡金属离子催化的性质，建立了 Ag^{+}、Au^{3+}、Co^{2+}、Cr^{3+}、Cu^{2+}、Fe^{2+}、Fe^{3+} 和 Ni^{2+} 等金属离子的化学发光分析法，它们的检出限均低于 0.01μg/mL，其中 Co^{2+} 和 Cr^{3+} 的检出限更是低于 10^{-12} g/mL。另外，利用 Hg^{2+}、Ce（Ⅳ）等金属离子和 CN^{-}、S^{2-} 等非金属离子对鲁米诺-双氧水化学发光体系的抑制作用可以检测这些离子。鲁米诺-双氧水化学发光体系也可以检测甘氨酸、铁蛋白、血红蛋白和肌红蛋白等生物化学物质，尤其是与酶反应结合后，可用于分析葡萄糖、乳酸和氨基酸等。如葡萄糖的检测：

$$\text{葡萄糖}\xrightarrow{\text{葡萄糖氧萄糖}}\text{葡萄糖酸}+H_2O_2\text{，}H_2O_2+\text{鲁米诺}\xrightarrow{Fe(CN)_6^{-3}}h\nu$$

气相化学发光分析法也已经广泛地应用于大气中 O_3、NO、NO_2、H_2S、SO_2 和 CO 等组分的分析检测，目前已有各种专用的分析仪器。

思考题与习题

1. 名词解释：(1) 振动弛豫；(2) 内转化；(3) 体系间窜跃；(4) 荧光激发光谱；(5) 荧光发射光谱；(6) 重原子效应；(7) 猝灭效应。

2. 简述影响荧光效率的主要因素。

3. 从原理和仪器组成两方面比较紫外吸收光谱法和荧光分析法，并说明荧光分析法的检出性优于紫外吸收光谱法的原因。

4. 从原理和仪器组成两方面比较分子荧光分析法、分子磷光分析法和化学发光分析法。

5. 区别分子荧光和分子磷光的理论基础是什么？

6. 在室温下采取哪些措施能使磷光物质产生较大的磷光效率？

7. 化学发光反应要满足哪些条件？

8. 简述流动注射式化学发光分析法及其特点。

第十三章　核磁共振波谱法

核磁共振（nuclear magnetic resonance，NMR）是指磁矩不为零的原子核，在外加磁场的作用下，核自旋能级发生裂分，共振吸收某一特定频率的射频辐射的物理现象。1946年斯坦福大学的布洛赫（Bloch）和哈佛大学的珀塞尔（Purcell）分别在各自的实验室独立地观察到核磁共振现象，由此他们二人共同荣获了1952年的诺贝尔物理学奖。1948年核磁弛豫理论的建立以及1950年化学位移和偶合现象的发现，奠定了NMR在化学领域应用的基础。20世纪60年代，计算机技术的发展使脉冲-傅里叶变换核磁共振方法和谱仪得以实现和推广，引起了该领域的革命性进步。目前NMR技术已经广泛应用于物理学、化学、生物学、医学、药学等领域。

第一节　核磁共振的基本原理

一、核磁共振的产生

1. 原子核的自旋

原子核是由质子和中子组成，具有相应的质量数和电荷数，有些原子核围绕着某个轴自身做旋转运动，这种自身旋转称为自旋运动。自旋的原子核在沿着自旋轴方向存在一个核磁矩 μ 和角动量 P，它们之间的关系为：

$$\mu=\gamma P \tag{13-1}$$

式中，γ 为磁旋比，是原子核的特性常数；核自旋的角动量 P 是量子化的，与自旋量子数 I 有关，可表达为：

$$P=\frac{h}{2\pi}\sqrt{I(I+1)} \tag{13-2}$$

式中，h 是普朗克常量；I 是原子核的自旋量子数，与核所含的质子和中子数有关。

核自旋量子数 I 可取整数或半整数，即0、1/2、1、3/2、…。核的自旋情况可分为下列三种情形。

（1）中子数和质子数均为偶数的原子核，其 $I=0$，则无自旋现象，核磁矩也为零，此类原子核无核磁共振吸收。如 ^{12}C、^{16}O、^{32}S 等。

（2）中子数与质子数其一为偶数，另一为奇数的原子核，其 I 为半整数，有自旋现象，如：

$I=1/2$，^{1}H、^{13}C、^{15}N、^{19}F、^{31}P、^{37}Se、…；

$I=3/2$，^{7}Li、^{9}Be、^{11}B、^{33}S、^{35}Cl、^{37}Cl、…；

$I=5/2$，^{17}O、^{25}Mg、^{27}Al、^{55}Mn、…；

以及 $I=7/2$、9/2 等。

（3）中子数、质子数均为奇数的原子核，其 I 为整数，也有自旋现象，如 $I=1$：^{2}H（D）、^{6}Li、^{14}N 等；$I=2$：^{58}Co；$I=3$：^{10}B。

（2）、（3）类原子核是核磁共振研究的对象。其中，$I=1/2$ 的原子核，其电荷均匀分布于原子核的表面，其核磁共振现象较为简单，是目前研究的主要对象。其中以^{1}H和^{13}C应用最为广泛。

2. 原子核的进动

将原子核放入磁场 H_0 中，有磁矩的原子核在磁场中一方面自旋，一方面以外磁场方向为轴线做回旋运动，这种运动方式称为进动，又称拉莫尔进动，如图 13-1 所示。其回旋角速度 ω 可表示为：

$$\omega=\gamma H_0 \tag{13-3}$$

而

$$\omega=2\pi\nu_0 \tag{13-4}$$

式中，ν_0 为自旋核的进动频率，因而 ν_0 可表达为：

$$\nu_0=\frac{\gamma}{2\pi}H_0 \tag{13-5}$$

由此可知，对于给定的原子核，其磁旋比 γ 为常数，进动频率与外加磁场的强度成正比，外加磁场越强，其进动频率越高。

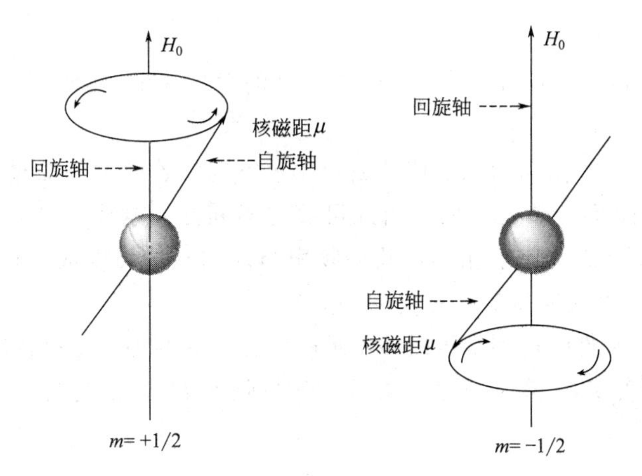

图 13-1　磁性核在外磁场中的进动

3. 能级裂分

处于磁场中的原子核，其核磁矩在磁场中会有不同的取向。磁矩在空间的取向是量子化的，根据量子学原理，磁矩相对磁场有 $2I+1$ 种取向。每一种取向都代表了原子核的某一特定能级，可用磁量子数 m 来描述，$m=I$，$I-1$，$I-2$，…，$-I$，共有 $2I+1$ 个。无外磁场时，原子核只有一个简并的能级；有外磁场时，原先简并的能级就裂分成为 $2I+1$ 个能级。

例如，对于 $I=1/2$ 的^{1}H核，其 m 取值为$+1/2$和$-1/2$，$m=+1/2$ 的取向与外磁场方向相同，能量较低；$m=-1/2$ 的取向与外磁场方向相反，能量较高，即在外磁场作用下原子核的能级裂分为两个。

根据电磁理论，原子核在磁场中具有的势能 E 为：

$$E=-\frac{h}{2\pi}m\gamma H_0 \tag{13-6}$$

则较低能级（$m=+1/2$）的能量为：　$E_{+1/2}=-\frac{h}{4\pi}\gamma H_0$

较高能级（$m=-1/2$）的能量为：　$E_{-1/2}=\frac{h}{4\pi}\gamma H_0$

两个能级的能级差 ΔE 为：

$$\Delta E=\frac{h}{2\pi}\gamma H_0 \tag{13-7}$$

由此可知，自旋量子数 $I=1/2$ 的原子核由低能级向高能级跃迁时需要的能量 ΔE 与外加磁场强度 H_0 成正比。

4. 核磁共振

当两个振动的频率相等时，这两个振动就发生共振，核磁共振也是如此。如果用一定频率（ν）的电磁波照射处于磁场中的原子核，若电磁波的能量 $\Delta E'$ 正好等于该原子核的两个能级的能极差 ΔE 时，则低能级的原子核就会吸收电磁波，跃迁到高能级，从而产生核磁共振吸收。

例如，对于 $I=1/2$ 的 ^{1}H 原子核：

$$\Delta E=\Delta E'=h\nu=\frac{h}{2\pi}\gamma H_0 \tag{13-8}$$

则

$$\nu=\frac{\gamma}{2\pi}H_0 \tag{13-9}$$

结合式(13-5) 可得 $\nu=\nu_0$，说明当外加电磁波的频率等于进动频率时，原子核和外加电磁波就可能产生共振。

由上述可知，①对于不同的原子核其磁旋比 γ 不同，若固定外加磁场强度 H_0，则发生核磁共振时的电磁波的频率 ν 也不同，由此可鉴定不同的元素或同种元素的不同的同位素；②对于同一种原子核其磁旋比 γ 相同，共振频率与外加磁场强度成正比，H_0 相同时；ν 也相同；H_0 改变时，ν 也发生改变。

当满足核磁共振条件时，测量核磁共振吸收的方法有两种：①扫场法，即固定电磁波的频率 ν，改变磁场强度 H_0；②扫频法，即固定磁场强度 H_0，改变电磁波的频率 ν。

二、弛豫过程

在一定温度且无外加射频辐射条件下，原子核处在高能级和低能级的数目达到热力学平衡，原子核在两种能级上的分布遵从玻耳兹曼（Boltzmann）分布：

$$N_{-1/2}/N_{+1/2}=e^{-\Delta E/kT}=e^{-h\nu_0/kT}=\exp\left(\frac{-\gamma hH_0}{2\pi kT}\right) \tag{13-10}$$

式中，$N_{-1/2}$ 为高能级（$m=-1/2$）时核的数目；$N_{+1/2}$ 为低能级（$m=+1/2$）时核的数目；k 是 Boltzmann 常数（$k=1.38\times10^{-23}$J/K）；T 是绝对温度。

由于两个能级间的能量差很小，处于低能级的核数目 $N_{+1/2}$ 相比高能级的核数目 $N_{-1/2}$ 仅占微弱的优势。例如，在常温下（约 300K），^{1}H 处于磁场强度 H_0 为 1.4092T 的磁场中，处于低能级和高能级上的 ^{1}H 核数目之比为 1.0000099。因此可见，处于低能级的核的数目仅仅比高能级核的数目约多十万分之一。

当低能级的核吸收了射频辐射后，被激发至高能级上，同时给出共振吸收信号。但随着实验的进行，只占微弱多数的低能级核越来越少，最后高、低能级上的核数目相等，即从低能级到高能级与从高能级到低能级跃迁的数目相同，体系的净吸收为零，检测不到共振吸收信号，这种现象称为“饱和”。实际上，核磁共振吸收信号并未停止，这是因为处于高能级的核通过非辐射途径释放能量后，及时返回至低能级，从而使低能级核始终维持多数。我们把高能级的原子核通过非辐射形式放出能量而回到低能级的过程叫做弛豫过程。

在核磁共振中，弛豫过程分为两类，一类是纵向弛豫又称自旋-晶格弛豫；另一类是横向弛豫又称自旋-自旋弛豫。

1. 自旋-晶格弛豫　处于高能级的原子核将能量以热能形式传递给周围环境（固体样品指晶格，液体则为周围的同类分子或溶剂分子等），自己又重新回到低能级的过程叫自旋-晶格弛豫。结果是高能级的原子核数目减少，低能级的原子核数目增加，自旋体系的总能量下降。

自旋-晶格弛豫过程所需的时间用半衰期 t_1 表示。t_1 越小表示弛豫过程效率越高，t_1 越大表示效率越低，越容易达到饱和。t_1 数值与核的种类、样品的状态和温度有关。固体或高黏度液体分子热运动困难，t_1 很大，有时可达几小时或更长；气体或液体分子热运动容易，t_1 很小，一般在 10^{-4}～100s。t_1 与核磁共振峰的强度成反比，t_1 越小，核磁共振信号越强；t_1 越大，核磁共振信号越弱。

2. 自旋-自旋弛豫　当两个相邻且进动频率相同，所处能级不同的原子核，通过高能级核与低能级核之间自旋状态的交换而实现能量转移的过程称为自旋-自旋弛豫。这种弛豫过程并未改变自旋状态的总数以及自旋核体系的总能量，但使某些高能级核的寿命减短了。

自旋-自旋弛豫过程所需的时间用半衰期 t_2 表示。固体样品因各核间的相互位置固定，易于交换能量，故 t_2 特别小，大约为 10^{-5}～10^{-4}s。一般液体和气体样品的 t_1 和 t_2 差不多，在 1s 左右。t_2 与核磁共振峰的峰宽成反比，对于固体样品 t_2 很小，核磁共振峰很宽。

弛豫时间虽有 t_1 和 t_2 之分，但对于一个自旋核来说，它在某较高能级所停留的平均时间取决于 t_1 和 t_2 中较小的一个。

第二节　化学位移

一、化学位移的产生

从核磁共振条件 $\nu=\frac{\gamma}{2\pi}H_0$ 可以看出，同种核的共振频率 ν 仅取决于外加磁场强度 H_0 和核的磁旋比 γ，但这仅仅是对“裸露”的原子核，即理想化的状态而言。实际上原子核是被不断运动着的电子云所包围，在外磁场作用下，核外电子会产生环形电流，并感应生成一个与外加磁场方向相反的感应磁场 H'，如图 13-2 所示。

这种磁场的方向与外加磁场相反，强度与外加磁场强度成正比，一定程度上抵消了部分外加磁场对原子核的作用，这种现象称屏蔽作用。在屏蔽作用下，原子核实际受到的磁场强度为：

$$H_{实}=H_0-H'=H_0-\sigma H_0=H_0(1-\sigma) \tag{13-11}$$

式中，σ 为屏蔽常数，反映了核外电子对核的屏蔽作用的大小，它与核外电子云密度和核所处的化学环境有关，电子云密度越大，屏蔽作用也越大。

如氢核发生核磁共振时，应满足如下关系：

$$\nu_{共振}=\frac{\gamma}{2\pi}H_{实}=\frac{\gamma}{2\pi}H_0(1-\delta) \tag{13-12}$$

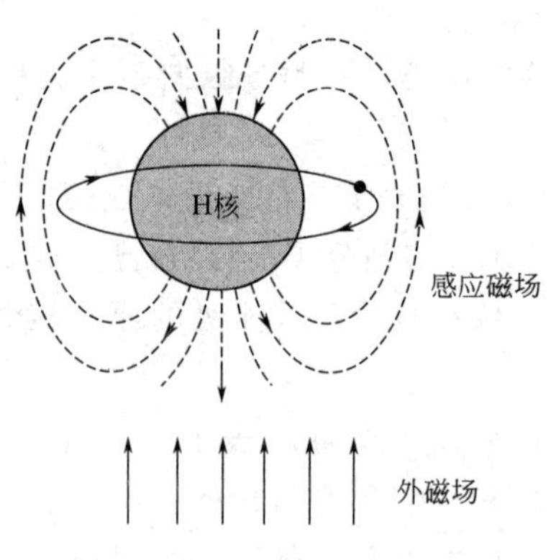

图 13-2　核外电子的抗磁屏蔽

或
$$H_0=\frac{2\pi\nu_{共振}}{\gamma(1-\delta)}$$

由此可见，屏蔽常数 σ 不同的原子核，其共振峰出现在核磁共振波谱中的位置也不同。若固定射频辐射的频率，σ 大的原子核共振所需的磁场强度 H_0 就越强，共振峰将出现在高磁场处；反之，σ 小的原子核共振所需的磁场强度 H_0 就小，共振峰将出现在低磁场处。这种由于原子核所处的化学环境不同，引起的共振时所需磁场强度移动的现象，称为化学位移。

二、化学位移的表示方法

在恒定外加磁场作用下，不同的氢核由于所处的化学环境不同，共振吸收的频率也不同，但频率的变化范围很小，大约在 10^{-6} 范围内，精确测量十分困难，一般采用相对数值来表示。现在常以四甲基硅烷（TMS）中氢核共振时的磁场强度为标准，规定它的化学位移 $\delta=0$。样品的化学位移表示为：

$$\delta=\frac{\nu_{样品}-\nu_{标准}}{\nu_{标准}}\times10^6=\frac{\Delta\nu}{\nu_{标准}}\times10^6 \tag{13-13}$$

或
$$\delta=\frac{H_{标准}-H_{样品}}{H_{标准}}\times10^6 \tag{13-14}$$

式中，10^6 是为便于记录和使用而放大的倍数。

三、影响化学位移的因素

化学位移是由于核外电子云密度不同而造成的，因此任何影响电子云密度的因素都会对化学位移有影响。影响化学位移的主要因素有：诱导效应、共轭效应、磁各向异性效应、溶剂效应和氢键效应等。图 13-3 列出了各种环境下氢的化学位移范围。

1. 诱导效应

如果与氢相连的碳原子上有电负性较大的取代基（吸电子基团），如—X，—NO_2，—CN，—OH，—OR，—COOR 等，这些基团可通过诱导效应使氢核周围的电子云密度降低，使氢受到的屏蔽效应减弱，化学位移增大，共振信号向低场移动。若为给电子基团，则氢核周围的电子云密度增加，氢受到的屏蔽效应增强，化学位移减小，共振信号向高场移动。表 13-1 为卤代甲烷的化学位移。取代基的诱导效应可沿碳链延伸，但随着间隔键数的增加而减弱。

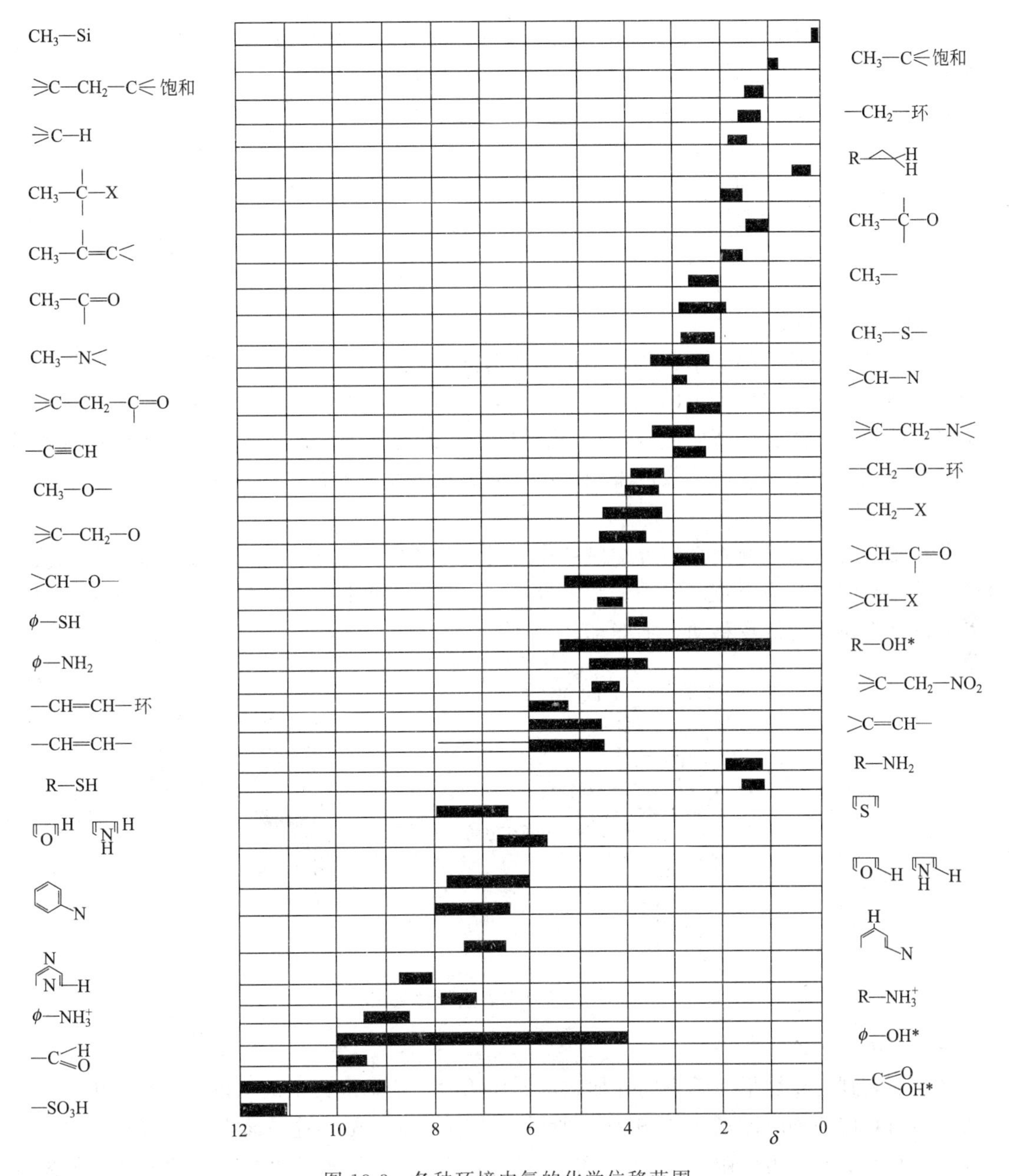

图 13-3　各种环境中氢的化学位移范围

表 13-1　卤代甲烷的化学位移

取代基	F	Cl	Br	I	H
电负性	4.0	3.0	2.8	2.5	2.1
δ	4.26	3.05	2.68	2.16	0.23

2. 共轭效应

与诱导效应一样，若共轭效应使氢核周围的电子云密度增加，则化学位移向高场移动；反之，向低场移动。若以乙烯亚甲基氢的化学位移（$\delta=5.28$）为参照，在化合物乙烯醚（a）中，由于存在 p-π 共轭，氧原子上的孤对电子将向双键方向移动，使β-H 的电子云密度增加，屏蔽效应增强，使β-H 的化学位移减小（$\delta=3.57$ 和 $\delta=3.99$），向高场移动；在

α,β-不饱和酮（b）中，由于存在 π-π 共轭，羰基上的氧原子将双键上的电子拉向自己一边，使 β-H 的电子云密度降低，表现为去屏蔽效应，使 β-H 的化学位移增加（$\delta=5.50$ 和 $\delta=5.87$），向低场移动。

（a）　　（b）

3. 磁各向异性效应

当分子中某些基团的电子云排布不呈球形对称时，它对邻近的氢核产生一个各向异性的磁场，从而使某些空间位置上的氢核受到屏蔽效应（+），化学位移向高场移动；另一些空间位置上的氢核受到去屏蔽效应（−），化学位移向低场移动，这一现象称为磁各向异性效应。与通过化学键传递的诱导效应不同，磁各向异性效应是通过空间传递的。

（1）苯环

苯在受到与苯环平面垂直的外加磁场作用时，苯环的 π 电子环流所产生的感应磁场使苯分子的整个空间划分为屏蔽区（+）和去屏蔽区（−），苯环上的六个氢恰好都处于去屏蔽区，所以化学位移向低场移动，如图 13-4 所示。

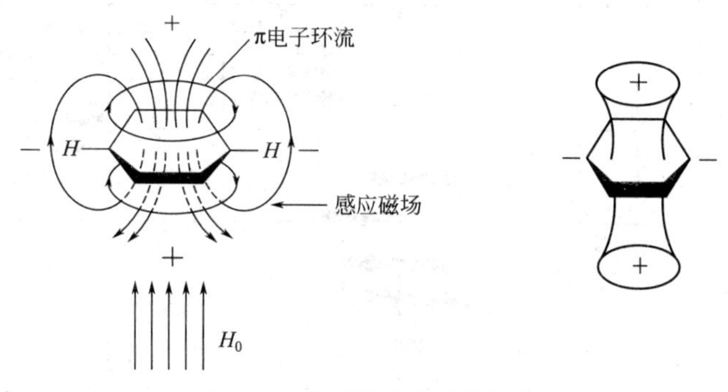

图 13-4　苯环的各向异性效应

（2）双键

当乙烯受到与双键平面垂直的外加磁场的作用时，乙烯双键上的 π 电子环流产生一个与外加磁场相对抗的感应磁场，如图 13-5 所示，该感应磁场在双键平面上是去屏蔽区（−），在双键平面的上下方为屏蔽区（+）。处于屏蔽区的 ^{1}H 必须增大外加磁场的强度才能发生核磁共振，所以 δ 值较小，共振信号出现在高场；处于去屏蔽区的原子核，其 δ 值较大，共

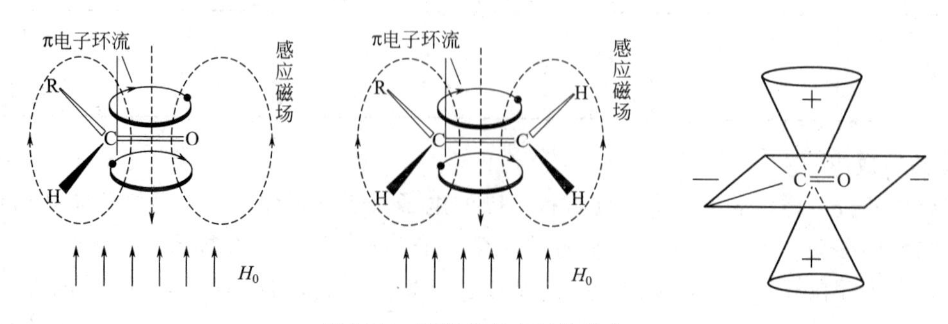

图 13-5　双键的各向异性效应

振信号出现在低场。连在双键碳上的氢处在去屏蔽区，所以它的 δ 值较烷烃中 CH_2 的 δ 值大。

(3) 三键

当乙炔受到与乙炔分子平行的外加磁场作用时，乙炔圆筒形的 π 电子环流将产生一个与外磁场相对抗的感应磁场，与乙烯类似，由于磁力线的闭合性，它也在分子中形成屏蔽区（+）和去屏蔽区（−），如图 13-6 所示，炔氢正好处于屏蔽区，所以 δ 值较小，化学位移向高场移动。

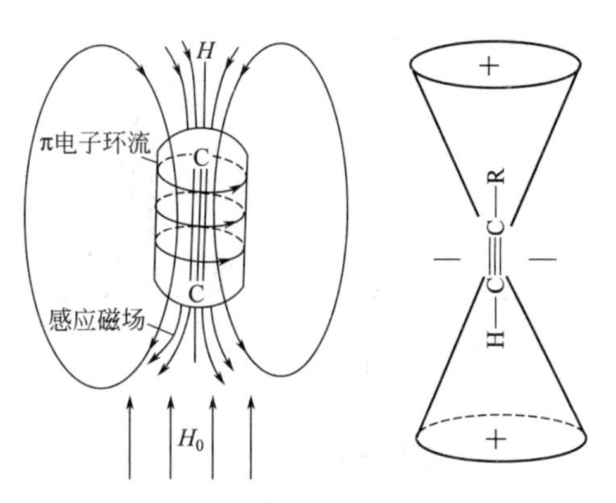

图 13-6　三键的各向异性效应

4. 氢键效应

当分子形成氢键时，由于质子周围的电子云密度降低，产生去屏蔽作用，化学位移变大，核磁共振信号明显地移向低场。氢键形成的趋势越大，去屏蔽作用越强，共振信号向低场移动越明显。氢键作用对—OH，—NH_2 等活泼氢的化学位移很大。在惰性溶剂的稀溶液中，可以不考虑氢键的影响，但随着浓度的增加，羟基的化学位移增加。分子内氢键化学位移的变化只与自身结构有关，与浓度无关。

5. 溶剂效应

采用不同的溶剂时，其化学位移是不同的，溶剂极性越强，作用越明显。这可能是由于溶剂产生磁各向异性效应，溶剂与溶质间存在氢键或范德华引力效应，另外温度、pH 值和同位素效应都会使化学位移发生改变。

第三节　自旋偶合和自旋裂分

一、自旋偶合和自旋裂分

图 13-7 为乙烷和碘乙烷的核磁共振波谱，对比这两张图谱可以发现，乙烷中只有一个核磁共振峰，归属为甲基氢的核磁共振峰；而在碘乙烷的核磁共振波谱中，有两个核磁共振峰，分别归属为甲基氢和亚甲基氢的核磁共振峰，由于碘的诱导效应，使它们分别向低场发生了不同的位移，同时甲基峰和亚甲基峰又分别发生了裂分，分别裂分为三重峰和四重峰，这种裂分峰是由于分子内部邻近氢核自旋相互干扰引起的。这种相邻近的原子核自旋之间的相互干扰作用称为自旋-自旋偶合，简称自旋偶合（spin coupling）。因自旋偶合而引起的谱线增多的现象称为自旋-自旋裂分，简称自旋裂分（spin splitting）。

在外磁场的作用下，自旋的原子核会产生一个小的磁矩，通过成键价电子的传递，对邻

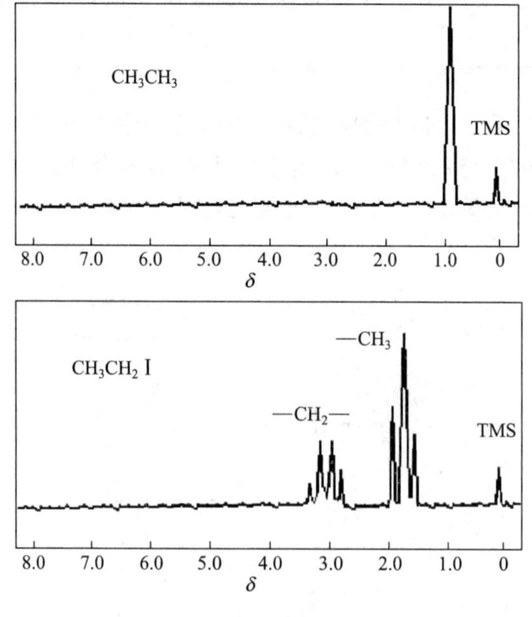

图 13-7 乙烷和碘乙烷的核磁共振波谱

近的原子核产生影响。原子核的自旋有两种取向，一种是与外磁场 H_0 方向平行，使受它作用的邻近原子核感受到的总磁场强度为 $H=H_0+\Delta H$；另一种是与外磁场 H_0 方向相反，使受它作用的邻近原子核感受到的总磁场强度为 $H=H_0-\Delta H$。这样受它作用的邻近原子核的共振频率就由原来的一种变为两种，共振信号就裂分为两个，成为双重峰，这就是自旋裂分。

以 1,1,2-三氯乙烷为例（图 13-8 所示），对于 H_a 来讲，每一个 H_b 在外磁场中都有两种自旋取向，两个 H_b 共有四种自旋取向：①H_{b1} 和 H_{b2} 都与外磁场平行；②H_{b1} 是平行的，H_{b2} 是逆平行的；③H_{b1} 是逆平行，H_{b2} 是平行的；④H_{b1} 和 H_{b2} 都是逆平行的。由于 H_{b1} 和 H_{b2} 是等价的，因此②和③没有区别，结果只产生三种局部磁场。H_a 核受到这三种磁效应而裂分为三重峰。上述四种自旋取向几率都一样，因此各峰的强度为 1∶2∶1。同样对于 H_b 来讲，受到邻近 H_a 核的两种自旋取向的影响，而裂分为强度比为 1∶1 的双重峰。

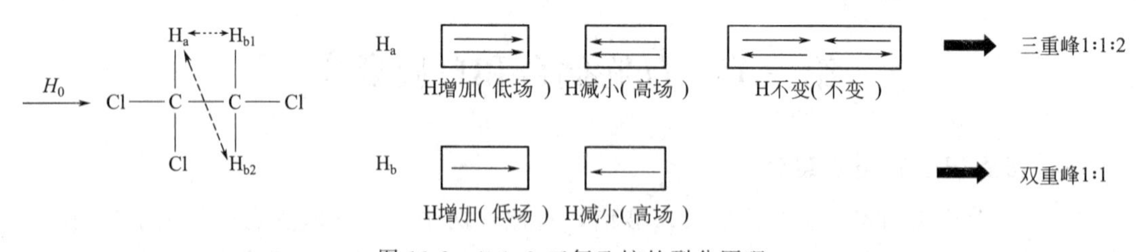

图 13-8 1,1,2-三氯乙烷的裂分原理

自旋偶合和自旋裂分进一步反映了磁性核之间相互作用的细节，提供了相互作用的磁性数目、类型以及相对位置等信息，为有机化合物结构分析提供了更丰富的证据。

二、偶合常数

谱线裂分后所产生的两峰间的距离称为偶合常数，用 J 来表示，单位为 Hz。通常的表达方式为：${}^nJ_{X\text{-}Y}$，n 为相隔的化学键的数目，X、Y 为偶合原子。偶合常数的大小反映的是两个核之间作用的强弱。偶合作用是通过化学键的成键电子传递的，因而，J 值的大小与两个（组）氢核之间的化学键的数目、成键电子的杂化状态、取代基的电负性、分子的立体结构等因素有关，与仪器和测试条件无关。受外界条件如溶剂、温度、浓度变化等的影响也很小。一般说来讲，随着间隔的化学键数目的增加，J 值迅速减小，间隔 3 个单键以上时，J 值趋近于零，此时的偶合作用可以忽略不计。对于氢核来说，根据相互偶合的核之间相隔的键数，可将偶合分为三类：①同碳偶合；②邻碳偶合；③远程偶合（指相隔三个化学键以上的核之间的偶合）。

三、核的化学等价和磁等价

1. 化学等价

若分子中的原子核处于相同的化学环境具有相同的化学位移，这种核称为化学等价的核。例如，CH_3I 中的三个 H 是化学等价的，它们的化学环境和化学位移也是相同的。再如，

，两个 H 是化学等价的。

2. 磁等价

若分子中的一组原子核具有相同的化学位移，它们对组外任何一个原子核的偶合常数也相同，这一组核就称为磁等价的核。例如，CH_2F_2 中的两个 H 的化学位移是相同的，与两个 F 核的偶合常数也相同，则这两个氢为磁等价核。磁等价的核一定是化学等价的，但化学等价的核不一定磁等价，而化学不等价必定磁不等价。虽然磁等价的两个氢核之间存在自旋干扰，但并不产生峰的裂分；只有磁不等价的两个核之间发生偶合时，才会产生峰的裂分。再如，$(H_a)(H_b)C{=}C(F_a)(F_b)$，两个 H 是化学等价的，但是磁不等价，这是因为，H_a 和 F_a 的偶合常数不等于 H_b 和 F_a 的偶合常数；同理 H_a 和 F_b 的偶合常数不等于 H_b 和 F_b 的偶合常数。符合下列情况之一者，属于磁不等价氢核：①化学环境不相同的氢核；②处于末端双键上的氢核；③若单键带有双键性质时也会产生磁不等价氢核；④与不对称碳原子相连的 CH_2 上的两个氢核；⑤CH_2 上的两个氢核，如果位于刚性环上或不能自由旋转的单键上时；⑥芳环上取代基的邻位上的氢核也可能是磁不等价的。

四、自旋系统分类

通常按照 $\Delta\nu/J$ 的大小来给自旋偶合体系进行分类，当 $\Delta\nu/J>10$ 的体系为弱偶合，所得图谱为一级图谱，也称为简单谱；$\Delta\nu/J<10$ 的体系为强偶合，所得图谱为高级图谱，又叫二级谱或复杂谱。

1. 一级图谱

当核磁共振峰被分成多重峰时，多重峰的数目由相邻原子中磁等价的核数 n 来确定，计算公式为 $(2nI+1)$。对于氢核而言，其自旋量子数为 $I=1/2$，则计算式为 $(n+1)$，称为 $(n+1)$ 规律。如果一组磁等价核与相邻碳上的两组核（分别为 m 个和 n 个核）偶合，若该两组碳上的核的偶合常数相同，则将产生 $(m+n+1)$ 重峰。例如，$CH_3CH_2CH_3$ 中的甲基的峰裂分为 3 重峰，亚甲基的峰裂分为 7 重峰。若该两组碳上的核的偶合常数不同，则将产生 $(m+1)(n+1)$ 重峰。例如，$CH_3CH_2CHCl_2$ 中的—CH_2 的峰裂分为 8 重峰。裂分峰的面积之比，为二项式 $(x+1)^n$ 展开式中各项系数之比。多重峰的中心为化学位移，各重峰

间的距离为偶合常数。磁等价核之间没有自旋裂分现象，其吸收峰为单一峰。

2. 高级图谱

在核磁共振图谱中大部分表现为高级谱，高级谱比一级图谱要复杂得多。高级谱裂分峰的数目多，一般超过由 $n+1$ 规律所计算的数目；峰组内各峰之间的相对强度关系复杂，不服从二项式展开系数之比；多重峰的中心位置不等于化学位移值；裂分峰之间的距离也不同，一般峰间距不再是偶合常数，不能从共振波谱图上直接读取。由于高级图谱的解析比较复杂，可以通过增加磁场强度、自旋去偶、同位素取代等实验方法进行简化。

第四节　核磁共振波谱仪

核磁共振波谱仪是结构研究分析的重要工具之一，是化学、物理、生物、医学等研究领域中必不可少的实验工具，是研究分子结构、分子构象、分子动态等的重要方法。核磁共振波谱仪按工作方式分为连续波核磁共振波谱仪（CW-NMR）和脉冲-傅里叶变换核磁共振波谱仪（PFT-NMR）。

一、连续波核磁共振波谱仪

要产生核磁共振，最简单的方式就是通过固定电磁波频率，连续扫描磁场来实现。当然也可以固定磁场，连续改变电磁波频率。不论上述中的哪一种，都是用连续波激发自旋系统，这种方式称为连续波核磁共振。以这样方式工作的谱仪称为连续波核磁共振波谱仪。图 13-9 为连续波核磁共振波谱仪的结构示意图，主要由磁铁、射频振荡器、探头、射频接收器、扫描单元、信号记录单元等部件组成。

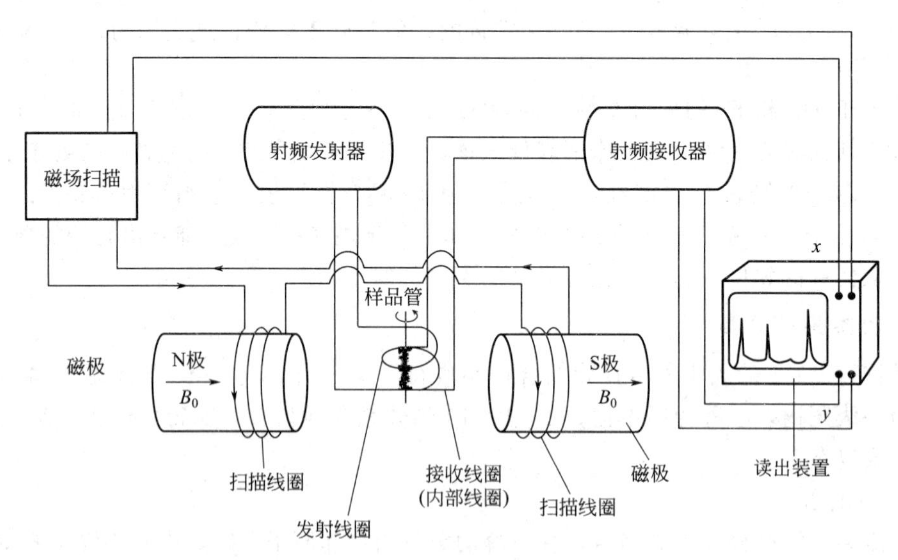

图 13-9　连续波核磁共振波谱仪示意图

1. 磁铁

磁铁用以产生一个强的、恒定的、均匀的磁场。磁铁的质量和强度决定了核磁共振波谱仪的灵敏度和分辨率。核磁共振仪常用的磁铁有 3 种：永久磁铁、电磁铁和超导磁体。100MHz 以下的低频谱仪采用电磁铁或永久磁铁。永久磁铁一般可提供 30MHz 和 60MHz 的共振频率。它特点是稳定，耗电少，不需冷却，但对外界温度变化很敏感，因此必须将其置于恒温槽内，再置于金属箱内进行磁屏蔽。电磁铁的磁场强度可以调节，可提供80～100MHz的共振频率。由软磁性材料外面绕上激磁线圈做成，通电产生磁场。它对外界温度不敏感，达到稳定状态快，但耗电量大，需要冷却系统来消除由于通过大电流而产生的热量，因不符合环保要求，现已停止生产。200MHz以上的高频谱仪采用超导磁体，它利用含铌合金在液氦温度下的超导性质。只要含铌合金丝缠绕的超导线圈完全浸泡在液氦中间，则在液氦的超低温中导线电阻接近零，通电闭合后，电流可循环不止，产生强磁场。它的特点是稳定性好，灵敏度很高，但是为了获得稳定的磁场强度，对于超导磁体必须用足够的液氮、液氦维持其正常工作。所以仪器价格昂贵，日常维护费用极高。

无论是用磁铁或磁体，核磁共振谱仪均要求磁场高度均匀，若样品中各处磁场不均匀，各处的原子核共振频率不同，这将导致谱峰加宽，即分辨率下降。为使磁场均匀，在磁场的不同平面插入多组匀场线圈调节其电流，使它在空间构成互相正交的梯度磁场来补偿主磁体的磁场不均匀性。为了有效消除温度等环境影响，提高磁场稳定性，在核磁共振波谱仪中都采用了锁场装置，即对一个参比核连续的以对应于磁场的共振极大的频率进行照射和监控，通过反馈线路保证ν/H_0不变而控制住磁场。磁场漂移应控制在10^{-10}～10^{-9}数量级。

2. 射频振荡器

射频振荡器用于供给固定频率的电磁辐射，通过发射线圈作用于样品。通常采用恒温下的石英晶体振荡器得到基频，再经过倍频、调谐和功率放大得到所需要的射频信号源，然后加到与磁场成90°角的线圈中。在脉冲-傅里叶变换核磁共振波谱仪中，射频振荡器产生一定频率的连续的射频振荡，经过受到脉冲程序控制的发射门，产生相应的射频脉冲，然后经过放大，变成强而短的射频脉冲加到探头的发射线圈上。

3. 探头

探头是核磁共振波谱仪的核心部件，它固定于磁体或磁铁的中心，为圆柱形，由样品管、发射线圈和接收线圈组成。发射线圈轴线与样品管垂直，将射频波能量作用于样品，接收线圈绕在样品管外的玻璃管上，接收共振信号。线圈中央插入装有样品的样品管。为改善磁场的均匀性，样品管外套上转子，在压缩空气的驱动下使样品管旋转起来。样品管旋转的副作用是可能产生旋转边带，即在信号左右对称处出现边带峰，所以样品旋转速度不能太快，也不能太慢，一般在10～30Hz范围内。另有一套管路系统，用于变温测量。现在有一种反问模式探头，用于二维谱的测定，可大大提高检测灵敏度，因它实际检测的是^{1}H。较新的谱仪探头配有产生脉冲场梯度的装置。它的作用为抑制溶剂峰和大大缩短测定二维核磁共振波谱的时间（当样品有足够的量时）。

4. 射频接收器

射频接收器的线圈在样品管周围，共振核产生的射频信号，通过接收线圈被射频接收器检出。

5. 扫描线圈

扫描线圈绕在磁铁上，当线圈上通以直流电就会产生附加磁场，在一个小范围内调节磁场强度，但磁场均匀性不变。在连续波核磁共振波谱仪中，保持频率恒定，通过在扫描线圈内加上一定电流，产生10^{-5}～10^{-4}T的磁场变化来进行核磁共振扫描，称为扫场法。也可以保持磁场恒定，连续改变辐射电磁波频率来得到共振信号，称为扫频法。许多仪器同时具有这两种扫描方法，由于扫频法工作起来比较复杂，因而常用的方法是扫场法。

6. 信号记录单元

射频接收器检测到的核磁共振信号经放大后，由记录仪给出核磁共振波谱。通过积分装置，还可以在核磁共振波谱上以阶梯的形式显示出峰面积的相对大小，有助于定量分析。随着计算机技术的广泛应用，现在一些连续波核磁共振波谱仪也配有多次重复扫描并将信号进行累加（100次左右）的功能，提高了仪器的灵敏度。对于脉冲-傅里叶变换核磁共振波谱仪，当发生核磁共振时，在接收线圈中感应出的射频振荡信号，经放大、检波等一系列的复杂处理后变为数字信号，为了把获得的数字信号转变成易于理解的频谱图，必须由计算机进行离散的快速傅里叶变换技术处理。而高频核磁谱仪一般配有工作站，以对仪器进行控制和操作以及对仪器测得的原始信息进行复杂的运算。连续波核磁共振波谱仪的缺点是扫描时间长，通常全扫描时间为200～300s，灵敏度低，所需样品量大，对低丰度、弱磁性核的测量无法实现，另外，发射信号还可能泄露到接收线圈。

二、脉冲-傅里叶变换核磁共振波谱仪

在脉冲-傅里叶变换核磁共振波谱仪中，样品置于强磁场中以后，将连续波核磁共振波谱仪中对样品进行扫描的无线电波，改为了在整个频率范围内施加的具有一定能量的强度大而持续时间短的无线电脉冲波，周期型脉冲的作用与FTIR中迈克尔逊干涉仪的作用相似，当样品经射频脉冲照射后，样品中不同共振频率的核同时产生跃迁，在激发态的弛豫过程中产生自由感应衰减信号（FID信号），接受线圈感应得到含有该样品所有的FID信号的叠加信息，它包括分子中所有信息，是时间的函数，对此函数作傅里叶变换处理后，转换为频域谱，即常用的核磁共振波谱图。

脉冲-傅里叶变换核磁共振波谱仪每发射一次无线电脉冲波就相当于连续波核磁共振波谱仪的一次扫描测量，由于测量速度快，可以用来研究核的动态过程，瞬变过程，反应动力学等；可方便地对少量样品进行累加测试，使对样品量的要求大为降低并大大改善信噪比；其灵敏度要比连续波核磁共振波谱仪的灵敏度提高100倍以上；可以对丰度小，磁旋比也比较小的核进行测定；除常规^{1}H，^{13}C谱外，还可用于扩散系数、化学交换、固体高分辨谱、二维谱和弛豫时间测定等。

三、样品的处理及注意事项

核磁共振要求样品纯度高，应大于98%；样品需充分精致，清除干净含铁物质或其他顺磁物质；氧气的存在也会引起分辨率的下降，测试前常用氮气将样品中的氧气驱除掉。根据样品的溶解性选择适当的溶剂，理想的溶剂应是不含质子，沸点较低，与样品不发生缔合，呈化学惰性，最好是磁各向同性。对于核磁共振氢谱的测量，应采用氘代试剂防止产生干扰信号。氘代试剂中的氘核又可作核磁共振波谱仪锁场的信号核。对于低、中极性的样品，最常采用氘代三氯甲烷作溶剂，因其价格远低于其他氘代试剂。极性大的化合物可采用氘代丙酮、重水等。针对一些特殊的样品，可采用相应的氘代试剂：如氘代苯（用于芳香化合物、芳香高聚物）、氘代二甲基亚砜（用于某些在一般溶剂中难溶的物质）、氘代吡啶（用于难溶的酸性或芳香化合物）等。对于核磁共振碳谱的测量，为兼顾氢谱的测量及锁场的需要，一般仍采用相应的氘代试剂。由于样品液的黏度影响弛豫时间，黏度越大则分辨率越差，所以配制的样品溶液应有较低的黏度。若溶液黏度过大，应减少样品的用量或升高测试样品的温度（通常是在室温下测试）。当样品需作变温测试时，应根据低温的需要选择凝固点低的溶剂或按高温的需要选择沸点高的溶剂。

为测定化学位移值，需加入一定的标准物质。对氢谱或碳谱，最常用的标准物质是四甲

基硅烷（TMS）。TMS是一球形对称分子，易溶于大多数有机溶剂中，沸点低，易于挥发除去，其分子中所有质子都处于完全相同的化学环境中，共振条件完全一致，因此只有一个单峰，出现在高磁场区，化学位移$\delta=0$。在高温操作时，用六甲基二硅醚（HMDS）作为标准物质，它的化学位移$\delta=0.04$。在水溶液中，用3-三甲基硅丙烷磺酸钠（DSS）作标准物质。标准物质加在样品溶液中称为内标。若出于溶解度或化学反应等的考虑，标准物质不能加在样品溶液中，可将液态标准物质（或固态标准物质的溶液）封入毛细管再插到样品管中，称为外标。

第五节　核磁共振波谱法的应用

核磁共振技术的应用主要集中在有机和生物分子结构分析和结构鉴定中，此外，也可用于定量测定、碳氢化合物的相对分子质量测定，以及用来研究氢键形成、互变异构、分子的内旋转，测定反应速率常数等。核磁共振在医学上也越来越受到重视，它比CT具有更高的分辨率并可使病人免受X射线照射。下面重点讨论有机化合物结构鉴定和定量分析两方面内容。

一、结构鉴定

核磁共振波谱是描述吸收强度关于射频场频率（或磁场强度）变化的函数图。它的横坐标是化学位移，纵坐标是吸收强度。从一张核磁共振波谱图上，一般可以获得以下信息：(1) 峰的组数，它可提供分子中处于不同化学环境的质子种类。(2) 峰的位置（化学位移δ值），它可提供质子的化学环境信息，即它是什么结构基团上的氢，该基团上可能有哪些取代基。(3) 峰的强度（峰面积积分或积分线高度），它提供各种峰群间的质子数量比。即各类质子的相对数目。(4) 自旋-自旋偶合裂分模式，信号裂分峰的个数提供质子基团邻近的其他质子的个数；偶合常数随官能团间距离增大而减少，它提供两质子在分子结构中的相对位置。

（一）一级图谱的解析规则

一般说来，一级图谱的吸收峰数目、相对强度和排列次序遵循下列规则：①一个峰被裂分成多重峰时，自旋裂分峰的数目和各裂分峰的强度将由相邻原子中磁等价的核数n来确定，遵循$2nI+1$规律（对于$I=1/2$的核是$n+1$规律）。即某质子（或质子群）有n个相邻的质子时，裂分峰数目为$n+1$个重峰；各裂分峰的强度比基本上等于二项式$(a+b)^n$的展开式各项系数比。②裂分峰以该质子的化学位移为中心，分左右大体对称分布。相偶合的两组质子峰，其内侧峰高于其外侧峰，裂分峰间距相等。③磁等价核之间虽有较强的偶合，但信号不裂分，呈单峰。

（二）图谱解析的一般程序

图谱解析就是利用以上这些信息推导出与图谱相关的化合物的结构。解析的一般步骤如下。

1. 对图谱进行初步观察

根据内标物出峰位置、基线、信噪比等综合判断核磁共振波谱图质量。内标物的峰位应准确，否则其他峰的化学位移就不准确；内标物或某些峰应有尾波，尾波应成衰减对称形，它可估计仪器的分辨率是否正常；积分线在无峰处应平直，否则算出的氢分布不准确。只有获得清晰、正确的谱图才能作为分析的基准。同时要注意区分杂质峰和旋转边带，氘代溶剂往往有残余氢峰；溶剂若含少量的水，也有相应的杂峰；旋转边带由样品管旋转产生，改变旋转速度，边带峰与样品峰的距离相应变化，由此可以确认边带。

2. 如果已有元素分析或质谱资料，应先确定样品的分子式，然后计算不饱和度 Ω。

$$\Omega=1+n_4+(n_3-n_1)/2 \tag{13-15}$$

式中，n_4、n_3、n_1 分别为分子中所含的四价、三价和一价元素原子的数目。链状烷烃或其不含双键的衍生物的不饱和度为 0，双键及饱和环状结构为 1，三键为 2，苯环为 4。

3. 根据各峰的峰面积，计算分子中各类氢核的数目。也可用可靠的甲基信号或孤立的亚甲基信号作为标准来计算各组峰代表的质子数。

4. 计算 $\Delta v/J$，确定图谱中一级图谱和高级图谱，先解析谱图中的一级图谱。

（1）利用化学位移 δ 值确定各吸收峰所对应的氢核类型。先解析孤立甲基峰，然后确定位于低磁场区的羧基（$\delta=9.7\sim13.2$）、醛基（$\delta=9.0\sim10.0$）、烯醇（$\delta=14.0\sim16.0$）以及具有分子内氢键的羟基（$\delta=11.0\sim16.0$）等质子峰。总的原则是：先解析没有偶合的质子，然后再解析有偶合的质子。

（2）利用 $n+1$ 规律，根据重峰数目推断相邻的氢核数。

（3）根据偶合常数及峰形，估计相关官能团或结构存在的可能性，确定出可能的结构单元或基团的连接关系。

5. 解析高级图谱

根据各种系统高级图谱的特征来辨认，以确定化合物中可能存在的自旋系统。这一部分解析的难度比较大，必要时可以采用高磁场强度的仪器、双照射、位移试剂、重氢交换等辅助手段使图谱简化，协助解析。对于一些更复杂系统的解析，可能还需求助一些计算方法和相应公式，在此不作介绍。

6. 结构初定后要对各组信号进行核对

综合以上结果，推出可能存在的结构单元，并以一定的方式组合起来，然后对推断的可能的结构式作进一步的核对，不同类型的氢核均应在谱图上找到相应的峰组，峰组的峰形、峰面积、δ 值、J 值应该和结构式相符，否则应予否定，重新推断。

在条件允许的情况下，还可以根据各相关如谱氢-氢相关谱（COSY 谱）、碳-氢相关谱（HMQC 谱）、碳-氢远程相关谱（HMBC 谱）等，确定各基团之间的连接顺序，排除不合理的结构式。也可由 NOESY 谱或 ROESY 谱确定化合物的构象或构型。

7. 参考其他图谱（如 IR、UV、MS 等）进行综合解析，充分利用其他分析方法获得的结果，互相印证测定结果的正确性。

例：一个化合物的分子式为 $C_{10}H_{12}O_2$，其 ^1H-NMR 谱图如图 13-10 所示，试推断该化合物的结构。

解：（1）已知其分子式为 $C_{10}H_{12}O_2$。

（2）计算不饱和度：$\Omega=5$。可能有苯环存在，从图谱上也可以看到 $\delta=7.25$ 处有芳氢信号。此外，还应有一个双键或环。

（3）根据积分曲线算出各峰的相对质子数。积分曲线总面积$=26+9+9+15=59$。每组峰所含有的 H 的个数为：$a=12\times26/59\approx5$ 个氢；$b=12\times9/59\approx2$ 个氢；$c=12\times9/59\approx2$ 个氢；$d=12\times15/59\approx3$ 个氢。

（4）解析特征性较强的峰：

① a 峰为单峰，是苯环单取代信号，可能是苯环与烷基碳相连。因为：1）化学位移在

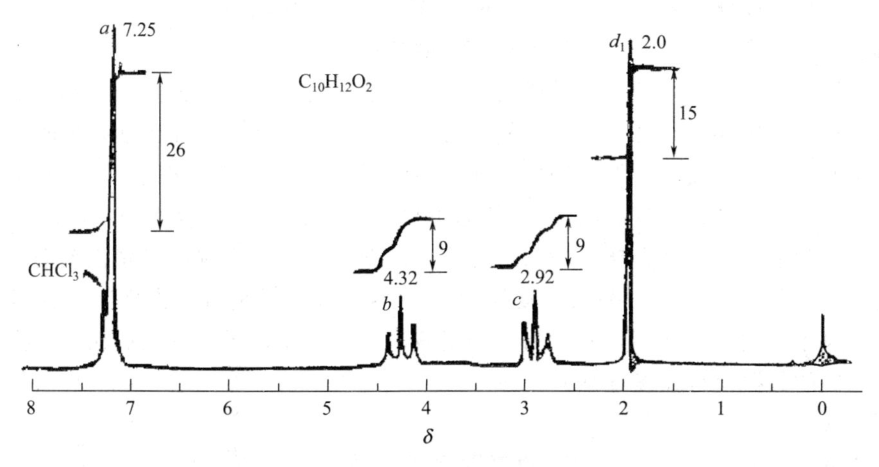

图 13-10　化合物 $C_{10}H_{12}O_2$ 的^{1}H-NMR 谱图

芳氢范围之内，δ 在 7.2～7.5 之间；2）不饱和度为 5，说明有芳环存在的可能性；3）有 5 个质子；4）单峰说明与苯环相连的基团是非吸电子或非推电子的，即与烷基碳相连才显示为一个单峰。

② d 峰是单峰，推断为甲基信号；很可能是 CH_3—CO—。因为：1）单峰，并有 3 个质子；2）化学位移在 δ 在 2.0～2.6 范围内；3）分子式含氧，不会是 CH_3—CO—，因为其 δ 在 3.0～3.8 之间。

（5）解析低场信号：无大于 8 的信号。

（6）重水交换无变化，证明氧原子上氢相连，即不存在 OH。

（7）已解析出有 C_6H_5—和 CH_3—CO—，还剩下 C_2H_4O 的归属未找到。从 b 组峰和 c 组峰的峰形看，两个亚甲基应相连，即—CH_2—CH_2—。一端与苯相连，一端与氧相连。

（8）写出结构单元，合理组合为：

$$C_6H_5—CH_2—CH_2—O—\overset{\overset{O}{\|}}{C}—CH_3$$

（9）指认：①不同化学环境的质子数或质子组数等于共振峰个数或组数；图上有 4 组共振峰，结构中也有 4 个质子组；②各类质子数之比应等于相应的积分曲线面积比，$a:b:c:d=5:2:2:3$；③质子之间偶合裂分服从（$n+1$）规律；④由化学位移来考察四类质子均在其常见化学位移范围内。

（三）复杂图谱的简化

在复杂的分子中，自旋偶合和自旋裂分会使图谱过于复杂，以致难以辨认，通常可以借助于一些实验手段使图谱简化。下面简单介绍几种简化图谱的辅助方法。

1. 使用高磁场强度的核磁共振仪

偶合常数 J 不受外加磁场强度的影响，但共振频率的差值 Δv 却随外加磁场强度的增加而增大，因此可以提高 $\Delta v/J$ 值，从而使一定数量的高级图谱转化为便于解释的一级图谱。

2. 位移试剂

位移试剂是指在不增加外磁场强度的情况下，使试样质子的信号发生位移的试剂。位移试剂主要是镧系金属离子的配位化合物，目前常用的是铕或镨的配位化合物，它们具有磁各向异性效应，试样分子内各种质子与配位化合物的立体关系和间距各不相同，受的影响不同，产生的位移程度就不同，从而使重叠的谱线分开，简化图谱。

3. 双照射与核的 Overhauser 效应（NOE 效应）

由自旋偶合而引起谱峰裂分，谱线增多的现象常使谱图变得十分复杂而不易解析，利用双照射技术可以破坏偶合条件，达到去偶合目的。其基本原理是：在正常扫描时，外加另一个强的射频照射与待测核产生偶合的核，并且使照射频率恰好等于该核的共振频率，使其达到饱和（高速往返于各种自旋态之间），从而不再对待测核产生偶合作用，待测核能级不裂分，其谱线变为单峰，这种方法称为双照射或双共振。双照射不仅可以简化图谱，而且可以确定哪些核与去偶质子有偶合关系。核的 Overhauser 效应是指分子内空间位置紧密靠近的两个氢核，采用双共振技术照射其中的一个氢核，使其饱和，通过去偶消除其干扰，同时会使另一个氢核的共振信号强度增加。

4. 重氢交换

一些活泼氢（如羟基、氨基等）的氢键强弱不同，化学位移变化范围较大，不容易辨认。若分子中含有这些基团，在作完氢谱后，在样品中滴加几滴重水，然后重新作图，此时活泼氢已被氘取代，相应的谱峰消失（氘在氢谱中没有信号）。通过加重水交换，可判断分子中是否存在活泼氢及活泼氢的峰位及类型。

二、定量分析

核磁共振波谱中，某类氢核共振吸收峰的峰面积与其对应的氢核数成正比，这是核磁共振定量分析的重要依据。用核磁共振技术进行定量分析的最大优点是不需引入任何校正因子或绘制标准曲线，即可直接根据各共振峰的峰面积的比值，求算该自旋核的数目。常用内标法和标准加入法进行分析。

为了确定仪器的积分面积与质子浓度的关系，必须采用一种标准化合物来进行校准。内标法的原理是准确称取试样和一定量内标物，以合适溶剂配成适宜浓度的溶液并测定其谱图，根据内标物特征峰面积与试样中某一特征峰面积的比值，即可直接求算试样氢核的数目，即可得到试样浓度，内标法测定准确度高，操作方便，使用较多。标准加入法则是准确称取试样和一定量试样中某一待测组分的纯品，以合适溶剂配成适宜浓度的混合液，在相同操作条件下，分别测定混合液和试样的谱图，取谱图中某一特征峰面积进行定量。标准加入法只是在试样成分复杂、难以选择合适内标时使用，使用外标法时要求严格控制操作条件，保证结果的准确性。

第六节　其他核的核磁共振波谱简介

一、^{13}C 核磁共振波谱

^{13}C 核磁共振波谱的原理与 ^{1}H 核磁共振波谱基本相同。1957 年就已经发现了 ^{13}C 的核磁共振现象，但由于 ^{13}C 的天然丰度很低，仅为 ^{12}C 的 1.1%，并且 ^{13}C 的磁旋比约为 ^{1}H 的 1/4，^{13}C 的相对灵敏度仅为氢的 1/5600，所以直到 1970 年脉冲-傅里叶变换 NMR 技术发展以后，才开始应用碳谱直接研究有机化合物的碳骨架和含碳官能团。

1. ^{13}C 核磁共振波谱法特点

与 ^{1}H 相比，^{13}C 核磁共振波谱法具有以下特点：①^{13}C-NMR 提供的是有机物分子结构中碳骨架的信息，对常见的 $>C=O$，$>C=C=C<$，—N=C=O 和 —N=C=S 等有机物官

能团可以直接进行解析。利用核磁共振辅助技术，可以直接从碳谱上区分碳原子的级数（伯、仲、叔和季）；②^{1}H谱的化学位移δ值在0～20之间，而^{13}C谱的化学位移δ值在0～300之间，最高可达600，化学位移范围较宽，谱线之间分得很开，容易识别；③由于^{13}C天然丰度只有1.1%，与它直接相连的碳原子也是^{13}C的几率很小，故在碳谱中一般不考虑天然丰度化合物中的^{13}C—^{13}C偶合，降低了图谱的复杂性；④由于^{13}C天然丰度低，且^{13}C的磁旋比较^{1}H的磁旋比低约4倍，因而^{13}C的NMR信号比^{1}H的要低很多，在^{13}C-NMR测定中常常需要长时间的累加才能得到信噪比比较好的图谱；⑤虽然^{13}C—^{1}H偶合常数较大，现已经有消除偶合的方法，可以得到只有单线组成的^{13}C-NMR谱。

2. ^{13}C的化学位移

与^{1}H相比，^{13}C核磁共振波谱更适合于有机化合物的结构分析，其主要依据是^{13}C的化学位移，而自旋-自旋偶合作用不大。常规的^{13}C-NMR谱都是质子去偶谱，其特点是所得各种核的共振峰都表现为简单的单峰，峰的位置决定于化学位移。因而，^{13}C-NMR谱比^{1}H谱更简单，更容易归属。^{13}C的化学位移与^{1}H的化学位移一样，也是自旋核周围的电子屏蔽造成的，因而对自旋核周围的电子云密度有影响的任何因素都会影响它的化学位移。图13-11和表13-2列出了常见碳核的化学位移范围。

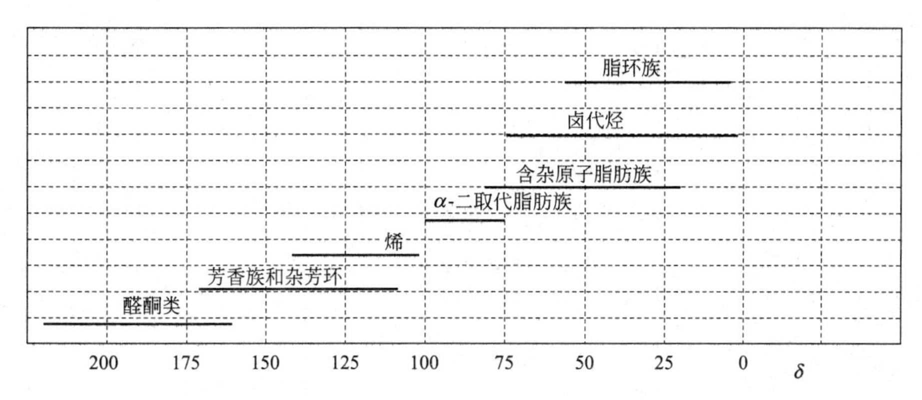

图13-11　常见碳核的化学位移范围

表13-2　不同类型碳原子的化学位移范围

碳原子类型	化合物类型	化学位移
>C═O	酮类	188～228
	醛类	185～208
	酸类	165～182
	酯、酰胺、酰氯、酸酐	150～180
>C═N—OH	肟	155～165
>C═N—	亚甲胺	145～165
—N═C═S	异硫氰化物	120～140
—S—C≡N	硫氰化物	110～120
—C≡N	氰	110～130
(杂环) X：O，S，N	芳杂环	115～155
(苯环)	芳环	110～135

续表

碳原子类型	化合物类型	化学位移
$>C=C<$	烯	110～150
$—C \equiv C—$	炔	70～100
$—\overset{\vert}{\underset{\vert}{C}}—O—$	季碳醚	70～85
$>CH—O—$	叔碳醚	65～75
$—CH_2—O—$	仲碳醚	40～70
$CH_3—O—$	伯碳醚	40～60
$—\overset{\vert}{\underset{\vert}{C}}—N<$	季碳胺	65～75
$>CH—N<$	叔碳胺	50～70
$—CH_2—N<$	仲碳胺	40～60
$CH_3—N<$	伯碳胺	20～45
$—\overset{\vert}{\underset{\vert}{C}}—S—$	季碳硫醚	55～70
$>CH—S—$	叔碳硫醚	40～55
$—CH_2—S—$	仲碳硫醚	25～45
$CH_3—S—$	伯碳硫醚	10～30
$—\overset{\vert}{\underset{\vert}{C}}—X—$	季碳卤化物	35～75
$>CH—X$	叔碳卤化物	30～65
$—CH_2—X$	仲碳卤化物	10～45
$CH_3—X$	伯碳卤化物	35～35
$—\overset{\vert}{\underset{\vert}{C}}—$	季碳烷烃	35～70
$>CH—$	叔碳烷烃	30～60
$—CH_2—$	仲碳烷烃	25～45
$CH_3—$	伯碳烷烃	20～30
△	环丙烷	5～5

影响^{13}C化学位移的主要因素有以下几点：

① 杂化类型：^{13}C谱的化学位移受杂化类型的影响较大，sp^3杂化的^{13}C核的屏蔽效应最大，共振吸收出现在高场；sp杂化，次之；sp^2杂化的屏蔽效应最小，共振吸收出现在低场。一般情况列于表13-3。

表 13-3　不同杂化原子的化学位移范围

杂化类型	碳原子类型	化学位移
sp^3	$-CH_3$　$-CH_2$　$>CH-$　$-\overset{\mid}{\underset{\mid}{C}}-$	0～70
sp	$-C{\equiv}CH$　$-C{\equiv}C-$	70～90
sp^2	$>C{=}C<$　$=CH_2$	100～150
sp^2	芳碳，取代芳碳	120～160
sp^2	羰基碳	150～220

② 诱导效应：电负性基团会使邻近^{13}C核的屏蔽效应减小。基团的电负性越强，去屏蔽效应越大。如卤代物中 C—F>C—Cl>C—Br>C—I。取代基对^{13}C化学位移的影响随着相隔电负性基团的距离增大而减小。

③ 缺电子效应：当碳原子失去电子带正电荷时，即缺少电子时，屏蔽作用大大减弱，化学位移向低场移动。例如：叔丁基正碳离子 $(CH_3)_3C^+$ 的化学位移达到 327.8。

④ 分子内氢键：如邻羟基苯甲醛，由于形成分子内氢键，使羰基碳屏蔽效应减小，化学位移值增大。

⑤ 不同的溶剂、介质，溶液的不同浓度、温度以及 pH 值等都会引起碳谱的化学位移值的变化。

3. ^{13}C核磁共振测定方法

由于^{13}C的自然丰度很低，分子中邻近的碳原子都是^{13}C的可能性很小，因此在^{13}C核磁共振波谱中^{13}C—^{13}C自旋偶合裂分的几率很小。但是^{1}H—^{13}C之间的偶合常数很大，常达几百 Hz，这种偶合作用不限于直接相连的^{1}H，也可以是较远的^{1}H，因此使得谱图变得十分复杂。通过去偶技术，可以消除^{13}C—^{1}H之间的偶合裂分，简化图谱。下面介绍三种双共振去偶方式。

① 质子（噪声）去偶——识别不等性碳核：又称宽带去偶，记作$^{13}C\{^{1}H\}$。这种异核双照射的方法是在用射频场（ν_1）照射各种碳核，使其激发产生^{13}C核磁共振吸收的同时，附加另一个射频场（ν_2又称去偶场），ν_2包括全部^{1}H的核磁共振频率范围，且用强功率照射使所有的^{1}H达到饱和，从而使^{1}H对^{13}C的偶合作用消除，^{13}C成为单峰，图谱得到简化。

② 偏共振去偶——识别碳的类型：又称部分去偶。通过选择合适的射频场（ν_2）频率，让^{13}C与分子中不直接相连的质子之间的偶合作用消除，^{13}C与分子中直接相连的质子之间的偶合作用保留。由此可以了解直接和碳相连的 H 的个数，来判断是甲基、亚甲基、次甲基还是季碳。

③ 选择性去偶—标识谱线：选择射频场（ν_2）的频率只包括一个氢的共振频率，使与这个氢相连的^{13}C的自旋偶合裂分峰完全消除，同时使这个氢偶合的^{13}C出现强度增大的单峰，而其他^{13}C核与其相连的氢的偶合全部保留，从而可以在碳谱上标识出要识别的碳峰。

除了^{1}H和^{13}C外，自然界中还存在 200 多种同位素且磁矩不为零，其中包括^{1}H、^{2}H、^{19}F、^{31}P、^{15}N、^{14}N、^{17}O、^{27}Al、^{29}Si等。

二、^{31}P的核磁共振波谱（^{31}P-NMR 谱）

^{31}P的天然丰度很高（100%），其自旋量子数 $I=1/2$，其化学位移值可达 700。^{31}P-NMR 谱的研究主要集中在生物化学、医学领域。磷在细胞中（DNA，磷脂、ATP 等）的

含量比较高，其化学位移范围宽。在生物体中^{31}P-NMR 谱的主要功能是测定能量物质（ATP、磷酸肌酸 PCr、无机磷 Pi）和磷脂的代谢。比如可以观察三磷酸腺苷（ATP）在不同 Mg^{2+} 存在下的^{31}P-NMR 谱，有效地研究 ATP 与 Mg^{2+} 的作用过程。

三、^{19}F 的核磁共振波谱（^{19}F-NMR 谱）

^{19}F 的天然丰度为 100%，其自旋量子数 $I=1/2$。^{19}F-NMR 谱灵敏度高，化学位移范围大（可达 1000），结构相似的化合物不易出现峰重叠，是有机氟化物结构分析最重要的手段。在医学、药学、原子能工业、特种材料、功能涂料、制冷剂等领域应用广泛。可以利用^{19}F-NMR 技术检测生物体内的组织、细胞和器官中特定分子、离子的变化，动态检测多项生理指标的变化机制。

思考题与习题

1. 什么是核磁共振？核磁共振的条件是什么？

2. 什么是自旋偶合、自旋裂分？它有什么重要性？

3. 什么是化学位移？它有什么重要性？在^{1}H-NMR 中影响化学位移的因素有哪些？

4. 在 $CH_3—CH_2—COOH$ 的氢核磁共振波谱图中可以观察到其中有四重峰及三重峰各一组。（1）说明这些峰的产生原因；（2）哪一组峰处于较低场？为什么？

5. 已知氢核^{1}H 磁矩为 2.79，磷核^{31}P 磁矩为 1.13，在相同强度的外加磁场条件下，发生核跃迁时何者需要的能量较低？

6. 下列化合物—OH 的氢核，何者处于较低场？为什么？

（Ⅰ）　　（Ⅱ）

7. 解释在下列化合物中，Ha、Hb 与 δ 的比值为何不同？

Ha：$\delta=7.72$

Hb：$\delta=7.40$

8. 一个分子的部分^{1}H-NMR 谱如图所示，试根据峰位置及裂分峰数推断产生这些吸收峰的氢核相邻部分的结构及电负性。

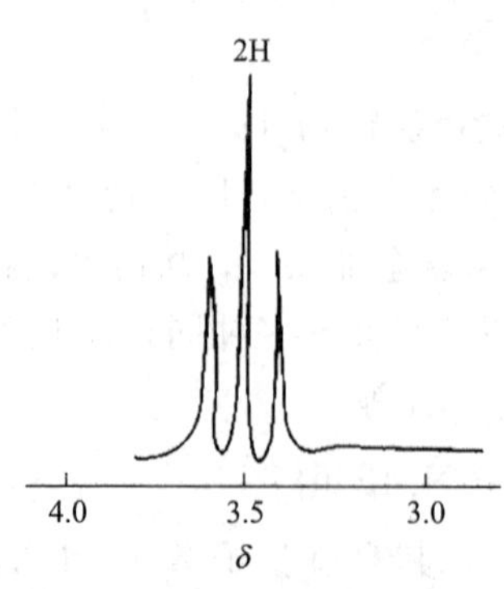

9. 某化合物分子式为 $C_8H_8O_2$，其^{1}H-NMR 如下所示，试推导其结构。

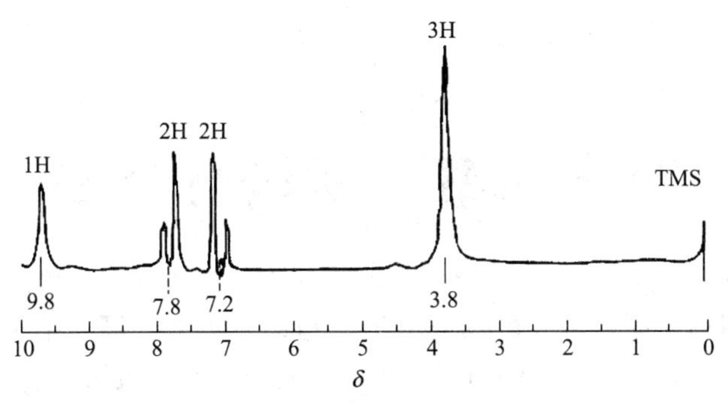

10. 某化合物分子式为 $C_{10}H_{14}O$，其^{1}H-NMR 如下所示，试推导其结构。

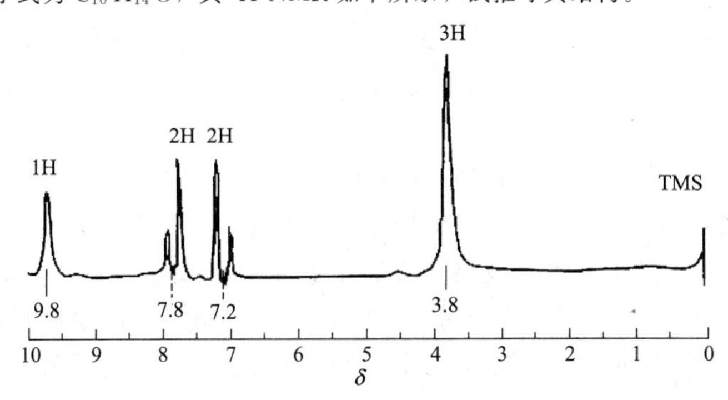

第十四章　质谱分析法

质谱分析法（mass spectrometry，MS）是利用电磁学原理，将化合物电离成具有不同质量的离子，然后利用不同离子在电场或磁场中运动行为的不同，把离子按质荷比（m/z）分开后收集和记录下来，从所得到的质谱图推断出化合物结构的方法。世界上第一台质谱仪于1912年由英国物理学家J. J. Thomson研制成功，早期质谱仪主要用来进行同位素测定和无机元素分析；20世纪30年代离子光学理论的建立，促进了质谱仪的发展；40年代起质谱开始应用于石油碳氢化合物分析；60年代以后，它开始应用于复杂化合物的鉴定和结构分析。20世纪80年代随着快原子轰击（FAB）、电喷雾（ESI）和基质辅助激光解析（MALDI）等新“软电离”技术的出现，使传统的主要用于小分子物质研究的质谱技术发生了革命性的变化，扩展到了高极性、难挥发和热不稳定的大分子的分析研究。近30年来质谱发展非常迅速，色谱-质谱联用技术的发展，高频电感耦合等离子源的引入，二次离子质谱仪的出现，使质谱技术成为解决复杂物质分析、无机元素分析及物质表面和深度分析等方面的有力工具。质谱技术在生命科学领域的应用，更为质谱的发展注入了新的活力，形成了独特的生物质谱技术。

质谱分析法是物质定性分析与分子结构研究的有效方法，其主要特点如下：（1）应用范围广。就分析范围而言，它既可以进行同位素分析，又可以进行无机成分分析及有机物结构分析；就样品状态而言，样品既可以是气体，又可以是液体或固体。（2）提供的信息多。能提供准确的分子量、分子和官能团的元素组成、分子式以及分子结构等大量数据。（3）灵敏度高，样品用量少。通常只需要微克级甚至更少的样品，便可得到满意的分析结果，检出极限最低可达10^{-14}g。（4）分析速度快。最快可达0.001s，可实现色谱-质谱在线分析及多组分同时测定。（5）与其他仪器相比，仪器结构复杂，价格昂贵，工作环境要求较高，给普及带来一定的限制，同时对样品有破坏性。

第一节　质谱仪的工作原理及性能指标

一、质谱仪的工作原理

质谱仪是利用电磁学原理，使带电的样品离子通过适当的电场、磁场将它们按空间位置、时间先后或者轨道稳定与否实现质荷比分离，并检测其强度后进行物质分析的仪器。离子电离后经加速进入磁场中，其动能与加速电压及电荷z有关，即：

$$zeU=1/2mv^2 \tag{14-1}$$

式中，z为电荷数；e为元电荷（$e=1.60\times10^{-19}$C）；U为加速电压；m为离子的质量；v为离子被加速后的运动速度。

具有速度v的带电粒子进入质谱分析器的电磁场中，根据所选择的分离方式，最终实现各种离子按m/z进行分离。根据质量分析器的工作原理，可以将质谱仪分为动态仪器和静态仪器两大类。在静态仪器中用稳定的电磁场，按空间位置将m/z不同的离子分开，如单聚焦和双聚焦质谱仪。在动态仪器中采用变化的电磁场，按时间不同来区分m/z不同的离子，如飞行时间和四极滤质器式的质谱仪。

质谱仪的一般工作过程为：质谱仪离子源中的样品，在极高的真空状态下，采用高能电子束轰击分子（M），使之成为分子离子（M^+），分子离子进一步发生键的断裂，而产生许多碎片。碎片可以是失去游离基后的正离子，也可以是失去中性分子后的游离基型正离子。将解离的阳离子加速导入质量分析器中，利用离子在电场或磁场中运动的性质，将离子按质荷比的大小顺序进行收集和记录，得到质谱图。由于在相同实验条件下每种化合物都有其确定的质谱图，因此将所得谱图与已知谱图对照，就可确定待测化合物。

二、质谱仪的主要性能指标

1. 质量测定范围（measurement range of mass）

质谱仪的质量测定范围表示质谱仪所能够进行分析的样品的相对原子质量（或相对分子质量）范围，通常采用以^{12}C来定义的原子质量单位进行度量。测定气体用的质谱仪，一般相对原子或分子质量测定范围在2～100，而有机质谱仪一般可达几千，现代质谱仪甚至可以测量相对分子量达几万到几十万的生物大分子样品。

2. 分辨本领（resolution capability）

分辨本领是指质谱仪分开相邻质量数离子的能力，也称分辨率。常用符号 R 表示。

$$R=M/\Delta M \tag{14-2}$$

式中，M 表示分开两峰中任何一峰的质量数；ΔM 表示分开两峰的质量差。

当强度相接近的两个相邻的离子峰间形成的峰谷的高度 h 为两个峰平均峰高 H 的10%以下时，可认为两峰已经分开，如图14-1所示。对于低、中、高分辨率的质谱仪，分别是指其分辨率在100～2000、2000～10000和10000以上。在实际工作中，有时很难找到相邻的且峰高相等的两个峰，同时峰谷又为峰高的10%。在这种情况下，可任选一单峰，测其峰高5%处的峰宽 $W_{0.05}$，即可当作上式中的 ΔM，此时的分辨率定义为：

$$R=M/W_{0.05} \tag{14-3}$$

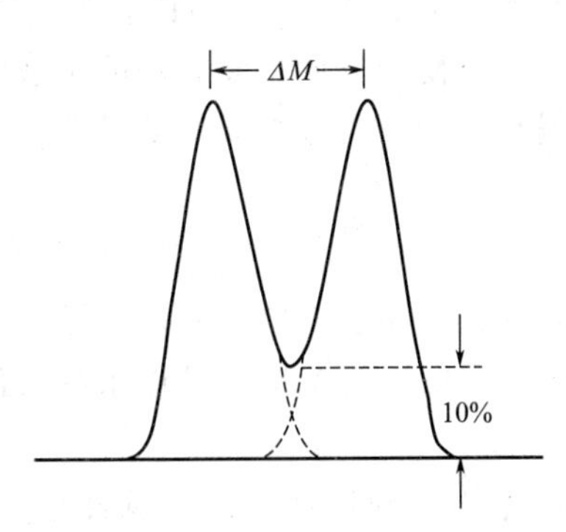

图14-1　质谱仪10%峰谷分辨率示意图

3. 质量稳定性和质量精度（mass stability and mass precision）

质量稳定性主要是指仪器在工作时质量稳定的情况，通常用一定时间内质量漂移的质量单位来表示。例如某仪器的质量稳定性为0.1amu/12h，表明该仪器在12h之内，质量漂移不超过0.1amu。质量精度是指质量测定的精确程度，常用相对百分比表示。例如某化合物的质量为1520473amu，用某质谱仪多次测定该化合物，测得的质量与该化合物理论质量之差在0.003amu之内，则该仪器的质量精度为百万分之二十。质量精度是高分辨质谱仪的一项重要指标，对低分辨质谱仪没有太大意义。

4. 灵敏度（sensitivity）

质谱仪的灵敏度有绝对灵敏度、相对灵敏度和分析灵敏度等几种表示方法。绝对灵敏度是指仪器可以检测到的最小样品量；相对灵敏度是指仪器可以同时检测的大组分与小组分含量之比；分析灵敏度则是指输入仪器的样品量与仪器输出的信号之比。

第二节 质谱仪的基本结构和分类

一、质谱仪的基本结构

质谱仪通常由六部分组成：真空系统、进样系统、离子源、质量分析器、离子检测器和计算机控制及数据处理系统，如图 14-2 所示。

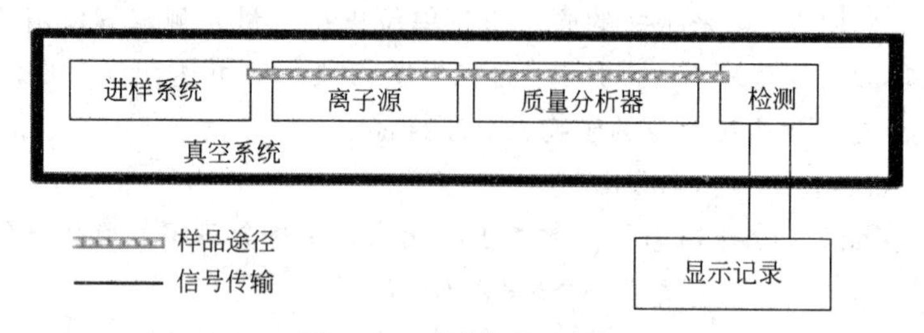

图 14-2 质谱仪构造框图

（一）真空系统

质谱仪的离子产生及经过系统必须处于高真空状态，离子源真空度应达 1.0×10^{-4}～1.0×10^{-3}Pa，质量分析器中应保持 1.0×10^{-6}Pa。若真空度过低，则会造成离子源灯丝损坏，产生不必要的离子碰撞、散射效应、复合反应和离子-分子反应，副反应过多造成本底增高，从而使图谱复杂化。质谱仪的高真空系统通常由机械泵和油扩散泵或涡轮分子泵串联而成。机械泵作为前级泵将真空系统抽到 0.01～0.1Pa，然后再由油扩散泵或涡轮分子泵保证它们的高真空度。由于涡轮分子泵使用方便，没有油的扩散污染问题，因此近年来生产的质谱仪大多使用涡轮分子泵。涡轮分子泵直接与离子源或分析器相连，抽出的气体再由机械真空泵排到体系之外。

（二）进样系统

进样系统的作用是高效重复地将样品引入离子源，并且不能造成真空度的降低。目前常用的进样系统有三种：间歇式进样系统、直接探针进样系统及色谱进样系统。

1. 间歇式进样

一般气体或易挥发液体试样采用此种进样方式。试样进入贮样器，调节温度使试样蒸发，依靠压差使试样蒸气经漏孔扩散进入离子源。

2. 直接进样

高沸点试液、固体试样可采用探针或直接进样器送入离子源，调节温度使试样气化。缺点是不能分析复杂的化合物体系，直接探针引入进样系统如图 14-3 所示。

3. 色谱进样

色谱-质谱联用仪器中，经色谱分离后的流出组分，通过接口元件直接导入离子源。

（三）离子源

离子源的作用是使被分析的物质电离成带电的正离子或负离子，它是质谱仪的核心，其

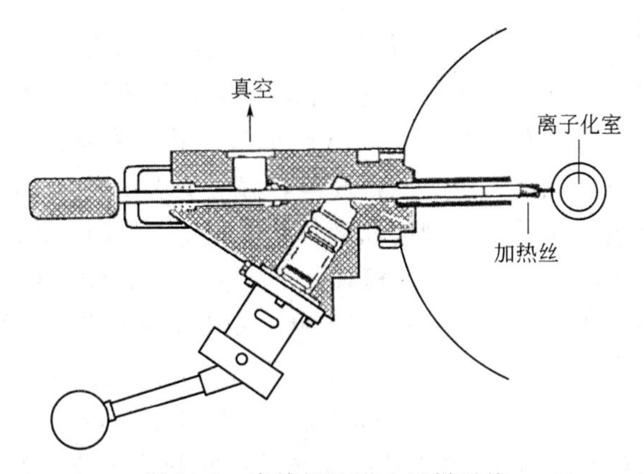

图 14-3　直接探针引入进样系统

结构和性能与质谱仪的灵敏度和分辨率等有很大关系。目前质谱仪中，有多种电离源可供选择，如电子电离源、化学电离源、场电离源、快速原子轰击源、电喷雾电离源等，下面介绍几种常见的离子源。

1. 电子电离源（electron ionization，EI）

电子电离源又称 EI 源，是应用最为广泛的离子源，它主要用于挥发性样品的电离。电子电离源的原理如图 14-4 所示，由 GC 或直接进样杆进入的样品，以气体形式进入离子源，由灯丝发出的电子与样品分子发生碰撞使样品分子电离。一般情况下，灯丝与阳极之间的电压为 70eV，所有的标准质谱图都是在 70eV 下做出的。在 70eV 电子碰撞作用下，有机物分子可能被打掉一个电子形成分子离子，也可能会发生化学键的断裂形成碎片离子。由分子离子可以确定化合物分子量，由碎片离子可以得到化合物的结构。对于一些不稳定的化合物，在 70eV 的电子轰击下很难得到分子离子。为了得到分子量，可以采用 10～20eV 的电子能量，不过此时仪器灵敏度将大大降低，需要加大样品的进样量。而且，得到的质谱图不再是标准质谱图。电子电离源的优点是结构简单，操作方便；电离效率高，稳定可靠；结构信息丰富，有标准质谱图可以检索，是 GC-MS 联用仪中常用的离子源。其缺点是只适用于易气化的有机物样品分析，而且有些化合物得不到分子离子峰。

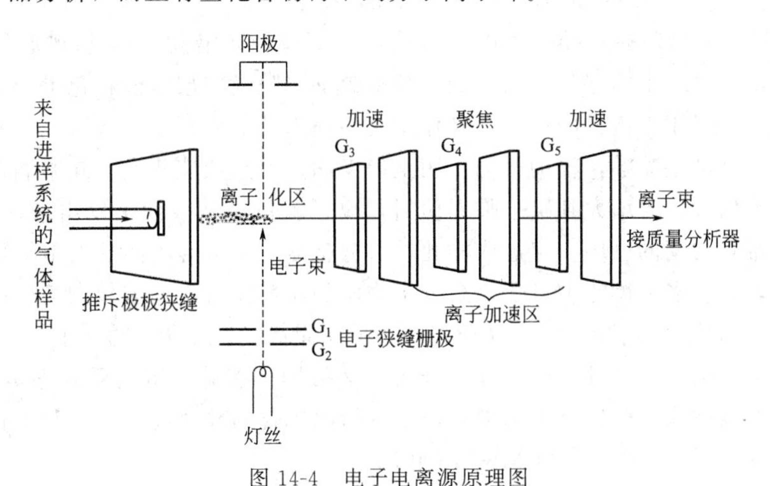

图 14-4　电子电离源原理图

2. 化学电离源（chemical ionization，CI）

化学电离源是为解决上述问题而发明的一种软离子化技术，它是通过离子-分子反应来进行，而不是用强电子束进行电离。CI 和 EI 在结构上没有太大差别，其主要差别是 CI 源工作过程中要引进一种反应气，像甲烷、异丁烷、氨等，反应气的量比样品气要大得多。灯丝发出的电子首先将反应气电离，然后反应气离子与样品分子进行离子-分子反应，并使样品气电离。化学电离源的优点是：(1) 图谱简单，容易解析，因为电离样品分子的不是高能电子流，而是能量较低的二次电子，键的断裂可能性减小，峰的数目随之减少；(2) 准分子离子峰，即 $(M+1)^+$ 峰很强，仍可提供相对分子质量这一重要信息。其缺点是 CI 源得到的质谱图不是标准谱图，不能进行库检索。CI 源主要用于气相色谱-质谱联用仪，适用于易气化的有机物样品分析。

3. 快速原子轰击源（fast atomic bombardment，FAB）

FAB 电离法是在 20 世纪 80 年代初发展起来的，它利用快速中性原子来轰击样品溶液的表面，使分子电离的方法。此法将样品分散于基质（常用甘油等高沸点溶剂）制成的溶液，涂布于金属靶上送入 FAB 离子源中；将经强电场加速后的惰性气体中性原子束（如氙）对准靶上样品轰击，基质中存在的缔合离子及经快原子轰击产生的样品离子一起被溅射进入气相，并在电场作用下进入质量分析器。如用惰性气体离子束（如铯或氩）来取代中性原子束进行轰击，所得质谱称为液相二次离子质谱（LSIMS)。快速原子轰击源的优点是：(1) 离子化能力强，适用于热不稳定、难挥发、强极性、大分子的有机化合物；(2) 容易得到较强的分子离子或准分子离子峰，同时可获得较多的碎片离子峰信息，有助于结构解析。其缺点是对非极性样品灵敏度下降，而且基质在低质量数区（400 以下）产生较多干扰峰。

4. 场电离源（field ionization，FI）和场解吸源（field Desorption，FD）

场电离源由距离很近的阳极和阴极组成，两极间加上高电压后，阳极附近产生高达 $10^7 \sim 10^8 V \cdot cm^{-1}$ 的强电场。接近阳极的气态样品分子产生电离形成正分子离子，然后加速进入质量分析器。对于液体样品（固体样品先溶于溶剂）可用场解吸源来实现离子化。将金属丝浸入样品液，待溶剂挥发后把金属丝作为发射体送入离子源，通过弱电流提供样品解吸所需能量，样品分子即向高场强的发射区扩散并实现离子化。FD 适用于难气化、热稳定性差的化合物。FI 和 FD 均易得到分子离子峰。

5. 电喷雾电离源（electron spray ionization，ESI）

ESI 源是近年来出现的一种新的电离方式，主要应用于液相色谱-质谱联用仪。电喷雾电离源的主要部件是一个两层套管组成的电喷雾喷嘴，喷嘴内层是液相色谱流出物，外层是雾化气，雾化气常采用大流量的氮气，其作用是使喷出的液体分散成微滴。另外，在喷嘴的斜前方还有一个辅助气喷嘴，辅助气的作用是使微滴的溶剂快速蒸发，在微滴蒸发过程中表面电荷密度逐渐增大，当增大到某个临界值时，离子就可以从表面蒸发出来。离子产生后，借助于喷嘴与锥孔之间的电压，穿过取样孔进入分析器。电喷雾电离源的最大优点是样品分子不发生裂解，具有多电荷能力，使得高分子物质的质荷比落入大多数四极杆或磁质量分析器的分析范围（质荷比小于 4000），从而可分析分子量高达几十万道尔顿的生物大分子，其分析的分子量范围很大，既可用于小分子分析，又可用于多肽、蛋白质和寡聚核苷酸分析。缺点是不适用非极性或弱极性物质的检测，很少给出化合物碎片离子，不利于化合物结构推导。为了克服此不足，ESI 源常与 MS-MS 联用。

6. 大气压化学电离源（atmospheric pressure chemical ionization，APCI）

大气压化学电离源主要用来分析中等极性的化合物。大气压化学电离源是先将溶液进入热雾化室，雾化室通常要求有较高的温度，这样的温度有助于溶剂的蒸发，提高去溶效果；

在雾化室的尾部安置一个放电针，并加高压使之产生电晕放电，背景气离子化后与样品分子发生气相碰撞化学电离，在电离过程中，通过分子的质子化，如碱性分子带 H_3O^+，或者电荷交换带电，酸性分子去质子化，也可以捕获电子后离子化，如卤素和芳香烃。由于 APCI 使用的是热喷雾，因此不适合于热不稳定的样品分析；另外，APCI 产生的是单电荷离子，这不利于对大分子的检测，结构也比 ESI 复杂一些。APCI 的优点是：它与 ESI 同是一种较“温和”的软电离法，但碎片离子峰比 ESI 丰富，而且溶剂的选择，流速，添加物也不太敏感。

（四）质量分析器

质量分析器是质谱仪的核心，其作用是将离子源产生的离子按 m/z 顺序分开并排列成谱。各类质谱仪的主要差别在于质量分析器的不同。质量分析器的种类很多，常见的有单聚焦分析器、双聚焦分析器、四极杆分析器、离子阱分析器、飞行时间分析器、回旋共振分析器等。

1. 单聚焦质量分析器（single focusing mass analyzer）

在单聚焦质量分析器中，从离子源射入的离子束在磁场作用下，由直线运动变成弧形运动。不同 m/z 的离子，由于运动曲线半径 R 不同，被质量分析器分开。由于出射狭缝和离子检测器的位置固定，即离子弧形运动的曲线半径 R 是固定的，故一般采用连续改变加速电压或磁场强度，使不同 m/z 的离子依次通过出射狭缝，以半径为 R 的弧形运动方式到达离子检测器。由一点出发的、具有相同质荷比的离子，以同一速度但不同角度进入磁场偏转后，离子束可重新会聚于一点，即静磁场具有方向聚焦作用，因而称为单聚焦质量分析器，如图 14-5 所示。单聚焦质量分析器的结构简单，操作方便，但分辨率低（一般为 500 以下），不能满足有机物分析要求，目前只用于同位素质谱仪和气体质谱仪。

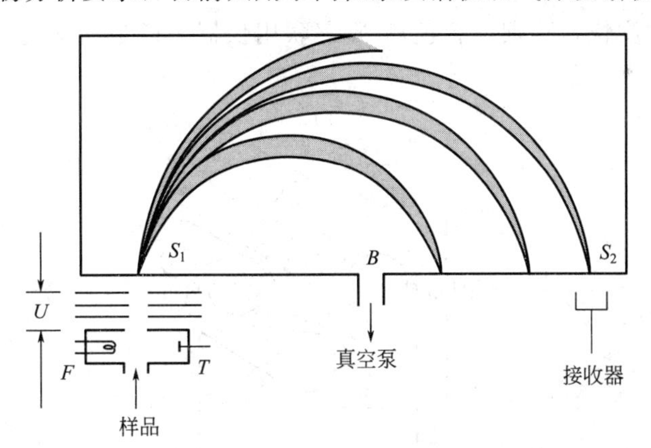

图 14-5　单聚焦质量分析器示意图

S_1、S_2—狭缝；B—磁感应强度；U—加速电压；F—碎裂电压；T—离子源温度

2. 双聚焦质量分析器（double focusing mass analyzer）

在单聚焦质量分析器中，离子源产生的离子由于被加速初始能量（即射入质量分析器的速度）不同，即使质荷比相同的离子，最后也不能全部聚焦在检测器上，致使仪器分辨率不高。为了提高分辨率，通常采用双聚焦质量分析器，它是将一个扇形静电场分析器置于离子源和扇形磁场分析器之间，如图 14-6 所示。在双聚焦质量分析器中，一束具有能量分布的离子束，经过扇形静电场将质量相同而速度不同的离子分离聚焦，即具有速度分离聚焦的作用。然后，经过狭缝进入磁分析器，再进行 m/z 方向聚焦。由于同时实现速度和方向双聚

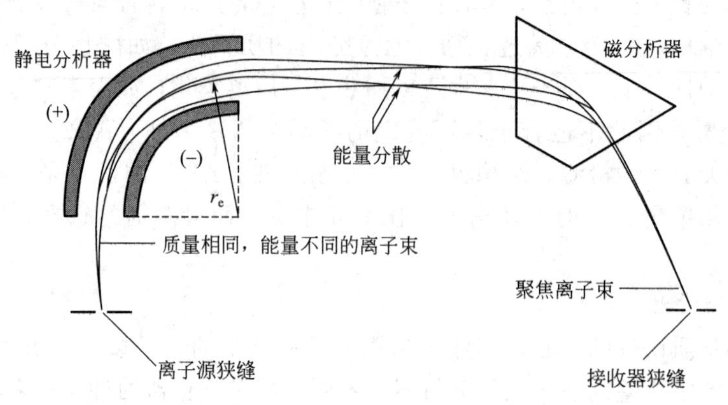

图 14-6　双聚焦质量分析器示意图

焦，因此称为双聚焦分析器。双聚焦质量分析器的最大优点是大大提高了仪器的分辨率，可达 15 万，甚至上百万；缺点是扫描速度慢，操作、调整比较困难，而且仪器造价也比较昂贵。

3. 四级杆质量分析器（quadrupole mass analyzer）

四级杆质量分析器是由两对四根高度平行的金属电极杆组成的，精密地固定在正方形的四个角上，如图 14-7 所示。在两电极间加有数值相等方向相反的直流电压 V_{dc} 和射频交流电压 V_{rf}，四根极杆内所包围的空间便产生双曲线形电场。从离子源入射的加速离子穿过四极杆双曲型电场中，会受到电场作用，只有特定质荷比的离子在轴向稳定运动并到达检测器，其他质荷比的离子则与电极碰撞湮灭，改变 V_{dc}/V_{rf}，可以实现质量扫描，使不同质荷比的离子依次到达检测器。四级杆质量分析器是一种无磁分析器，体积小，重量轻，操作方便，分辨率较高，扫描速度快，特别适合色谱-质谱联用仪器。但是准确度和精密度低于磁偏转型质量分析器。

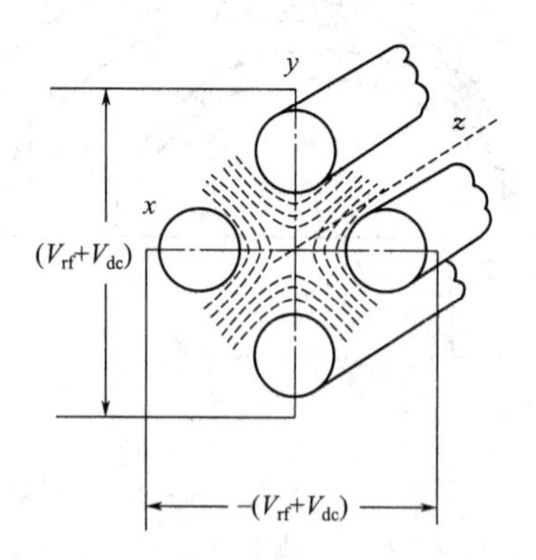

图 14-7　四级杆质量分析器示意图

4. 离子阱质量分析器（ion trap mass analyzer）

离子阱由一对环形电极和两个呈双曲面形的端盖电极组成，如图 14-8 所示。

采用脉冲加速电压使样品离子化并将其引入至离子阱中。离子被储存在离子阱中的一稳定轨道上，处于稳定区外的离子，由于运动幅度大，与电极碰撞而消亡。控制扫描的射频电压施加在环电极上，逐渐增加射频电压，使离子径迹连续地不稳定，从而使离子按 m/z 的大小从端盖电极的出口排斥进入电子倍增器被检测。离子阱质量分析器结构简单，扫描速度

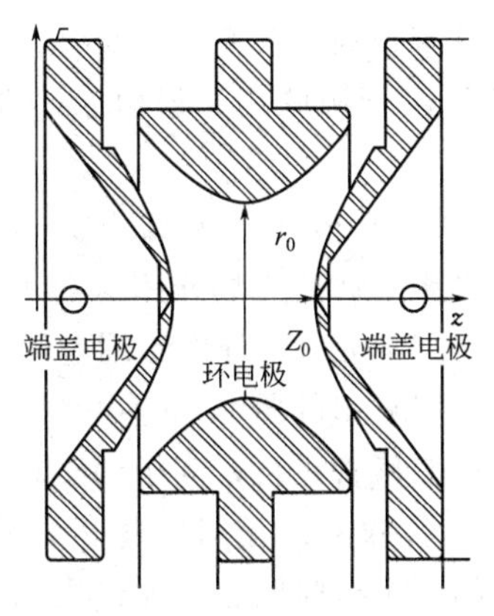

图 14-8　离子阱质量分析器示意图

快，灵敏度高，质量范围大，可以实现多级串联质谱 MS^n，对于物质结构的鉴定非常有用。因此，在液相色谱-质谱（LC/MS）联用仪器中，离子阱是最常用的质量分析器之一。与傅里叶变换离子回旋共振质量分析器和飞行时间质量分析器相比，离子阱质量分析器的分辨率和质量准确度不是很高。

5. 傅里叶变换离子回旋共振分析器（fourier transform ion cyclotron resonance analyzer，FTICR）

FTICR 是根据离子在磁场中做回旋运动而设计的，它的核心部件是带傅里叶变换程序的计算机和捕获离子的分析室。分析室是一个置于强磁场中的立方体结构，它是由三对相互垂直的平行板电极组成，置于高真空和由超导磁体产生的强磁场中。第一对电极为捕集极，它与磁场方向垂直，电极上加有适当正电压，其目的是延长离子在室内滞留时间；第二对电极为发射极，用于发射射频脉冲；第三对电极为接收极，用来接收离子产生的信号，如图 14-9 所示。

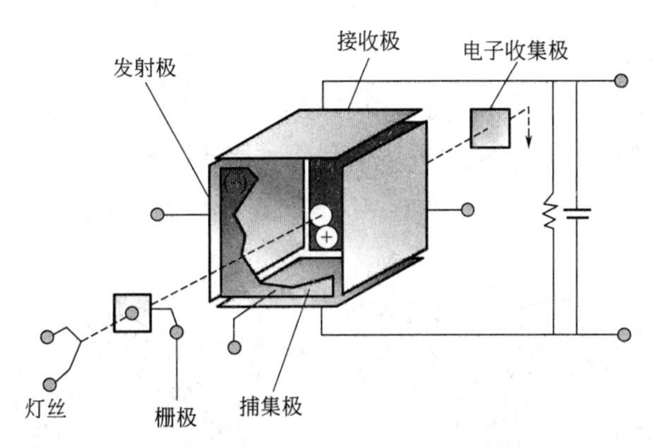

图 14-9　傅里叶变换离子回旋共振分析器示意图

离子被引入分析室后，在强磁场作用下被迫以很小的轨道半径做圆周运动，离子的回旋频率与离子质量成反比，此时不产生可检出信号。如果在立方体的一对面上（发射极）加一快速扫频电压，一对极板施加一个射频电压，当其频率与离子回旋频率相等时或满足共振条件时，离子吸收射频能量，运动轨道半径增大，撞到检测器产生可检出信号。这种信号是一种正弦波，振幅与共振离子数目成正比，实际使用中测得的信号是在同一时间内所对应的正弦波信号的叠加。这种信号输入计算机进行快速傅里叶变换，利用频率和质量的已知关系可得到质谱图。傅里叶变换质谱仪具有很高的分辨率（可达 10^5 以上）和很高的灵敏度，而且具有多级质谱的功能，可以和任何离子源联用。但由于需要很高的超导磁场，因而需要液氦，仪器价格和维持费用都很高。

6. 飞行时间质量分析器（time of flight mass analyzer）

飞行时间质量分析器是一种将离子通过无场作用下的漂移方式得到分离的分析器，其主要部分是一个离子漂移管，如图 14-10 所示。分析器用电子脉冲（约 10kHz）法将离子源中的离子瞬间引出，并通过与前者相同频率的脉冲加速电场而加速，使离子源飞出的离子动能基本一致；然后凭惯性再进入无场漂移管飞行，离子的飞行速度与 m/z（质荷比）的平方根成反比。即 m/z 越大的离子，到达接收器所用时间越长，m/z 越小的离子，到达接收器所用时间越短，从而达到分离的目的。飞行时间分析器最大的优点是：(1) 扫描速度快，可用于极快过程的研究；(2) 质量检测没有上限限制，特别适合于生物大分子的测定；(3) 体积小，重量轻，结构简单，操作方便。目前，飞行时间分析器已广泛应用于气相色谱-质谱联用仪，液相色谱-质谱联用仪和基质辅助激光解吸飞行时间质谱仪中。

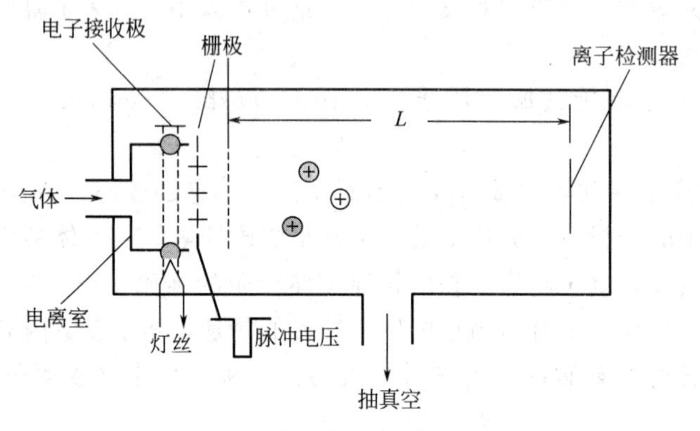

图 14-10 飞行时间质量分析器示意图

（五）离子检测器

质谱仪的检测主要使用电子倍增器，其原理类似于光电倍增管，如图 14-11 所示。电子倍增器一般由一个转换极、10～20 个倍增极和一个收集极组成。一定能量的离子轰击阴极

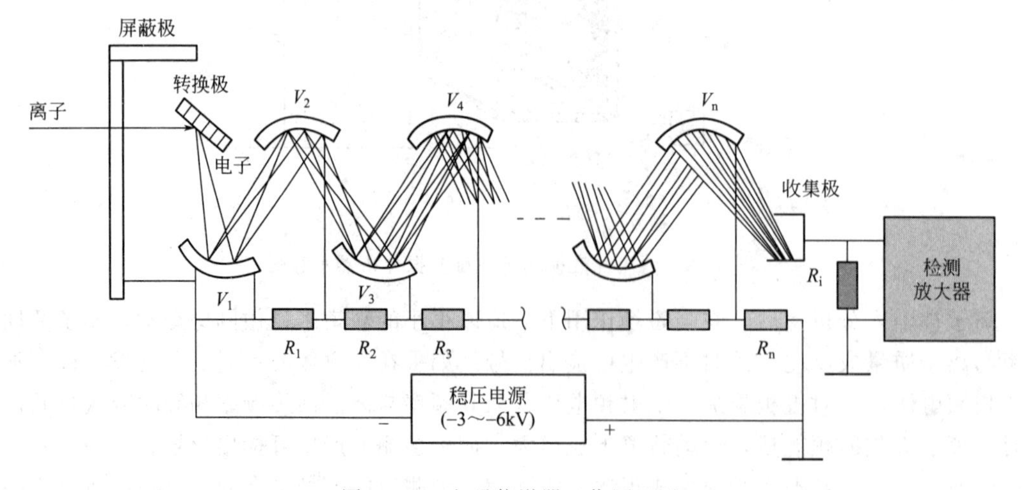

图 14-11 电子倍增器工作原理图

V_1、V_2、V_3、…V_n 为倍增极电压；R_1、R_2、R_3、…R_n 为倍增极间电阻

导致电子发射，电子在电场的作用下，依次轰击下一级电极而被放大，电子倍增器的放大倍数一般在 $10^5 \sim 10^8$。电子倍增器中电子通过的时间很短，利用电子倍增器可以实现高灵敏、快速测定。但电子倍增器存在“质量歧视效应”，且随使用时间增加，增益会逐步减小。近代质谱仪中常采用隧道电子倍增器，其工作原理与电子倍增器相似，因为体积小、多个隧道电子倍增器可以串列起来，用于同时检测多个 m/z 不同的离子，从而大大提高分析效率。

（六）计算机控制及数据处理系统

经离子检测器检测后的电流，经放大器放大后，用记录仪快速记录到光敏记录纸上，或者用计算机处理结果。现代质谱仪一般都采用较高性能的计算机对产生的信号进行快速接收与处理，同时通过计算机可以对仪器条件等进行严格的监控，从而使精密度和灵敏度都有一定程度的提高，还可以对化合物进行自动的定性、定量分析。

二、质谱仪的分类

质谱仪种类非常多，可以从不同角度进行分类。

1. 按应用范围分类

质谱仪按应用范围分为同位素质谱仪、无机质谱仪和有机质谱仪。同位素质谱仪能精确测定元素的同位素比值，具有测试速度快，结果精确，样品用量少（微克量级）等优点，广泛用于核科学、地质年代测定、同位素稀释质谱分析及同位素示踪分析。

无机质谱仪主要用于无机元素微量分析和同位素分析等方面。分为火花源质谱仪、离子探针质谱仪、激光探针质谱仪、辉光放电质谱仪、电感耦合等离子体质谱仪。火花源质谱仪不仅可以进行固体样品的整体分析，而且可以进行表面和逐层分析甚至液体分析；激光探针质谱仪可进行表面和纵深分析；辉光放电质谱仪分辨率高，可进行高灵敏度、高精度分析，适用范围包括元素周期表中绝大多数元素，分析速度快，便于进行固体分析；电感耦合等离子体质谱，谱线简单易认，灵敏度与测量精度很高。

有机质谱仪主要用于有机化合物的结构鉴定，它能提供化合物的分子量、元素组成以及官能团等结构信息。分为四极杆质谱仪、离子阱质谱仪、飞行时间质谱仪和磁质谱仪等。

2. 按分辨本领分类

按分辨本领分为高分辨、中分辨和低分辨质谱仪。低分辨质谱仪分辨率从几百到几千，质量数精确到整数，单聚焦质谱仪和四极杆质谱仪均属此类；中分辨质谱仪分辨率为 $1\times10^4 \sim 3\times10^4$，质量数可精确到小数点后第 3 位；高分辨质谱仪分辨率在 5×10^4 以上。

3. 按质量分析器的工作原理分类

按质量分析器的工作原理，可分为静态仪器和动态仪器两大类。静态仪器包括单聚焦质谱仪及双聚焦质谱仪，动态仪器包括四极杆质谱仪、飞行时间质谱仪、离子阱质谱仪和傅里叶变换质谱仪等。

三、质谱联用技术

将两种或多种仪器分析方法结合起来的技术称为联用技术，利用联用技术的主要有色谱-质谱联用、毛细管电泳-质谱联用、质谱-质谱联用，其主要问题是如何解决与质谱相连的接口及相关信息的高速获取与贮存等问题。

（一）气相色谱-质谱联用（GC-MS）

将分离能力很强的色谱仪与定性、结构分析能力很强的质谱仪通过适当的接口相结合成完整的分析仪器，借助计算机技术进行物质分析的方法，称为色谱-质谱联用技术。GC-MS

技术是20世纪50年代后期才开始研究的，到60年代已经成熟并出现了商品化仪器。目前，它已成为最常用的一种联用技术。GC-MS联用仪主要由色谱单元、接口、质谱单元和计算机系统四大部分组成，如图14-12所示。其中接口是实现联用的关键，接口的作用是使经气相色谱分离出的各组分依次进入质谱仪的离子源。接口一般应满足如下要求：(1) 不破坏离子源的高真空，也不影响色谱分离的柱效；(2) 使色谱分离后的组分尽可能多的进入离子源，流动相尽可能少进入离子源；(3) 不改变色谱分离后各组分的组成和结构。

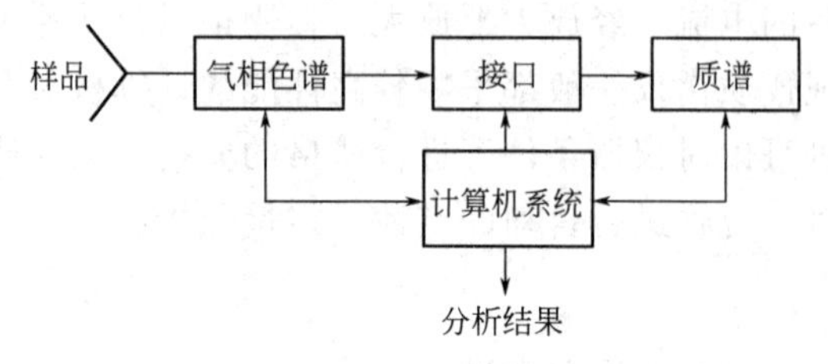

图14-12 GC-MS联用仪组成方框图

GC-MS的质谱仪部分可以是磁式质谱仪、四极杆质谱仪，也可以是飞行时间质谱仪和离子阱质谱仪；目前使用最多的是四极杆质谱仪；离子源主要是EI源和CI源。色谱部分和一般的色谱仪基本相同，包括柱箱，气化室，载气系统，进样系统，程序升温系统和压力、流量自动控制系统等，但应该符合质谱仪的一些特殊要求，主要是：(1) 固定相应选择耐高温，不易流失的固定液，最好用键合相；(2) 载气应不干扰质谱检测，一般常用氦气。GC-MS的另外一个组成部分是计算机系统。由于计算机技术的提高，GC-MS的主要操作都由计算机控制进行，这些操作包括利用标准样品（一般用FC-43）校准质谱仪，设置气相色谱、接口和质谱仪的工作条件，数据的收集和处理以及库检索等，根据获得色谱和质谱数据，对复杂试样中的组分进行定性和定量分析。GC-MS联用仪的灵敏度高，适合于低分子化合物（相对分子质量<1000）的分析，尤其适合于挥发性成分的分析。GC-MS技术已得到了极为广泛的应用，如环境污染物的分析、药物的分析、食品添加剂的分析等。GC-MS还是兴奋剂鉴定及毒品鉴定的有力工具。

（二）液相色谱-质谱联用（LC-MS）

液相色谱与质谱联用仪，结合了液相色谱仪有效分离热不稳性及高沸点化合物的分离能力与质谱仪很强的组分鉴定能力，是一种分离分析复杂有机混合物的有效手段。液相色谱-质谱联用仪主要由高效液相色谱、接口装置（同时也是电离源）、质谱仪和计算机系统四大部分组成。高效液相色谱与一般的液相色谱相同，其作用是将混合物样品分离后引入质谱仪。

LC-MS联用的关键是LC和MS之间的接口装置。接口技术首先解决高压液相和低压气相间的矛盾。质谱离子源的真空度常在$1.33\times10^{-5}\sim1.33\times10^{-2}$Pa，真空泵抽去液体的速度一般在10～20$\mu$L/min，这与通常使用的高效液相色谱0.5～1mL/min的流速相差甚远。因此，去掉LC的流动相是LC-MS的主要问题之一。另一个重要的问题是分析物的电离。用LC分离的化合物大多是极性高，挥发度低，易热分解或大分子量的化合物。经典的电子轰击电离（EI）并不适用于这些化合物。早期曾经使用过的接口装置有传送带接口、热喷雾接口、粒子束接口等十余种，这些接口装置都存在一定的缺点，因而都没有得到广泛推广。20世纪80年代，大气压电离源用作LC和MS联用的接口装置和电离装置之后，使得LC-MS联用技术提高了一大步。目前，几乎所有的LC-MS联用仪都使用大气压电离源作为接口装置和离子源。大气压电离源（atmosphere pressure ionization，API）包括电喷雾电离源（electrospray ionization，ESI）和大气压化学电离源（atmospheric pressure chemical ionization，APCI）两种，二者之中电喷雾源应用更为广泛。ESI 源和 APCI 源的工作原理及特点详见生物质谱部分。除了电喷雾和大气压化学电离两种接口之外，极少数仪器还使用粒子束喷雾和电子轰击相结合的电离方式，这种接口装置可以得到标准质谱，可以库检索，但只适用于小分子，应用也不普遍，因此不再详述。

质谱仪部分由于接口装置同时就是离子源，因此质谱仪部分只介绍质量分析器。作为 LC-MS 联用仪的质量分析器种类很多，最常用的是四极杆分析器（简写为 Q），其次是离子阱分析器（Ion Trap）和飞行时间分析器（TOF）。因为 LC-MS 主要提供分子量信息，为了增加结构信息，LC-MS 大多采用具有串联质谱功能的质量分析器，串联方式很多，如 Q-Q-Q，Q-TOF 等。随着联用技术的日趋完善，LC-MS 逐渐成为最热门的分析手段之一。特别是在分子水平上可以进行蛋白质、多肽、核酸的分子量确认，氨基酸和碱基对的序列测定及翻译后的修饰工作等，这在 LC-MS 联用之前都是难以实现的。LC-MS 作为已经比较成熟的技术，目前已在生化分析、天然产物分析、药物和保健食品分析以及环境污染物分析等许多领域得到了广泛的应用。

（三）串联质谱（MS-MS 联用）

为了得到更多的有关分子离子和碎片离子的结构信息，在传统的质谱仪基础上，于 20 世纪 80 年代初，发展出了 MS-MS 联用技术，它是将两个或更多的质谱连接在一起，也称为串联质谱。串联质谱法可以分为两类：空间串联和时间串联。空间串联是两个以上的质量分析器联合使用，两个分析器间有一个碰撞活化室，目的是将前级质谱仪选定的离子打碎，由后一级质谱仪进行扫描及定性分析，如图 14-13 所示。而时间串联质谱仪只有一个分析器，前一时刻选定某一离子，在分析器内打碎后，后一时刻再进行扫描分析。

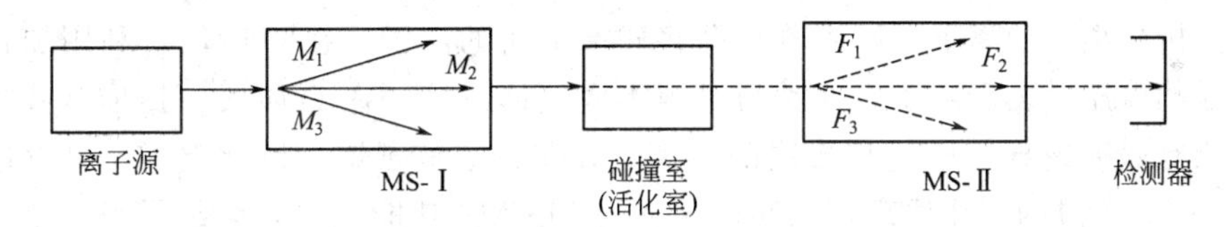

图 14-13　MS-MS 联用原理示意图

质谱-质谱的串联方式很多，既有空间串联型，又有时间串联型。空间串联型又分磁扇型串联、四极杆串联、混合串联等。如果用 B 表示扇形磁场，E 表示扇形电场，Q 表示四极杆，TOF 表示飞行时间分析器，那么空间串联主要有磁扇型串联方式（BEB，EBE，BEBE 等）；四极杆串联（Q-Q-Q）；混合型串联（BE-Q，Q-TOF，EBE-TOF）。时间串联主要有离子阱质谱仪和回旋共振质谱仪。无论是哪种方式的串联，都必须有碰撞活化室，从第一级 MS 分离出来的特定离子，经过碰撞活化后，再经过第二级 MS 进行质量分析，以便取得更多的信息。

1. 三级四极杆串联质谱

三级四极杆串联质谱有三组四极杆，第一组四级杆用于质量分离（MS1），第二组四极杆用于碰撞活化，第三组四极杆用于质量分离（MS2）。主要工作方式有四种，如图 14-14 所示。图 14-14 中（a）为子离子扫描方式，这种工作方式由 MS1 选定一质荷比离子，碰撞活化分解之后，由 MS2 扫描得子离子谱；（b）为母离子扫描方式，在这种工作方式，由 MS2 选定一个子离子，由 MS1 扫描，检测器得到的是能产生选定子离子的那些离子，即母离子谱；（c）是中性丢失谱扫描方式，这种方式是 MS1 和 MS2 同时扫描。只是二者始终保持一定固定的质量差（即中性丢失质量），只有满足相差固定质量的离子才得到检测；（d）是多离子反应监测方式，由 MS1 选择一个或几个特定离子（图中只选一个），经碰撞碎裂之后，由其子离子中选出一特定离子，只有同时满足 MS1 和 MS2 选定的一对离子时，才有信号产生。用这种扫描方式的好处是增加了选择性，即便是两个质量相同的离子同时通过了 MS1，但仍可以依靠其子离子的不同将其分开。这种方式非常适合于从很多复杂的体系中选择某特定质量，经常用于微小成分的定量分析。

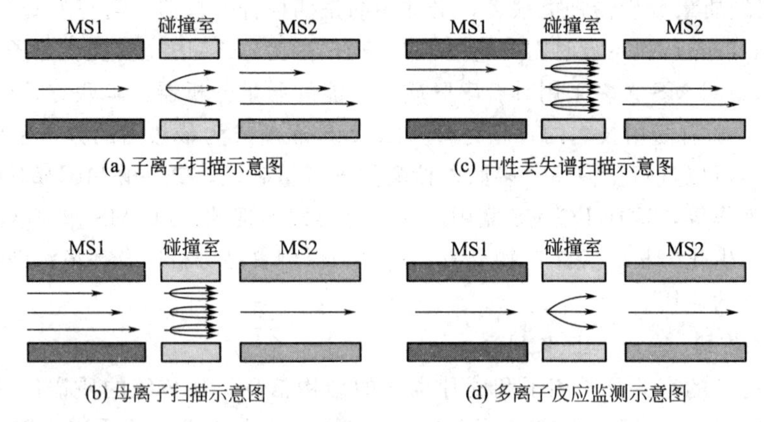

图 14-14 三级四极杆串联质谱仪四种 MS-MS 工作方式

2. 离子阱串联质谱

离子阱质谱仪的 MS-MS 联用属于时间串联型，它的操作方式如图 14-15 所示，在 A 阶段，打开电子门，此时基础电压置于低质量的截止值，使所有的离子被阱收集，然后利用辅助射频电压抛射掉所有高于被分析母离子的离子。进入 B 阶段，增加基频电压，抛射掉所有低于被分析母离子的离子，以阱收集即将碰撞活化的离子。在 C 阶段，利用加在端电极上的辅助射频电压激发母离子，使其与阱内本底气体碰撞。在 D 阶段，扫描基频电压，抛射并接收所有碰撞诱导分解过程形成的子离子，获得子离子谱。以此类推，可以进行多级 MS 分析。由离子阱的工作原理可以知道，它的 MS-MS 功能主要是多级子离子谱，利用计算机处理软件，还可以提供母离子谱，中性丢失谱和多反应监测（MRM）。

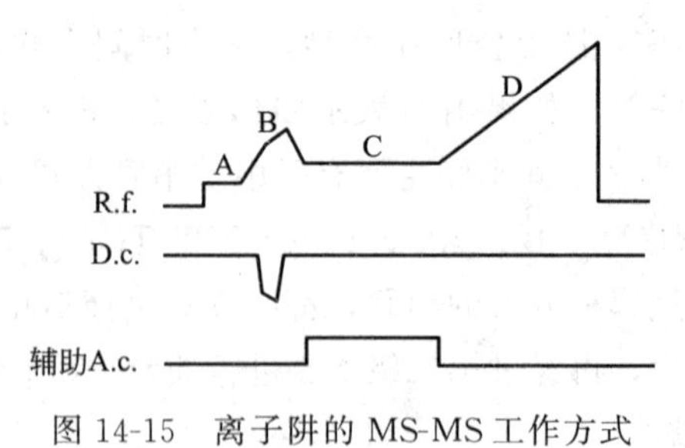

图 14-15 离子阱的 MS-MS 工作方式

3. 飞行时间串联质谱

离子在飞行过程中如果发生裂解，新产生的离子仍然以母离子速度飞行。因此在直线型漂移管中观测不到新生成的离子。如果采用带有反射器的漂移管，因为新生成的离子与其母离子动能不同，可在反射器中被分开。这种操作方式称为源后裂解（post source decomposition，PSD），通过 PSD 操作可以得到结构信息。因此，可以认为反射型 TOF-MS 也具有 MS-MS 功能。

空间串联还可以将几个相同或不同的质量分析器串联而成形成多维质谱。随着技术的日新月异出现了多种类型的质谱串联技术，如三级四级杆质谱与飞行时间质谱的串联（Q-TOF MS），飞行时间质谱与飞行时间质谱的串联（TOF-TOF MS），三级四级杆质谱与新型线性离子阱质谱的串联（Q-LTQ MS），线性离子阱质谱与飞行时间质谱的串联（LIT-TOF MS），新型线性离子阱质谱与傅里叶变换-离子回旋共振质谱的串联（LTQ-FT MS），多级线性离子阱和静电场轨道阱串联（LTQTM orbitrapTM），不同的分析器和离子源间可进行多种组合，构成不同性能的MS仪。串联质谱技术在分析生物大分子方面，具有灵敏度和准确度高、易操作、分析速度快等优点；且易与色谱联用，适于生命复杂体系中的微量或痕量小分子生物活性物质的定性或定量分析。

第三节　质谱中离子峰的类型及其裂解规律

一、质谱的表示方法及相关术语

（一）质谱的表示方法

在质谱分析中，质谱的表示方法主要有线谱和表谱两种形式。图 14-16 是一张线谱，每条直线表示一个离子峰。其横坐标是质荷比 m/z，纵坐标是相对强度，相对强度是把原始质谱图上最强的离子峰定为基峰，并规定其相对强度为 100%。其他离子峰以对此基峰的相对百分值表示。质谱表是用表格形式表示质谱数据，用得较少。质谱表中有两项，一项是 m/z，另一项是相对强度。从质谱图上可以直观地观察整个分子的质谱全貌，而质谱表则可以准确地给出精确的 m/z 值及相对强度值，有助于进一步分析。

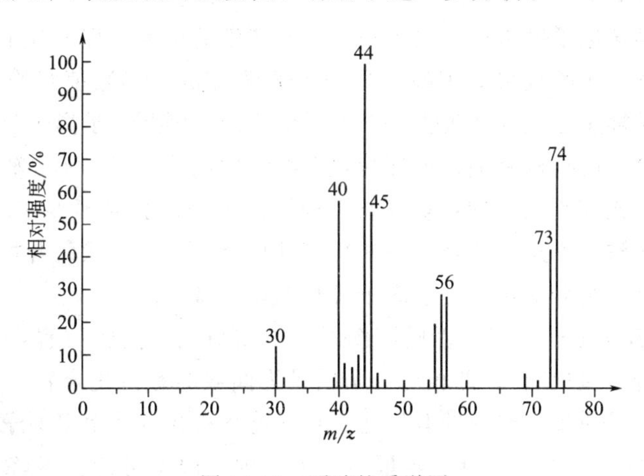

图 14-16　丙酸的质谱图

（二）相关术语

1. “奇电子离子”和“偶电子离子”及其表示法

在一个离子中，其电子的总数目为奇数者，称为奇电子离子，用“OE”离子简称。奇电子离子是一种自由基离子，在其离子电荷的位置上以“$\overset{+}{\cdot}$”或“+ ·”表示，如 $CH_3-\overset{\overset{O^{+\cdot}}{\|}}{C}-CH_3$ ，$CH_3CH_2-\overset{+\cdot}{O}H$ 。如果是复杂离子电荷位置不易确定的，在其离子式的右上角用“$]^{+\cdot}$”表示，如 $C_6H_5=CH_2R]^{+\cdot}$ 。在一个离子中，其电子的总数为偶数者称为偶电子离子，

用“EE”离子简称。偶电子离子用“+”表示，如 $CH_3—C≡O^+$ ，电荷位置不确定的，可表示为 [苯环]$=CH_2]^+$ ，[⊕ 环]。

2. “氮律”

所谓“氮律”是指在有机化合物分子中，若含有偶数（包括零）个氮原子的，则其分子量为偶数，若含有奇数个氮原子的，则其分子量为奇数。之所以有“氮律”，是因为在组成有机化合物分子的常见元素（如C、H、O、S、Cl、Br、N等）中，除了氮元素外，其他各元素的共价键价数和该元素最大丰度同位素的质量单位数均同为偶数或同为奇数，唯独^{14}N是偶质量单位数而奇数价数（3价）。

3. “半异裂”、“异裂”、“均裂”及表示法

在离子断裂过程中，如果自由基离子的一个孤电子转移到一个碎片上，这种断裂叫“半异裂”，用一个鱼钩状的半箭号“⌒⇀”表示孤电子转移的途径；在离子断裂过程中，如果一个键断开时的一对电子同时转移到同一个碎片上，这种断裂叫“异裂”，用一个完整的箭号“⌒→”表示一对电子的转移；如果一个键断开时的一对电子分别转移到所断裂的两个碎片上，这种断裂叫“均裂”，用两条不同方向的鱼钩状半箭号“↼⌒⌒⇀”表示两个电子的不同转移方向。

二、质谱图中主要离子峰的类型

分子在离子源中可以产生各种电离，即同一种分子可以产生多种离子峰，主要的有分子离子峰、碎片离子峰、亚稳离子峰、同位素离子峰、重排离子峰及多电荷离子等。

（一）分子离子峰

试样分子受到高速电子撞击后，失去一个电子产生的正离子称为分子离子或母离子，相应的质谱峰称为分子离子峰或母离子峰。分子离子峰的 m/z 的数值相当于该化合物的相对分子质量。由于分子离子是化合物失去一个电子形成的，因此分子离子是自由基离子。分子离子峰的强度和化合物的结构有关，如环状化合物结构比较稳定，不易碎裂，因而分子离子峰较强；而支链烷烃或醇类化合物较易碎裂，分子离子峰很弱或不存在。在有机化合物中，分子离子峰强弱的大致顺序是：芳香烃＞共轭多烯烃＞烯烃＞环状化合物＞酮＞不分支烃＞醚＞酯＞胺＞酸＞醇＞高分支烃。分子离子峰具有以下特点。

1. 分子离子峰若能出现，应位于质谱图的右端质荷比最高的位置，存在同位素峰时例外；分子离子峰符合“氮规则”，即相对分子质量为偶数的有机化合物一定含有偶数个或不含有氮原子，相对分子质量为奇数的有机化合物只能含有含奇数个氮原子。

2. 在分子离子峰左边3～14原子质量单位范围内一般不可能出现峰，因为同时使一个分子失去3个氢原子几乎是不可能的，而能失去的最小基团通常是甲基，即 $(M\text{-}15)^+$峰。

分子离子峰的主要用途是确定化合物相对分子量。利用高分辨率质谱仪给出精确的分子离子峰质量数，是测定有机化合物相对分子质量的最快速、可靠的方法之一。

（二）碎片离子峰

碎片离子是由于离子源的能量过高，使分子中的某些原子键断裂而形成的，生成的碎片离子可能再次裂解，生成质量更小的碎片离子，另外在裂解的同时也可能发生重排，所以在化合物的质谱中，常看到许多碎片离子峰。碎片离子峰在质谱图上位于分子离子峰的左侧。碎片离子的形成与分子结构有着密切的关系，一般可根据反应中形成的几种主要碎片离子，推测原来化合物的结构。但由此获得的分子拼接结构并不总是合理的，因为碎片离子并不是

只由分子离子一次碎裂产生，而且可能会由进一步断裂或重排产生，因此要准确地进行定性分析最好与标准图谱进行比较。

（三）亚稳离子峰

离子在离开离子源被加速过程中或加速后进入质量分析器之间这一段无场区域内发生裂解而形成的低质量的离子所产生的峰，称为亚稳离子峰。如质量为 m_1 的母离子在飞行过程中裂解为质量为 m_2 的子离子，由于它是在飞行途中裂解产生的，因此该离子具有 m_2 质量和 m_1 的速度，其离子峰不出现在 m_2 位置上，而是在比 m_2 较低质量的位置上，此峰所对应的质量称为表观质量 m^*，它与 m_1、m_2 的关系为：

$$m^* = (m_2)^2/m_1 \tag{14-4}$$

一般亚稳离子峰的峰型宽而矮小，且质荷比为非整数。亚稳离子可以帮助确定各碎片离子的亲缘关系，有利于分子裂解机理的研究。

（四）同位素离子峰

在组成有机化合物的常见十几种元素中，有几种元素具有天然同位素，如 C、H、N、O、S、Cl 和 Br 等。所以，在质谱图中除了最轻同位素组成的分子离子所形成的 M^+ 峰外，还会出现一个或多个重同位素组成的分子离子所形成的离子峰，如 $(M+1)^+$、$(M+2)^+$、$(M+3)^+$、…，这种离子峰叫作同位素离子峰，对应的 m/z 为 $M+1$、$M+2$、$M+3$、…。人们通常把某元素的同位素占该元素的原子质量的分数称为同位素丰度。同位素峰的强度与同位素的丰度是相对应的。表 14-1 列出了有机化合物中元素的同位素丰度，由表可见，S、Cl、Br 等元素的同位素丰度高，因此含 S、Cl、Br 的化合物其 $M+2$ 峰强度较大。比如氯有两个同位素 ^{35}Cl 和 ^{37}Cl，两者丰度之比为 100∶32.5，或近似为 3∶1。当化合物分子中含有一个氯时，如果由 ^{35}Cl 形成的化合物质量为 M，那么由 ^{37}Cl 形成的化合物质量为 $M+2$。生成分子离子后，分子离子质量分别为 M 和 $M+2$，离子强度之比近似为 3∶1。一般根据 M 和 $M+2$ 两个峰的强度来判断化合物中是否含有这些元素。

表 14-1　有机化合物中常见同位素的天然丰度

元素	最大丰度同位素	相对于最大丰度同位素为 100 的其他同位素的丰度
氢	^{1}H	^{2}H 0.016
碳	^{12}C	^{13}C 1.08
氮	^{14}N	^{15}N 0.37
氧	^{16}O	^{17}O 0.04
		^{18}O 0.20
硫	^{32}S	^{33}S 0.78
		^{34}S 4.40
氯	^{35}Cl	^{37}Cl 32.5
溴	^{79}Br	^{81}Br 98.0

（五）重排离子峰

分子离子裂解成碎片时，有些碎片离子不是仅仅通过键的简单断裂，有时还会通过分子内某些原子或基团的重新排列或转移而形成离子，这种碎片离子称为重排离子。质谱图上相应的峰称为重排离子峰。重排的方式很多，其中最重要的是麦氏重排，可以发生麦氏重排的化合物有酮、醛、酸、酯等，这些化合物含有—C═X（X 为 O、S、N、C）基团，当与此基团相连的键上具有 γ 氢原子时，氢原子可以转移到 X 原子上，同时 β 键断裂。

例如：丁醛的麦氏重排：

$$\overset{+\cdot}{O}=CH-CH_2-CH_2-CH_2-H \longrightarrow \overset{+\cdot}{O}H-HC=CH_2 + CH_2=CH_2$$

麦氏重排是较常见的重排离子峰，在结构分析上很有意义，因为重排后的离子都是奇电子离子，如果质谱图上有奇电子离子峰，而又不是分子离子，说明分子在裂解中发生了重排或消去反应。

（六）多电荷离子峰

在质谱中，除了占绝对优势的单电荷离子外，某些非常稳定的化合物分子，可以在强能量作用下失去 2 个或 2 个以上的电子，产生多电荷离子，则在谱图的 m/ze（z 为失去的电子数）位置上出现弱得多电荷离子峰。m/ze 可能为整数或分数。当有多电荷离子峰出现时，表明样品分子很稳定，其分子离子峰很强。

三、有机化合物的裂解规律

当电子轰击能量在 50～70eV 时，分子离子进一步裂分成各种不同 m/z 的碎片离子。碎片离子峰的相对丰度与分子中键的相对强度、断裂产物的稳定性及原子或基团的空间排列有关。其中断裂产物的稳定性常常是主要因素。由于碎片离子峰，特别是相对丰度大的碎片离子峰与分子结构有密切的关系，所以掌握有机分子的裂解方式和规律，熟悉碎片离子和碎片游离基的结构，了解有机化合物的断裂图像，对确定分子的结构是非常重要。

（一）脂肪族化合物

1. 饱和烃类

一般都能找到分子离子峰，但分子离子峰的相对丰度随着碳链的增长而下降。

（1）直链烷烃的分子离子经常以下列方式断裂：

$$M^{+\cdot} \xrightarrow{\sigma\text{半异裂}-\cdot R'} R^+ \xrightarrow{-CH_2=CH_2} \text{产生 } C_nH_{2n+1}]^+ \text{系列}$$

得到 m/z 为 29（$C_2H_5^+$）、43（$C_3H_7^+$）、57（$C_4H_8^+$）、…、15＋14n 的质谱峰，其中 43、57 较强。

（2）有时会失去一个 H_2 产生 C_nH_{2n-1} 的链烯系列，得到 m/z 为 13＋14n 的弱峰。

（3）支链烷烃的断裂，容易发生在分支处，这是因为碳阳离子的稳定性顺序为：

$$R_3\overset{+}{C} > R_2\overset{+}{C}H > R\overset{+}{C}H_2 > \overset{+}{C}H_3$$

断裂时，通常大的分支链容易先以自由基形式脱去。

2. 烯烃类

烯烃的质谱由于双键的位置在碎裂过程中发生迁移等，质谱图变得比较复杂，主要裂解特征有：

（1）发生烯丙基方式的 α 断裂

$$R'-\underset{H_2}{C}-\underset{H}{C}=\overset{+\cdot}{C}HR \longrightarrow R\cdot + H_2C=\underset{H}{C}-\overset{+}{C}HR$$

产生 m/z 为 41＋14n 系列的质谱峰，端烯基的分子产生 $H_2C=\underset{H}{C}-\overset{+}{C}H_3$ m/z 为 41 的典型峰（常为基峰）。

（2）长链烯烃具有 γ-H 原子的可发生麦氏重排。

3. 醛、酮、羧酸、酯、酰胺

（1）具备羰基位置有 γ-H 的都会发生麦氏重排，且都是强峰。

（2）都会发生 α 断裂，而且都有两处 α 断裂。

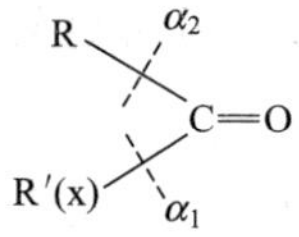

$$\underset{R'(x)}{\overset{R\ \ \alpha_2}{}}\ \ C{=}O\ \ (\alpha_1)$$

其共同点一般是 R 基团大的容易以自由基的形式先失去，留下酰基阳离子 $R—C{\equiv}O^+$ ，但各类有所不同：

① 醛：醛基上的 H 不易失去，当属 $C_1 \sim C_3$ 的醛时，得到稳定的特征离子 $HC{\equiv}O^+$，m/z 为 29；而如果是高碳链醛，则发生 i 断裂而生成（M-29）的离子系列；

② 酮：R 大的基团易先丢失，得到 m/z 为 43（CH_3CO^+）、57（$C_2H_5CO^+$）、71（$C_3H_7CO^+$）、……系列的离子，与饱和烃的 $C_nH_{2n+1}^+$ 系列质量数相同，应注意区分。甲基酮生成稳定的特征离子 CH_3CO^+，m/z 为 43；

③ 酯：易丢失 R—O・基，得到与酮相同的离子系列；

④ 酰胺：伯酰胺易丢失 R・得到特征的 $H_2N—C{\equiv}O^+$ 离子，m/z 为 44；仲、叔酰胺易脱去胺基，得到与酮相同的离子系列。

（3）也都会发生 i 断裂，一般 i 断裂弱于 α 断裂。

（4）醛、酮的分子离子峰一般较强。

4. 醇、醚、胺、卤代物

（1）这类化合物的分子离子峰都很弱，有的甚至不出现分子离子峰。

（2）都会发生 α 断裂（有的也称为 β 断裂），而各自产生的离子为：

① 醇：生成氧鎓离子，对于伯醇 R—OH，则生成 $CH_2{=}\overset{+}{O}H$，m/z 为 31 的特征峰；对于仲（或叔）醇 $R_1R_2C(H(R))—OH$，则其中 R 大的取代基容易以自由基丢失，生成 $(H(R))(R_1)C{=}\overset{+}{O}H$，$m/z$ 为 $31+14n$ 系列；

② 醚：脂肪醚的分子离子不稳定是弱峰，主要裂解方式是 α 断裂，生成 $R—\overset{+}{O}{=}CH_2$ 离子，m/z 同样为 $31+14n$ 系列；

③ 胺：生成亚胺离子，对于伯胺，则生成 $CH_2{=}\overset{+}{N}H_2$，m/z 为 30 的特征峰。对于仲、叔胺，则其中 R 大的取代基容易以自由基丢失，生成 $CH_2{=}\overset{+}{N}H(R)(R_1)$，$m/z$ 为 $30+14n$ 系列；

④ 卤代物：卤化物容易发生 C—X 键断裂，正电荷可以留在卤原子上，也可留在烷基上。X 邻碳上无取代基的生成 $CH_2{=}\overset{+}{X}$，邻碳上有取代基的生成 $RCH(R'){=}\overset{+}{X}$。

（3）醇、卤代物会发生消除反应，脱去 H_2O（得到 $M-18$ 的离子）、HX（可发生 1,3 或 1,4 或更远程消除）。

（4）醚还会发生 C—O 的断裂（属于 σ 半断裂，有的书称为 α 断裂）；卤代物也会发生 C—X 键的断裂，正电荷可能留在卤原子上，形成 X^+，也可能留在烷基上，形成 R^+。

（二）芳香族化合物

芳香族化合物有 π 电子系统，因而能形成稳定的分子离子。由于芳香族化合物非常稳定，常常容易在离子源中失去第二个电子，形成双电荷离子。芳香族化合物的质谱峰有如下的特点：

1. 芳香族化合物有 π 电子共轭体系，因而容易形成稳定的分子离子。在 MS 谱图上，它们的分子离子峰有时为基峰；

2. 常出现符合 $C_n^+H_n^+$ 系列的峰（m/z=78，65，52，39）；有时会丢失 1 个 H 甚至 2 个 H，得到 m/z 符合 $C_n^+H_{n-1}^+$、$C_n^+H_{n-2}^+$ 系列的峰，其 m/z 为 77-13n（较常见）、76-13n。芳香族化合物的质谱常见的有下列几种：

① 烷基取代苯　发生 α 断裂，产生苄基苯，重排为鎓离子，m/z=91 的特征峰，进一步丢失 HC≡CH，得到 m/z 为 65 和 39 的系列峰。

$$C_6H_5CH_2{-}R^{+\cdot} \xrightarrow{-R^+} C_6H_5{=}CH_2^{+\cdot} \rightarrow C_7H_7^+\ (m/z\,91) \xrightarrow{-HC\equiv CH} C_5H_5^+\ (m/z\,65) \xrightarrow{-HC\equiv CH} C_3H_3^+\ (m/z\,39)$$

苯环取代基 γ 位置上有 H 的，则发生麦氏重排，得到 $C_6H_6{=}CH_2^{+\cdot}$ m/z=92。

② 芳酮、芳醛、芳酸、芳酯　它们的分子离子都发生 α 断裂，产生 m/z 为 105 的苯甲酰阳离子，该峰是强峰，往往是基峰。然后又相继进一步丢失 CO 及 HC≡CH，得到 m/z 为 77，51 的系列峰。

$$C_6H_5C(=O){-}X^{+\cdot} \xrightarrow{-X\cdot} C_6H_5C\equiv O^+\ (m/z\,105) \xrightarrow{-CO} C_6H_5^+\ (m/z\,77) \xrightarrow{-HC\equiv CH} C_4H_3^+\ (m/z\,51)$$

③ 酚、芳胺酚、芳胺　他们均有很强的分子离子峰，往往是基峰。而分子离子经重排后会分别丢失 CO 及 HCN，都产生 m/z 为 66 的 C_5H_6 离子，然后还将进一步断裂。

$$C_6H_5OH(NH_2)^{+\cdot} \xrightarrow{重排\ -CO(HCN)} C_5H_6^{+\cdot}\ (m/z\,66) \xrightarrow{-H\cdot} C_5H_5^{+\cdot}\ (m/z\,65) \xrightarrow{-HC\equiv CH} C_3H_3^{+\cdot}\ (m/z\,39)$$

④ 芳醚　芳醚的分子离子峰发生两个途径的 σ 断裂，然后进一步断裂。

$$C_6H_5OR^{+\cdot} \xrightarrow{-R\cdot} C_6H_5O^{+\cdot} \xrightarrow{-CO} C_5H_5^{+\cdot} \rightarrow C_3H_3^{+\cdot}$$

$$C_6H_5OR^{+\cdot} \xrightarrow{-OR\cdot} C_6H_5^{+\cdot} \xrightarrow{-HC\equiv CH} C_4H_3^{+\cdot}$$

（卤代物也有同样的断裂方式）

⑤ 硝基化合物　其分子离子有如下的两种断裂途径：

$$C_6H_5NO_2^{+\cdot} \xrightarrow{重排之后-NO\cdot} C_6H_5O^{+\cdot}\ (m/z=93) \xrightarrow{-CO} C_5H_5^{+\cdot}\ (m/z=65) \rightarrow C_3H_3^{+\cdot}\ (m/z=39)$$

$$C_6H_5NO_2^{+\cdot} \xrightarrow{-NO_2\cdot} C_6H_5^{+\cdot}\ (m/z=77) \xrightarrow{-CH\equiv CH} C_4H_3^{+\cdot}\ (m/z=51)$$

第四节　质谱分析的应用

质谱图能够提供分子结构的许多信息，是对纯物质进行鉴定的最有力工具之一。它主要应用于相对分子量测定、化学式确定及结构鉴定等。

一、相对分子质量的测定

利用质谱图上分子离子峰的 m/z 可以准确的确定该化合物的相对分子质量。一般说来，除同位素峰外，分子离子峰一定是质谱图上质量数最大的峰，它应该位于质谱图的最右端。但是，由于有些化合物的分子离子峰稳定性较差，分子离子峰很弱或不存在，给正确识别分子离子峰带来困难。因此，在判断分子离子峰时应注意以下问题。

（一）分子离子稳定性的一般规律

分子离子的稳定性与分子结构有关。碳数较多，碳链较长（有例外）和有支链的分子，裂分几率较高，其分子离子峰的稳定性较低；具有 π 键的芳香族化合物和共轭烯烃分子，分子离子稳定，分子离子峰大。

（二）分子离子峰必须符合氮规律

在只含有 C、H、O、N 的化合物中，含有偶数个（包括零）氮组成的化合物，其相对分子质量必为偶数；含有奇数个氮原子的化合物的相对分子量为奇数。这是因为在由 C、H、O、N、S、P 卤素等元素组成的化合物中，只有氮原子的化合价为奇数而质量数为偶数。这个规律称为“氮律”。不符合“氮律”的离子峰一定不是分子离子峰。

（三）利用碎片峰的合理性判断分子离子峰

在离子源中，化合物分子电离后，分子离子可以裂解出游离基或中性分子等碎片。若裂解出一个 $\cdot$H、$\cdot CH_3$、H_2O、C_2H_4 碎片，对应的碎片峰为 M-1、M-15、M-18、M-28 等，这叫做存在合理的碎片峰。若出现 M-3 至 M-14，M-21 至 M-25 范围内的碎片峰，称为不合理碎片峰，则说明分子离子峰的判断有错，表明试样中可能存在杂质或者把碎片峰错误判断为分子离子峰。表 14-2 中列出从分子离子中裂解的常见碎片与化合物结构的关系。

表 14-2　分子离子中裂解的常见碎片与化合物的类型

离子	裂解出的碎片	化合物的类型
M-1	H·	醛（某些酯或胺）
M-15	$\cdot CH_3$	甲基取代
M-17	NH_3	伯胺类
M-18	H_2O	醇类
M-28	C_2H_4，CO	C_2H_4（麦氏重排）
M-29	·CHO，$\cdot C_2H_5$	醛类，乙基取代物
M-34	H_2S	硫醇
M-36	HCl	氯化物
M-43	CH_3CO，$\cdot C_3H_7$	甲基酮，丙基取代物
M-45	·COOH	羧酸
M-60	CH_3COOH	醋酸酯

（四）利用同位素峰识别分子离子峰

有些元素如 ^{35}Cl、^{79}Br、^{32}S 的同位素 ^{37}Cl、^{81}Br、^{34}S 相对丰度较大，其 $M+2$ 同位素峰十分明显，通过 M、$M+2$ 等质谱峰来推断分子离子峰，若分子中含一个氯原子时，M 峰与 $M+2$ 峰的强度比为 3∶1；若分子中含一个溴原子时 M 峰与 $M+2$ 峰强度比为 1∶1，这是因

为 M 峰与 $M+2$ 同位素峰强度比与分子中同位素种类、丰度有关。总之，同位素离子峰的信息有助于分子离子峰的正确判断。

（五）由分子离子峰强度变化判断分子离子峰

在电子轰击离子源（EI）中，适当降低电子轰击电压，分子离子裂解减少、碎片离子减少，则分子离子峰的强度应该增加；在上述措施下，若峰强度不增加，说明不是分子离子峰。逐步降低电子轰击电压，仔细观察 m/z 最大峰是否在所有离子峰中最后消失，若最后消失即为分子离子峰。

二、化合物分子式的确定

根据质谱图中提供的分子离子、碎片离子、亚稳离子的化学式、质荷比、相对峰高等信息，运用各类化合物的裂解规律，分析产生各种碎片离子的途径，进而可推断化合物的分子结构。具体方法如下。

（一）质量精确测定法

利用高分辨质谱仪可以提供分子组成式。因为 C、H、O、N 的相对原子质量分别为 12.000000，1.007825，15.994914，14.003074，如果能精确测定化合物的相对分子质量，可以由计算机计算出所含不同元素的个数。目前傅里叶变换质谱仪、双聚焦质谱仪、飞行时间质谱仪等都能给出化合物的元素组成。

（二）同位素丰度法

由于各种元素的同位素丰度不一样，组成各种分子的元素不同，所以各种分子的同位素丰度也不一样，组合成 $M+1$、$M+2$ 同位素离子峰的强度也不同。拜诺（Beynon）等人将质量数小于 500 且仅含有 C、H、O、N 四种元素各种组合的化合物，通过计算所得的 $\frac{M+1}{M}\%$、$\frac{M+2}{M}\%$（强度比）值及质量数列制成表（称为拜诺表）。如果知道化合物的分子量，并且质谱图中分子离子 M 及其同位素离子 $M+1$、$M+2$强度较大，并可测出其强度比，就可以从拜诺表中查该分子量值的几种可能化合物，然后根据其他的信息加以排除，最后得到最可能的分子式。例如，质量数为 102 的分子离子峰 M 与同位素离子峰 $M+1$、$M+2$ 的强度比分别为 7.81%和 0.35%。强度比接近的可能分子式有三个：$C_6H_2N_2$、C_7H_2O、C_7H_4N。因为 C_7H_4N 不符合“氮律”，应予排除，然后再根据其他信息，或红外光谱、核磁共振数据等，即可确定其分子式。

三、分子结构的确定

在一定的实验条件下，各种分子都有自己特征的裂解模式和途径，产生各具特征的离子峰，包括其分子离子峰、同位素离子峰及各种碎片离子峰。根据这些峰的质量及强度信息，可以推断化合物的结构。一般要经历以下几个步骤：

1. 确定分子量。

2. 确定分子式，除了上面阐述的用质谱法确定化合物分子式外，也常用元素分析法来确定。分子式确定之后，就可以初步估计化合物的类型。

3. 计算化合物的不饱和度 Ω：

$$\Omega=1+n_4+\frac{n_3-n_1}{2} \tag{14-5}$$

式中，n_4、n_3、n_1 分别表示化合物分子中四价、三价、一价元素的原子个数（通常 n_4 为 C 原子的数目，n_3 为 N 原子的数目，n_1 为 H 和卤素原子的数目）。

计算出Ω值后，可以进一步判断化合物的类型。$\Omega=0$时为饱和（及无环）化合物；$\Omega=1$时为带有一个双键或一个饱和环的化合物；$\Omega=2$时为带有两个双键或一个三键或一个双键加一个环的化合物（其他以此类推）；$\Omega=4$时常是带有苯环的化合物或多个双键或三键。

4. 研究高质量端的分子离子峰及其与碎片离子峰的质量差值，推断其断裂方式及可能脱去的碎片自由基或中性分子，这些可以从前面的表14-2查找参考。在这里尤其要注意那些奇电子离子，这些离子一定符合“氮律”，因为它们的出现，如果不是分子离子峰，就意味着发生重排或消去反应，这对推断结构很有帮助。

5. 研究低质量端的碎片离子，寻找不同化合物断裂后生成的特征离子或特征系列，如饱和烃往往产生$15+14n$质量的系列峰；烷基苯往往产生$91-13n$质量的系列峰。根据特征系列峰同样可以进一步判断化合物的类型。

6. 根据上述的解释，可以提出化合物的一些结构单元及可能的结合方式，再参考样品的来源、特征、某些物理化学性质，就可以提出一种或几种可能的结构式。

7. 验证。验证可通过下面几种方式：①由以上解释所得到的可能结构，依照质谱的断裂规律及可能的断裂方式分解，得到可能产生的离子，并与质谱图中的离子峰相对应，考察是否相符合；②与其他的分析手段，如IR、NMR、UV-VIS等的分析数据进行比较、分析、印证；③寻找标准样品，在与待定样品的同样条件下绘制质谱图，进行比较；④查找标准质谱图、表进行对比。

例：某化合物的化学式为$C_5H_{12}S$，其质谱如图14-17所示，试确定其结构式。

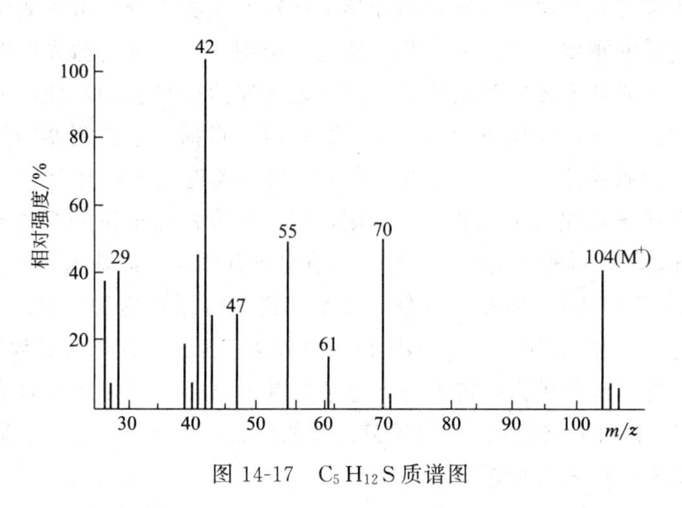

图14-17　$C_5H_{12}S$质谱图

解：(1) 计算不饱和度，$\Omega=1+5+\dfrac{-12}{2}=0$，为饱和化合物。

(2) 图中有m/z 70、42的离子峰，从“氮律”可知，这两峰为奇电子离子峰，可见离子形成过程发生那重排或消去反应。相对分子质量为104，则m/z 70为分子离子丢失34质量单位后生成的离子，查得丢失的是H_2S中性分子，说明化合物是硫醇；m/z 42是分子离子丢失（34+28）后产生的离子，即丢失的中性碎片为（$H_2S+C_2H_4$），m/z 42应由以下产生（化合物可能两种结构，通过六元环的过渡态断裂）：

H_3C　H　+
CH　$\dot{S}^{+}$—H
H_2C　CH_2
CH_2
⟶　CH_3　HC·　$^{+}CH_3$　⟵
H
H_2C　$\dot{S}^{+}$—H
CH　CH_2
H_3C　CH_2

（3）m/z 47 是一元硫醇发生 α 断裂产生的离子 $CH_2{=}\overset{+}{S}H$。

（4）m/z 61 是 $CH_2CH_2SH]^{+}$ 离子，说明有结构为 $R{-}CH_2{-}CH_2{-}SH]^{+}$ 存在。

（5）m/z 29 是 $C_2H_5^{+}$ 离子，说明化合物是直链结构，m/z 55、41、27 离子系列是烷基键的碎片离子。

综上解释，该化合物最可能结构式为：$CH_3{-}(CH_2)_3{-}CH_2SH$。

第五节 生物质谱技术及其应用

由于生物大分子（如蛋白质、酶、核酸和多糖等）具有非挥发性、热不稳定、相对分子质量大等特性，使传统的电离子轰击、化学离子源等电离技术的应用受到极大限制。20 世纪 80 年代，ESI 和 MALDI 两种软电离技术的出现使生物大分子转变成气相离子成为可能，并极大地提高了质谱测定范围，改善了测量的灵敏度，从而开拓了质谱学一个崭新的领域——生物质谱，促使质谱技术在生命科学领域获得广泛应用。

一、生物质谱技术

（一）基质辅助激光解吸飞行时间质谱（MALDI-TOF MS）

MALDI-TOF MS 是近年来发展起来的一种软电离新型有机质谱，通过引入基质分子，使待测分子不产生碎片，解决了非挥发性和热不稳定性生物大分子解吸离子化的问题，是分析难挥发的有机物质的重要手段之一。其原理是：当用一定强度的激光照射样品与基质形成的共结晶薄膜时，基质从激光中吸收能量，均匀地传递给待分析物，使待分析物瞬间气化并离子化，电离的样品在电场作用下加速飞过飞行管道，根据到达检测器的飞行时间不同而被检测，即根据离子的质荷比（m/z）与离子的飞行时间成正比来检测离子。基质在待测物离子化过程中还起着质子化或质子化试剂的作用，最大限度地保护待分析物不会因过强的激光能量导致化合物被破坏，目前使用较为广泛的基质主要有 2,5-二羟基苯甲酸、芥子酸和α-氰基-4-羟基肉桂酸。MALDI-TOF MS 操作简便，灵敏度高，检测限达到飞摩尔（fmol）级，可测定相对分子质量范围高达 1×10^6，同许多蛋白分离方法相匹配，而且现有数据库中有充足的关于多肽 m/z 值的数据，因此成为测定生物大分子尤其是蛋白质、多肽相对分子质量和一级结构的有效工具。但 MALDI-TOF MS 存在重复性差的缺点，因此不适用于定量分析。

（二）电喷雾质谱技术（ESI-MS）

ESI 是一种软电离技术，1984 年由美国科学家约翰·芬恩提出，并于 2002 年因此获得诺贝尔奖。同 MALDI-TOF MS 在固态下完成不同，ESI-MS 是在液态下完成的，通过喷射过程中的电场进行离子化，进入连续质量分析仪，连续质量分析仪选取某一特定 m/z 值的多肽离子，并以碰撞解离的方式将多肽离子碎裂成不同电离或非电离片段，联合四极质谱或在飞行时间检测器中对电离片段进行分析并汇集成离子谱，通过数据库检索，由这些离子谱得到该多肽的氨基酸序列。依据氨基酸序列进行的蛋白鉴定，较依据多肽质量指纹进行的蛋白鉴定更准确可靠。氨基酸序列信息既可通过蛋白氨基酸序列数据库检索，也可通过核糖核酸数据库检索来进行蛋白鉴定。由于 ESI-MS 采取液相形式进样，因此可以方便地同液相色谱联用，即液相色谱-电喷雾质谱（LC-ESI-MS），可对色谱分离的成分直接用质谱在线分析，而不需要收集这些成分，因此在分析复杂化合物时非常有优势。

（三）表面增强激光解吸离子化飞行时间质谱（SELDI-TOF MS）

新近发展迅速的一种新的质谱技术是表面增强激光解吸离子化飞行时间质谱，它实际上是一种为蛋白质芯片检测而开发的质谱技术，可直接在固相的吸附了蛋白质的芯片表面，使用脉冲氮激光能量，使被捕获的靶蛋白从芯片表面电离出来，根据靶蛋白在离子装置中的飞行时间，测量出蛋白质的质量和电荷。SELDI-TOF MS 和蛋白质芯片技术结合，可以简便、快速地从各种体液及组织中获得大量蛋白质分子信息。近些年，SELDI 技术在比较蛋白质组研究领域，特别是生物标记物发现领域、临床肿瘤标志物筛选等领域取得了很大发展。

（四）电喷雾解吸电离质谱（DESI-MS）

Takts 等于 2004 年报道了一项新的解吸技术——电喷雾解吸电离（DESI），它是一种在大气压条件下进行 MS 分析的方法，结合了 ESI 和解吸离子化（DI）两大离子化技术。因此，DESI 既可分析气体、液体样品，也可分析固体样品；既可分析小分子化合物，也可分析蛋白质及其他生物样品。DESI-MS 是利用电喷雾产生的带电液滴及离子直接轰击分析物的表面，待测物受到带电离子的撞击以离子的形式从表面解吸出来，然后通过 MS 仪的常压进样口进入质量分析器。DESI 离子化源不是直接利用 ESI 自身产生的离子进行 MS 分析，而是利用某些溶剂（如水和乙醇的混合溶液，有时还可加入酸性或碱性添加剂）形成的 ESI 喷射流使样品离子化。DESI 与 ESI 相似，得到的是单电荷或多电荷的分子离子。与真空状态下离子化相比，DESI 的最大优势是可以直接、快速地分析待测物，即使是生物样本，也不必进行预处理。因此，采用 DESI 进行蛋白质序列分析具有分析速度快、易于自动化的特点。

二、生物质谱技术的应用

（一）蛋白质和多肽的分析

1. 分子量测定

分子量是蛋白质、多肽最基本的物理参数之一，是蛋白质、多肽识别与鉴定中首先需要测定的参数。分子量的大小是影响蛋白质生物活性的重要因素之一，生物质谱可测定生物大分子相对分子质量高达 40 万，准确度高达 0.1%～0.001%，远远高于目前常规应用的 SDS 电泳与高效凝胶色谱技术。

2. 肽谱测定

肽谱是基因工程重组蛋白结构确认的重要指标，也是蛋白质组研究中大规模蛋白质识别和新蛋白质发现的重要手段。通过与特异性蛋白酶解相结合，生物质谱可测定肽质量指纹谱（peptide mass fingerprint，PMF），并给出全部肽段的准确分子量，结合蛋白质数据库检索，可实现对蛋白质的快速鉴别和高通量筛选。

3. 肽序列测定技术

串联质谱技术可直接测定肽段的氨基酸序列，从一级质谱产生的肽段中选择母离子，进入二级质谱，经惰性气体碰撞后肽段沿肽链断裂，由所得到的各肽段质量数差值推断肽段序列，用于数据库查寻，称之为肽序列标签技术（peptide sequence tag，PST），目前广泛应用于蛋白质组研究中的大规模筛选。与传统的 Edman 降解末端测序技术相比，生物质谱具有不受末端封闭的限制、灵敏度高、速度快的特点。另外，一种间接的肽序列测定技术即肽阶梯序列技术（peptide ladder sequence），通过末端酶解或化学降解，产生一组相互之间差一个氨基酸残基的多肽系列，经 MALDI-TOF MS 鉴定后，由所得到的肽阶梯图中各肽段的分子量差值确定末端的氨基酸序列，从而用于数据库查寻。

4. 巯基和二硫键定位

二硫键在维持蛋白、多肽三级结构和正确折叠中具有重要作用，同时也是研究翻译后修饰所经常面临的问题，自由巯基在研究亚基之间及蛋白与其他物质相互作用中具有重要意义。利用碘乙酰胺、4-乙烯吡啶、2-巯基苏糖醇等试剂对蛋白质进行烷基化和还原烷基化，结合蛋白酶切、肽谱技术，利用生物质谱的准确分子量测定，可实现对二硫键和自由巯基的快速定位与确定。

5. 蛋白质翻译后修饰

蛋白质在翻译中或翻译后由于不同功能的需要会进行多种修饰，其中最常见的是磷酸化和糖基化，这些翻译后修饰也是影响生物活性的一个重要因素。传统的 Edman 降解技术会破坏蛋白质修饰，肼解方法虽能得到糖链并鉴定，却不能进行糖链的准确定位。结合肽谱和脱磷酸酶作用，目前已可以用 MALDI-TOF MS 对双向电泳分离蛋白质磷酸化位点进行定位。串联质谱技术中子离子扫描模式可以快速选择被修饰片段，然后可根据特征丢失确定修饰类型，是目前最有效的对蛋白质翻译后修饰进行识别与鉴定的分析手段。鉴于修饰的多样性，目前已有学者结合生物质谱技术，通过分析数千例蛋白质翻译后修饰，建立蛋白质修饰数据库 FindMod，其完善和发展必将推动蛋白质大规模鉴定的进程。

6. 生物分子相互作用及非共价复合物

蛋白质与其他生物分子相互作用在信号传导、免疫反应等生命过程中起重要作用。软电离技术的发展，促进了生物质谱在蛋白质复合物研究中的应用，目前已涉及了分子伴侣对蛋白折叠作用、蛋白/DNA 复合物、RNA/多肽复合物、蛋白质-过渡金属复合物及蛋白-SDS 加合物等多种类型的复合物的结构及结合位点的研究。

（二）多糖结构测定

多糖的免疫功能是近年来研究的热点领域，其结构的测定是功能研究的基础。多糖不像蛋白质和核酸，其少数的分子即可由于连接位点的不同，而形成复杂多变的结构，因而难以用传统的化学方法研究。生物质谱具备了测定多糖结构的功能，配以适当的化学标记或酶降解，可对多糖结构进行研究。采用 MALDI-TOF MS 已对糖蛋白中的寡糖侧链进行了分析，包括糖基化位点、糖苷键类型、糖基连接方式以及寡糖序列测定等。与传统的化学方法相比，质谱技术具有操作简便、省时、结果直观等特点。

（三）寡核苷酸和核酸的分析

目前，生物质谱已经实现对数十个碱基寡核苷酸的相对分子质量和序列测定。基因库中已拥有 300 万个单核苷酸多态性片段（SNP），它是一类基于单碱基变异引起的 DNA 多态性，使得在鉴定和表征与生物学功能和人类疾病相关的基因时，它可作为关联分析的基因标志。质谱可以通过准确的相对分子质量测定，确定 SNP 与突变前多态性片段相对分子质量差异，由相对分子质量的变化可推定突变方式。一种快速而经济的方法是利用 DNA 芯片技术和质谱检测相结合，将杂交至固定化 DNA 阵列上的引物进行聚合酶链反应（PCR）扩增后，直接用质谱对芯片上 SNP 进行检测，该法将所需样品的体积由微升减至纳升，且有利于自动化和高通量的测定，该法既节省时间又适于高通量分析，有利于特异性基因的定位、鉴定和功能表征。

（四）药物代谢

近年来质谱在药物代谢方面的研究进展迅速。其主要研究药物在体内过程中发生的变化，阐明药物作用的部位、强弱、时效及毒副作用，从而为药物设计、合理用药提供实验和理论基础。特别是采用生物技术获得的大分子药物的体内代谢研究，更是传统的研究手段难以解决的难题。体内药物或代谢物浓度一般很低，而且很多情况下需要实时检测，而质谱的高灵敏度和高分辨率以及快速检测则为代谢物鉴定提供了保证。LC-ESI-MS-MS 在这方面有独特的优势，由于对液态样品和混合样品的分离能力高，可通过二级离子碎片寻找原型药物并推导其结构，LC-ESI-MS-MS 已广泛地应用于药物代谢研究中一期生物转化反应和二期结合反应产物的鉴定、复杂生物样品的自动化分析以及代谢物结构阐述等。

（五）微生物鉴定

微生物的检验在环境监测、农产品分析、食品加工、工业应用、卫生机构维护及军事医学中都很重要，其重点主要在于微生物的分类鉴定上。由于微生物成分一般不是特别复杂，目前的 ESI 和 MALDI 技术已可以在其全细胞水平展开。利用 MALDI-MS 或 ESI-MS 对裂解细胞直接检测，测定其全细胞指纹谱，找出种间和株间特异保守峰作为生物标记（biomarker），以此来进行识别。生物除污（bioremediation）是利用微生物把污染物转换为低害或无害物。特异降解微生物的选择及其代谢性能的鉴定是该技术的关键。MALDI-TOF-MS 技术可用于监测细菌的降解能力以及在外界刺激条件下细菌蛋白质组的变化。

随着生命科学及生物技术的迅速发展，生物质谱不仅成为有机质谱中最活跃、最富生命力的前沿研究领域之一，更成为多肽和蛋白质分析最有威力的工具之一。串联质谱是肽序列分析的最先进方法，但还存在一个问题，即分析串联质谱数据所代表的序列是一项费时费力的工作，这就对序列分析算法和软件等生物信息学交叉学科研究模式提出了严峻要求。在发展新技术的同时，还应该重视现有蛋白质组学研究技术的整合和互补，多种技术的联合应用可以全面、系统、综合地分析蛋白质的特征功能，强有力地推动人类基因组计划及其后基因组计划的实施。

思考题与习题

1. 简述质谱仪的组成部分及其作用，并说明质谱仪主要性能指标的意义。
2. 比较电子电离源、电喷雾电离源及大气压化学电离源的特点。
3. 质谱仪中常见的质量分析器有哪些？并简述其工作原理。
4. 常见的质谱联用技术有哪些？并说明其联用后的优点。
5. 质谱图的表示方法及相关术语有哪些？
6. 质谱图中主要离子峰的类型有哪些？我们从中可以获得哪些信息？
7. 各类有机化合物的裂解特点是什么？
8. 简述生物质谱技术的主要类型及其应用。
9. 在邻甲基苯甲酸甲酯 $C_9H_{10}O_2$（M=150）质谱图 m/z 118 处观察到一强峰，试解释该离子的形成过程。
10. 试表示 5-甲基庚烯-3 的主要开裂方式及产物，说明 m/z 97 和 m/z 83 两个碎片离子的产生过程。
11. 某未知物的分子式为 $C_8H_{16}O$，质谱如下图所示，试推测出其结构并说明峰归属。

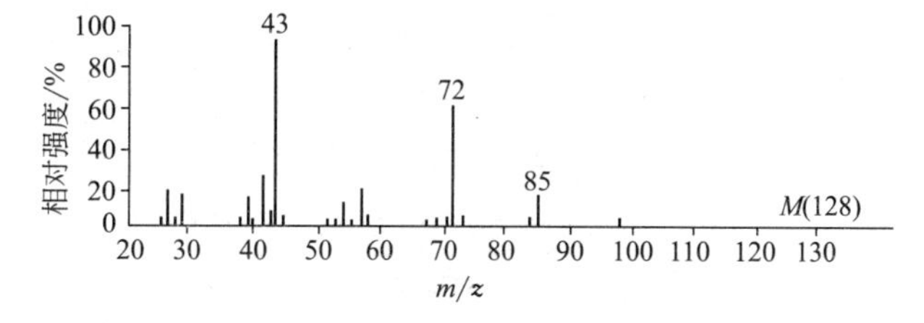

12. 某化合物的质谱如图所示，试推测其结构并说明峰归属。

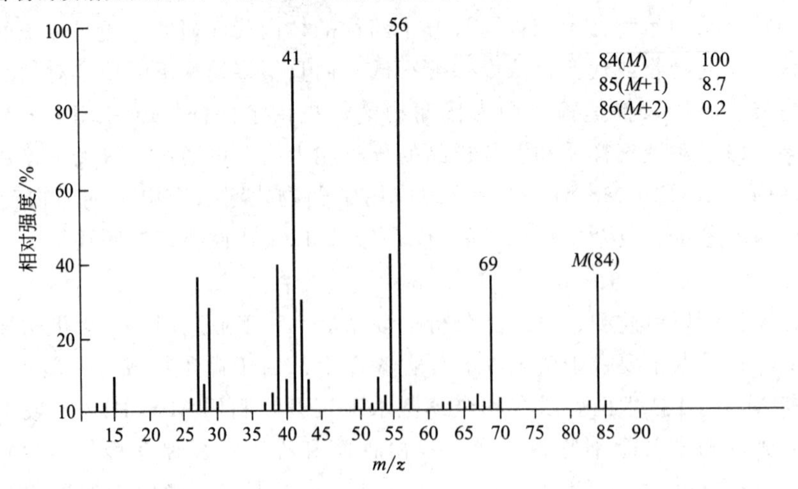

第十五章　透射电子显微技术

20 世纪 30 年代，E. Ruska 发明了电子显微镜，人们对微观世界的认识产生了质的飞跃。透射电子显微镜的分辨本领已达 1.5Å，几乎能分辨所有的原子。电子显微镜需要高真空工作环境，因而对样品具有特殊的要求，以满足其工作的需要。随着电镜本身及制样技术的发展，电镜的应用领域也越发广泛，电镜技术已成为生物医学、材料科学等研究中的有效手段，在疾病诊断和防治、植物保护、良种繁育、品种分类和鉴定、性状鉴别、成分分析、土壤改良等生产与科研工作中都取得了显著成果。扫描隧道显微术使得探针与样品表面之间距离只要有一个原子直径的变化，就会使隧道电流有一千倍变化，灵敏度高，水平方向分辨能力小于 1Å，垂直方向小于 0.1Å。在真空和空气中都存在“隧道效应”，观察不一定在真空中进行，被观察样品不会损坏，可以在活的状态下观察。

第一节　透射电子显微镜的基本原理

透射电镜成像的实质是不带有信息的电子射线，通过样品时和样品发生作用，而在样品另一方重新出现时已带有有关样品的信息，然后进行放大处理，使人们能够看见并进行分析。人眼对光强度（振幅反差）和波长（色反差）的变化是敏感的，它能直接解释光镜给出的信息，但对于电镜来说却不能直接解释。目前只能把电子所带的信息转变成光强度的振幅反差形成黑白图像。透射电镜的图像反差是由入射电子通过样品时发生的散射吸收差、衍射差和相位差决定的。

一、非晶体样品的成像与反差

这部分主要指生物样品图像反差的形成。具有一定能量的高速电子和样品中的原子核和电子云发生碰撞会产生散射电子，与样品中的原子核作用产生弹性散射电子。直接透射电子对弹性散射电子的比例关系到透射电镜的图像反差。生物样品的反差主要由物质的质量厚度决定。振幅反差主要指由于弹性散射电子形成的反差。成像中电子通过样品时散射量与样品厚度成正比，同时样品密度越大散射机率越大，所以总散射量和密度与厚度乘积成正比，其乘积定义为质量厚度，其单位为 $\mu g/cm^2$，一般生物薄切片的平均质量厚度为 $10\mu g/cm^2$。电子束通过样品时，由于在样品中受到质量厚度的影响，直接透过样品的电子构成图像背景的主要成分，还有不同散射角度的弹性散射电子。质量厚度大的部位产生大角度的弹性散射电子（大于 0.1 弧度）被物镜光阑遮挡吸收，仅有小角度的弹性散射电子通过光阑孔（见图 15-1），电流密度减小，经放大后荧光屏上形成暗区，透过电子多的形成亮区，这就形成了明暗不同的振幅反差。这种反差是通过电子激发荧光粉形成可见光反映到人眼的。

当观察极薄（500Å 以下）且主要是由轻元素组成的样品的微细结构时，样品对高速电子的散射角度很小，非弹性散射电子几乎都能通过光阑，这时图像反差很弱。由于非弹性散射电子的能量损失，引起速度变慢，与非散射电子产生相位差。当正焦时它们相位差 90°，合成波变化不明显所以察觉不出反差。当样品存在某个微小离焦量时两种波同相（或反相），合成波就大于（或小于）非散射波很多，就出现了较大的振幅差，引起了像的颗粒性，这就是位相反

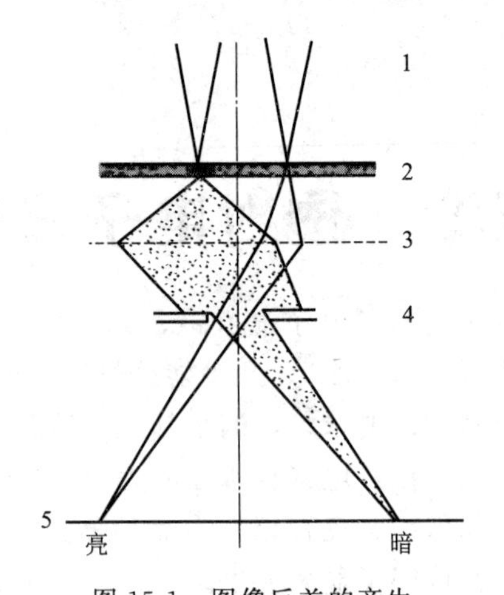

图 15-1 图像反差的产生

1—电子束；2—样品；3—物镜；4—物镜光阑；5—荧光屏

差。它只是在很接近正焦点的一个很小的聚焦范围内产生，与焦点无关。这种效应只能在最大放大倍率和最高分辨率时才能观察到，它与物镜光阑存在与否无关，和加速电压及样品中物质的原子序数关系也不大，可以反映出反差很小的轻元素组成的细节。透射电镜的反差是振幅反差和位相反差的综合，较大结构的振幅反差是主要的，而对于微小结构位相反差的重要性增加。观察轻元素组成的极小细节（如 10Å 以下）位相反差就几乎成为唯一的反差。

在透射电镜观察中，当在正焦点的位置来回转动聚焦旋钮时，会看到不论在焦点哪一边反差都会显著增加，稍欠焦时这种增加达到最大，把这种现象叫作离焦反差，它与位相反差本质不同，在观察较大结构时也产生。离焦反差可用散射电子束与非散射电子束间的干涉现象来解释，在观察样品时，与样品质量厚度迅速改变的区域相对应的图像上将出现费涅尔环，费涅尔环在欠焦时以亮线、过焦时以黑线来加强这点或边缘。费涅尔环只是在正焦时才消失，所以正焦时图像反差最小。利用费涅尔条纹加强反差在实际操作中很有用。选择正确的欠焦量可以获得样品的最好反差，只损失很少的分辨本领。在现代电镜中一般 15 万倍以下照相时都有最佳欠焦开关，利用它可得到最佳欠焦，照片的反差最好。

二、晶体样品的成像与反差

晶体样品的反差是由衍射效应产生的，它符合布拉格（Breagg）衍射规律。由于入射电子同晶体样品作用时，晶体的原子使电子做弹性散射，在某一定方向处形成一很强的衍射束，使直接透射部分的电子束强度分布起了变化。如果物镜光阑把衍射束挡住，而只让透射束通过成像，这时形成的反差就是衍射反差，像是明场像。晶体样品中的强衍射区对应于像上的亮区，而背景是暗的；如果晶面族产生的衍射束未被物镜光阑挡住，其透射束被挡住，这时形成暗场像。所以在厚度均匀的多晶样品中，在同一电子束照射下不同的晶粒可呈现亮暗不同的颗粒，这是由于它们相对于入射电子束的取向不同可形成明场像和暗场像，如果稍改变样品的倾斜程度即可改变明暗场。在研究晶体样品的缺陷时多用衍射反差。

第二节 透射电子显微镜的结构

透射电镜是一种大型的电子光学仪器，结构复杂，可分为电子光学部分、真空排气部分和电气部分，如图 15-2 所示。

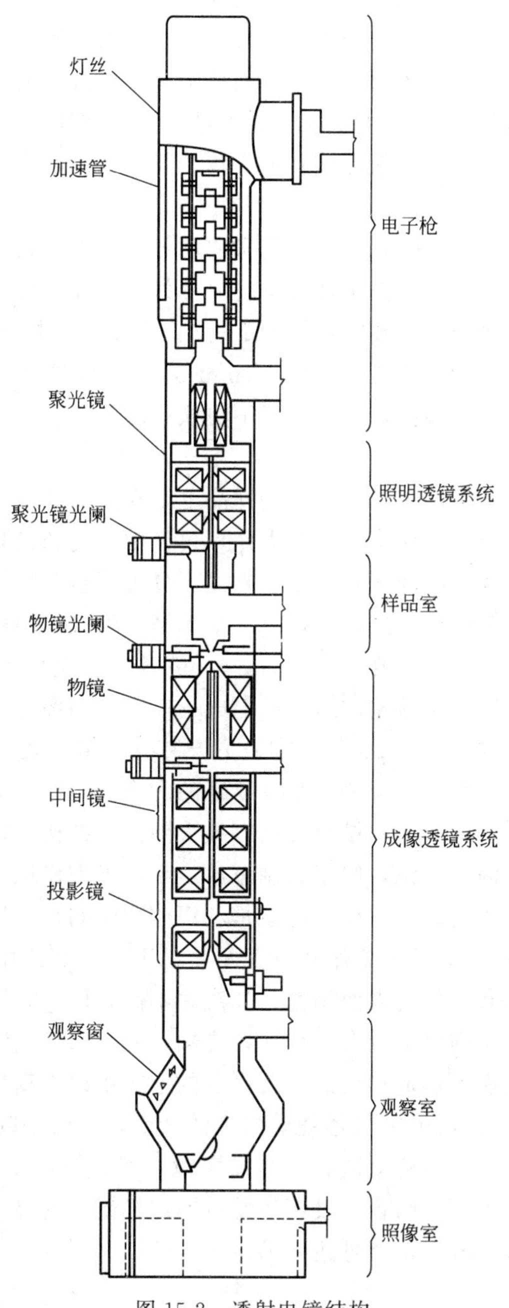

图 15-2　透射电镜结构

一、电子光学部分

这部分是透射电镜的主体，由照明系统、样品室、成像放大系统、观察记录系统组成。

1. 照明系统

电子枪即电镜的电子发射源，相当于光镜的照明光源，由阴极、栅极和阳极组成。电子枪要有足够的发射强度，电子束截面积小且强度均匀，束流强度连续可调，加速电压要有极高的稳定度以减少色差。阴极即灯丝，常用直径为 0.1～0.12mm 的钨丝制成点状或发叉形，六硼化镧（LaB_6）阴极和场发射钨单晶阴极的亮度和寿命要比普通灯丝高。栅极是由一个中央有孔的圆金属筒构成，用以控制电子发射强度和电子束的形状。阳极上加有几十千伏或更高的正电位以使电子加速。聚光镜会聚来自电子枪的电子束并以最小的能量损失投射到样品上，控制照明束斑及孔径角的大小。目前电镜多用电磁式消像散器。电子束偏转补偿器用来补偿由于样品室的强磁性金属引起的磁场对称性的破坏。合轴线圈安装在聚光镜下方，用来使经聚光镜会聚后的电子束做倾斜或平移，最终使照明束与物镜光轴合轴。

2. 样品室

样品室位于聚光镜与物镜之间，可以承载和移动样品。顶落式样品室包括机械手、样品台、样品杯、曲柄杠杆、样品移动控制杆和冷阱等部件。侧插式样品室较简单，有各种样品杆（倾斜的、旋转的、加热的、冷却的及拉伸的等）。样品室使样品保持稳定，与光轴垂直并在垂直于光轴的平面上移动（可移动间隙±1mm），始终精确地保持在同一个物面上，它装有一气锁装置，可在不破坏镜筒真空的情况下更换样品。

3. 成像放大系统

由电子枪发射出的电子束经聚光镜会聚到样品上，在样品的另一方透射出来就带有样品内部消息，此信息由物镜放大形成第一次放大像，再经中间镜和投影镜多级放大并成像于荧光屏上，并可由屏下照相底板将像记录下来。物镜部分主要包括物镜、物镜光阑和物镜消像散器、冷阱等。物镜是极靴透镜，焦距短，放大倍率高。物镜光阑孔径和位置要合适和便于调焦。物镜励磁电流的稳定度要求在 $10^{-6}\sim10^{-5}$ min 才能控制色差。物镜光阑位于物镜下方，限制电子束的孔径角以减小球差，除去散射电子以增加图像的反差。选择孔径角要兼顾球差和衍射差，一般孔径为 30～70μm。在物镜下方装有消像散装置以物镜像散，物镜装有冷阱吸附能引起污染的气体分子，减少样品及物镜的污染。冷阱靠液态氮冷却，将液氮加到镜筒外部的冷却罐中即可。中间镜和投影镜用以放大图像，结构与物镜基本相似。中间镜的焦距比较长，是可变倍率的弱透镜，用于控制总放大率，可方便地在较大范围调节倍率。中间镜有用一级的也有用二级的。用一级中间镜是利用改变中间镜电流来改变放大倍率，其总放大倍率可达 20 万倍。在极低倍率工作时可关闭物镜电源，利用中间镜作长焦距物镜，通过改变中间镜电流可获得几百倍的大面积像，分辨率不高，但比光镜高很多。用二级中间镜可得到更高的放大倍率。中间镜部位有一个活动光阑，称为限场光阑，在电子衍射时限制初级像。中间镜半固定光阑遮掉形成初级像以后剩余的电子束以提高反差。投影镜在中间镜下部，是一个焦距很短（1～2mm）的强透镜，倍率约 300 倍，将中间镜形成的放大像进行最后的放大，成像于荧光屏上。有些电镜有二级投影镜，第一级可变倍率，第二级固定倍率，它们与中间镜组成不同放大倍率组合，投影镜设有固定光阑。由物镜、二级中间镜和投影镜组成的四级成像系统，最高放大倍率可达 80 万倍。

4. 观察和记录系统

观察记录系统包括荧光板、放大镜、底片箱、照相机、控制曝光装置等。荧光板的作用是通过板上的荧光粉将透射电子所携带的信息转换成光讯号。荧光粉分辨本领要高，发光光谱适宜，余辉适中，低电流密度下发光强度大。为了便于观察小范围图像和精确聚焦，在观察窗外装有可放大 5～16 倍的放大镜，使用时须将图像倾斜与光镜垂直。记录部分主要是装在荧光板下部的分配箱（存放未曝光底片）和接收箱（存放已曝光底片）。照相系统可用手动控制和自动控制曝光。物镜、中间镜、投影镜的总放大倍率以底片为准，比荧光屏上约小 20%。有的底片上能打印倍率、加速电压值、底片编号、操作者代号和放大标尺等。电镜用的照相底板一般有干板和 SO 软片，其乳胶粒比荧光屏上的小，可获得 20μm 的分辨率，照片可得到更高的分辨率。为使底片的曝光量适宜，获得较好照片，电镜上装有自动曝光检测装置，提供适宜的曝光条件。

二、真空系统

电镜要求电子通道必须是真空，高速电子与气体分子相互作用而随机散射电子，会引起弦光和减少像反差，电子枪中存在的残余气体会产生电离和放电，引起电子束不稳定或闪烁；残余气体与灼热灯丝作用腐蚀灯丝，缩短灯丝寿命；残余气体聚集到样品上而污染样品。真空一般是指低于大气压的特定空间状态，真空是用真空泵来获取的，真空泵能降低相连容器中的压力，使容器中的分子密度降低。常用的真空泵有旋转式机械泵和油扩散泵，电镜将两种泵串接起来协同工作，实现持续的高真空。

三、电气系统

电镜的电路主要由高压电源、透镜电源、偏转线圈电源、其他电源及安全保护电路五个部分组成。电镜中使电子加速的电源是小电流高压电源；用于聚焦与成像的磁透镜是大电流低电压电源；它们若有任何波动都将引起像的变化而降低分辨率，要求具有很高的稳定度，分别为每分钟 2×10^{-8}和 1×10^{-8}数量级，这样高稳定度的电源必须由多级稳定电路取得。偏转线圈、消像散线圈电源也需稳定，要求可略低一些，可采用一级稳定电路。机械泵、照明电路接在安全电路后面，在稳定器前面。因为机械泵启动电流很大，可能会引起高压和透镜电流波动。先用总调压器初步稳定，把$\pm20\%$的波动减少到$\pm2\%$左右。这样的稳定度对油扩散泵加热器和自动真空系统控制足够，其他各电源则需作进一步的稳定。高压发生器一般装在油箱里或氟利昂中以防止高压弧光放电，其电路由稳压回路、高压发生回路和高压整流回路组成，先经过二级稳压达到要求的稳定度之后，再产生高压。透镜电流的稳定则是先产生透镜电流，然后经过一级稳压之后，每一透镜再进行二次稳压，这样可对不同透镜选用不同的稳压电路。

第三节　透射电子显微镜样品前处理

在实际应用中对电镜图像的分辨不仅取决于电镜本身的分辨率，而且也取决于样品的结构反差，而样品的结构和反差在很大程度上受样品制备技术的影响。用于透射电镜的制样技术有超薄切片技术、冷冻超薄切片技术、冷冻置换和低温包埋技术、免疫电镜技术、细胞化学技术、放射自显影技术、负染色技术、金属投影技术、表面复型技术、冷冻蚀刻复型技术、核酸的单分子展层技术等，其中，超薄切片是最基本的生物样品的制备技术。

一、载网和支持膜

在透射电镜技术中须用一种极细微的网状圆片状材料承载样品，通常称为载网。有时在载网上还要铺覆一层电子透明的薄膜作为支持膜。

1. 载网

载网一般采用很薄的铜片，还有用镍、钼、金、银、铂、不锈钢、尼龙、碳等材料制成的载网。惰性金属的载网适用于细胞化学，放射自显影技术等，非金属的载网则适于 X 射线元素分析。载网的直径一般为 3mm。孔形有圆形、蜂窝形、正方形、长方形、单孔形及狭缝形。网孔大小有多种规格，大孔截网电子束透过率高，支持性差，适于低倍，大视野观察；小孔载网电子束透过率低，支持性好，适于高倍、高分辨率观察。一般选用 200 目载网，以保证有70%以上的电子束透过。连续切片可选用单孔形或狭缝形载网。

新载网用乙醇清洗3～5次，干燥后备用。旧的载网可先用氯仿、醋酸戊酯等溶剂去掉原有支持膜，然后用酸碱法、超声波法或离子蚀刻法进一步清洗。将用过的铜网放在盛有浓硫酸的小烧杯内，直至铜网发亮（2～3min），然后倾去硫酸，水洗数次，用氨水洗2～3min，再用100%乙醇洗数次，干燥备用；或分别用等量的蒸馏水稀释的冰醋酸和蒸馏水清洗数次，用100%乙醇洗2次，烘干备用；或可放在10%NaOH中煮沸数分钟（注意沸腾不能太剧烈），水洗数次，100%乙醇洗2次，烘干备用；或将用过的载网放在盛有95%乙醇的试管或烧杯中，置入盛有水的超声波清洗器内，以超声波将载网上的支持膜、样品、污物等洗去，然后水洗数次，再用100%乙醇清洗2次，烘干备用。

2. 样品支持膜的制备

支持膜薄而透明，易被电子穿透，有足够的机械强度，经得住电子束的轰击，在电子束照射下不显示可见的结构，不与样品发生化学反应。其厚度在150Å左右为宜，太厚会增加电子散射，降低分辨率和反差。常用的支持膜有福尔莫瓦（Formvar）膜、火棉胶膜、帕罗丁（Parlodion）膜、碳膜。前几种是有机膜，能满足一般分辨率的要求，高分辨率研究需用纯碳膜。有时为了增强有机膜的强度，可再喷上一层碳作为加固膜。福尔莫瓦的化学名称是聚乙烯醇缩甲醛，特点是机械强度高。常配成0.2%～0.5%的氯仿（或二氯乙烯）溶液，用干净的玻片浸入溶液后取出，表面形成一层薄膜，经环割后利用水的表面张力，将膜剥离到水面上。火棉胶的机械强度比福尔莫瓦膜弱，但制作较容易，常配成1%～2%的醋酸异戊酯（或醋酸戊酯）溶液，采用漏斗法或贴附法制膜。火棉胶溶液滴在水面上后，能自行散开形成薄膜，然后排除或吸去水溶液，膜自然降到铜网上。碳膜的机械性能及化学稳定性好，适合高分辨率样品的观察，常利用真空喷镀仪采用碳升华喷镀法制备。为增强有机膜的机械强度，有时需用复合支持膜（加固碳膜），镀一层50～100Å的碳膜。这种复合质膜牢固而有良好的透明度，但性能略低于纯碳膜。

高分辨率的观察中，还可使用微孔支持膜，即采用特殊方法在有机膜上形成大量微筛孔，由于穿孔处无支持膜背景影响，切片样品反差和分辨率更好。其制备方法有哈气法、甘油法及气压法。哈气法是当玻片从福尔莫瓦溶液中慢慢提出后，在溶剂（氯仿等）尚未挥发之前，口对着玻片上的薄膜轻轻哈气，便会形成大量微筛孔，待干后剥落在水面即成微孔支持膜；甘油法是在福尔莫瓦膜溶液中加入少量甘油，按常规福尔莫瓦膜的制备方法即可制得微筛孔在0.05～25μm之间的支持膜。制作支持膜时一般要求室内相对湿度在60%以下，湿度太高膜上易产生假微孔，这时需在干燥箱内制膜。制好的带膜载网在恒温（22℃左右）、恒湿（相对湿度60%左右）的容器内保存，以避免玷污、折皱或爆裂。

二、超薄切片的制作

超薄切片是透射电镜生物样品制备中最基本的技术，冷冻切片技术、电镜细胞化学技术、电镜放射自显影技术等都以此为基础。超薄切片厚度必须在0.1μm以下，一般要求在500Å左右。良好超薄切片应薄而均匀，无皱折刀痕、震颤和染色沉淀等缺陷，细胞精细结构保存良好，无人为假象，具有良好的电子反差。超薄切片的制作程序包括固定、脱水、包埋、切片和染色等。

1. 取材

从动植物机体上或从细胞及微生物的培养物中取得所需材料即取材。由于生物材料在离开机体或正常的生长环境后，其组织结构往往在自溶酶作用下迅速发生各种变化，为尽可能保持其原生活状态的组织结构，取材操作应遵循以下原则和要求：①应根据研究的目的和要求确定正常或病变组织器官的位置，而后取材；②为保持生物材料的活体状态，取材速度要快，动物材料离体后须在 1min 乃至更短时间内立即投入固定液，减少自溶作用的影响；③固定剂渗透能力较弱，如四氧化锇渗透深度仅 0.25mm 左右，戊二醛的渗透深度为 0.5mm，为保证固定剂能浸入材料的各个部位，要求样品体积大小不超过 $1mm^3$ 或截面不超过 $1mm^2$ 的长条；④生物材料离体后，组织细胞内的各种酶将释放到组织中，使组织结构的主要成分如蛋白、核酸等迅速降解造成自溶，为降低酶的活性，要求在 0～4℃的低温条件下取材，所用的容器和器械亦应预先冷却；⑤取材器械要锋利，动作要轻巧，防止牵拉、挤压造成组织细胞内部结构的损伤。

动物可麻醉或急性处死，在 1～2min 内解剖出所需要的组织器官，用锋利的解剖刀取小块材料，迅速投入冷的戊二醛固定液中。然后取出放在冷的、滴有预冷的戊二醛载玻片上，用新的锋利刀片把材料切成 $1mm^3$ 的小方块，再投入盛有冷的固定液的小瓶中，置 4℃条件下低温固定。对于某些特殊材料，如神经组织等，应先进行原位固定或灌流固定，待组织适度硬化后再取材。植物组织取材较容易，离体后的变化不像动物材料那样迅速，但同样要求尽快投入冷的固定剂。一般植物叶片常切成宽 1mm、长 3～4mm 的细条。茎和根可切成小条，亦可切成 $1mm^3$ 的小方块。表面有毛刺的植物材料，需先用酶处理使之软化，表面有蜡质的叶片需先在 50%乙醇溶液中浸泡脱蜡，双蒸水清洗数次，再切取。

2. 固定

用化学法或物理法迅速杀死细胞即固定，常用化学固定法。固定的目的是在分子水平上真实地保存细胞超微结构的每一细节。在取材快、体积小、低温（0～4℃）条件操作的前提下，要求固定液渗透力强、穿透速度快，固定效果好，见表 15-1。

表 15-1　良好固定的细胞成分的超微结构形态

超微结构	判断标准
细胞壁和细胞膜	致密并基本上分层，没有断裂
细胞质基质	微细的颗粒沉淀，没有空白的空间
内质网(粗糙型)	扁平的腔，在两侧均匀地排列着核糖蛋白体颗粒
内质网(光滑型)	有完整的膜分叉管子，没有核糖核蛋白体颗粒附于膜上
高尔基体	完整的膜，扁平囊池成叠排列
线粒体	既不膨胀，也不收缩，外面的双层膜和内嵴完整，基质致密
核膜	双层膜没有损伤并基本互相平行，二层膜厚度不等，可能有核孔
核内容物	密度均匀，有染色质团分散在核膜附近
质膜	完整，低倍下呈单层结构、高倍下可见三层结构
质体	外层双膜完整，片层结构互相联结，基质致密

固定液是由某种固定剂和适当的缓冲液配制而成的，主要作用是：①破坏细胞的酶系统，阻止细胞的自溶；②稳定细胞物质成分，如核酸、核蛋白、糖类和脂类，使之发生交联，减少或避免抽提作用，以保存组织成分；③在一些组分的分子之间以化学反应和物理反应建立交联，以提供一个骨架来稳定各种细胞器的空间构型；④能提供一定的电子反差。电镜固定剂主要是对蛋白质、脂质等生物大分子起某种交联作用，至今还没有一个能把全部生活物质进行固定、完善或全能的固定剂。各种固定剂对细胞成分的固定是有选择性的，应根据实验目的和要求选择合适的固定剂，常用四氧化锇、醛类、高锰酸钾等。

醛类固定剂有甲醛、戊二醛、多聚甲醛和丙烯醛，用得最多的是戊二醛。现在很多实验室以戊二醛和多聚甲醛配成混合固定液，效果不错。戊二醛（$C_5H_8O_2$）是一种毒性不大的良好固定剂，具有两个醛基，对细胞结构有很高亲和力，能稳定糖原、保存核酸及核蛋白，对微管、内质网等细胞膜系统和细胞基质有较好的固定作用。经它长时间固定的材料不会变脆、变黑，适宜长期保存样品或远离实验室的野外取材及其他现场取材时用。戊二醛的单体分子小，穿透力强，固定速度快，可以突破 $1mm^3$ 样品块的界限。其缺点是不能保存脂肪，无电子染色作用，对缓冲液的选择和要求较严格，不能用醋酸-巴比妥盐缓冲液配制。商品的戊二醛一般是 25%～50%的水溶液，浅黄色，稍酸，pH 值为 4.5～5.0。氧气、高温、中性或碱性都能使戊二醛发生聚合变黄失去醛基而降低效力，pH 值降到 3.5 以下则失效。在 4～20℃褐色容器中保存，为避免失效，可在每 100ml 戊二醛中加 2g $BaCO_3$，摇动 10min，过滤后备用。在进行细胞化学或免疫学等实验时可用减压蒸馏法、活性炭纯化法、碳酸钡吸附法进行提纯，使用效果更好。戊二醛固定液的常用浓度为 1%～4%，浓度过高易造成组织收缩，浓度过低易使成分抽提。

四氧化锇（OsO_4）水溶液呈中性，25℃水中的溶解度为 7.24%，是一种非电解质强氧化剂。商品四氧化锇通常是以 0.5g 或 1g 包装，密封在安瓿瓶里，呈淡黄色单斜晶体。其水溶液在室温下易挥发，有毒性，极易还原变黑，都密封在棕色瓶中置于冰箱内保存。其蒸气对眼、鼻、喉黏膜有强烈的刺激作用，配制和使用时需在通风橱中进行。四氧化锇是目前电镜技术中最常用的化学固定剂之一，与氮原子有极大的亲和力，能与各种氨基酸、肽及蛋白质反应，在蛋白质分子间形成交联得以固定。四氧化锇能与不饱和脂肪酸链结合形成脂肪-锇的化合物，通过形成锇酸二酯链，锇酸在不饱和脂肪酸分子之间形成稳定交联，使脂肪物质得以固定，四氧化锇能固定蛋白质、脂肪、脂蛋白、核蛋白，但不能固定核酸和糖类。四氧化饿中的锇原子序数高，对样品有较强的电子染色作用而产生一定的电子反差。四氧化锇固定液使用浓度为 1%～2%，最常用的浓度是 1%。贮存时间过长或存放容器不干净会产生锇黑［OsO_2，$OsO_2 \cdot 2H_2O$，$Os(OH)_4$］使溶液失效，可在溶液中加几粒氯化镁。若溶液已开始变黑，可加几滴过氧化氢，使其恢复原色。四氧化锇是一种很好的固定剂。细胞中大部分结构成分主要是蛋白质类物质，它对大多数组织和细胞器的良好固定保护至今无与伦比，而四氧化锇的不足恰好由醛类固定剂弥补。一般电镜制样中都采用双固定法，即先用戊二醛固定，叫做预固定或前固定，后用四氧化锇固定，叫后固定。固定效果见表 15-2。

表 15-2 戊二醛和四氧化锇与细胞主要成分的固定作用比较

固定剂	蛋白质	核蛋白	脂质	糖原	核酸	渗透	电子染色	对缓冲溶液的选择
戊二醛	尚好	很好	很差	很好	较好	大	无	强
四氧化锇	好	很好	良好	很差	很差	小	有	不强

由于细胞本身的缓冲能力有限，配制固定液时要把固定剂加入缓冲液中，又因不同的细胞有不同的渗透压，则可通过改变缓冲液的浓度或加入一些附加剂，如 NaCl、$CaCl_2$、非电解质的蔗糖、葡萄糖等得到调节。其目的是把固定液的 pH 值维持在生理值上，保持一定的离子成分，以阻止由于渗透压效应而引起的组织和细胞的收缩或膨胀。一般固定液的 pH 值选在 6.8～7.4 范围时，适合大多数动植物细胞，对高度含水组织 pH 值可在 8.0 左右，对细菌、病毒等 pH 值可选在 7.0 以下。

电镜技术常用的缓冲液有磷酸盐、醋酸-巴比妥盐、二甲胂酸盐、三甲基吡啶缓冲液。用于电镜技术的磷酸盐缓冲液是仿效细胞外液的成分配制的，对培养细胞无毒性作用，最富有生理学功能，适合各种固定液的配制。这种缓冲液在4℃下可保存数周，但长期保存会出现沉淀，最好按需要临时配制新鲜缓冲液。醋酸-巴比妥盐缓冲液又称醋酸-佛罗那缓冲液，它不适于用来配制醛类固定剂，因为巴比妥钠与醛类会发生化学反应，产生在生理pH值范围内不起缓冲的物质。该缓冲液与磷酸盐缓冲液、二甲胂酸盐缓冲液不同，不会产生沉淀，适于四氧化锇固定液的配制。但它不易长期保存，易生长细菌而造成污染。二甲胂酸盐缓冲液因含胂而有毒，其蒸气具有异常气味，必须在通风橱中配制或处理。该液稳定可长期保存，不易被细菌污染。

对于单细胞或固定液易于渗透的组织材料，一般单独用1%～2%四氧化锇固定液固定1～2h就可达到固定目的。为保存更多的细微结构，目前对于大部分动植物组织材料普遍采用戊二醛-四氧化锇双固定法。对于一般植物叶、幼茎、幼根用3%的戊二醛固定2h，用1%～2%四氧化锇固定2～3h；对一般动物材料则分别固定1～1.5h；游离细胞分别固定15～30min；对细胞壁较厚或质地致密的材料，如花药组织固定时间分别为5～7h。某些植物材料在戊二醛中固定时间可长到几小时甚至几天，其结构仍能获得良好保存，这对野外取材有利。为使材料表面与固定液充分接触，一般固定液用量约为材料的40倍。

原位固定法和灌流固定法主要用于难以短时间解剖取材的、复杂的或对缺氧敏感的动物器官及组织的固定。原位固定是在保持器官血液供应的情况下，边解剖边将醛类固定剂滴加到器官，并用较多的固定液冲洗掉血液等，再加上新鲜的冷的戊二醛固定液，在原位固定，直至组织适度硬化，最后取出所需组织做常规的双固定。灌流固定是指通过血液循环的途径，将固定液灌注到所需固定的组织中，待组织适度硬化后，将组织切成小块，继续做常规的双固定。灌流固定需专门的灌流装置，固定剂用量较大。但像动物的神经系统等组织必须采用灌流固定。

固定除了注意固定剂的选择、固定液的浓度、缓冲液的选择及固定液的pH值、渗透压和离子浓度外，尚需注意以下四点：①为尽可能减少组织细胞发生死后变化，固定温度掌握在0～4℃较稳妥，提高渗透效率缩短处理时间，可防止和减小因固定液渗透慢而引起组织块内部组织死后变化。②固定时间要根据组织种类、特点、样品块大小、固定剂和缓冲液种类不同而灵活掌握。但时间过短固定不彻底，影响细微结构的保存，时间过长会造成抽提作用或产生人为假象，特别是用四氧化锇固定时间过久易使组织材料变脆、变硬、不利于切片。③每一种固定方法固定之后，都要用配制该固定液的缓冲液充分漂洗（缓冲液的温度与固定液相同），以除去多余的固定液，避免组织样品的环境发生突然猛烈变化，防止戊二醛和四氧化锇反应致使四氧化锇固定能力减弱，避免戊二醛和四氧化锇与后面的脱水剂（乙醇、丙酮）反应，产生沉淀影响固定效果。④由于植物材料本身的结构特点，投入固定液后常漂浮在表面或上部，直接影响固定效果，需做特殊处理。可用注射器反复抽气促使样品沉至瓶底，亦可用台式真空泵抽气15～30min，但不可超过一个大气压，以免损伤组织结构，某些细胞壁有坚厚的植物材料，固定液难渗透时，可把固定液和样品一起放在低压容器内进行固定，或用振荡法辅助固定液渗透，对某些真菌孢子，甚至可以在固定液中加入辅助剂如去污剂等，促进固定液渗透。

3. 脱水

用适当的有机溶剂取代组织细胞中的游离态的水，因水分的存在会使组织结构在电镜高真空状态下急骤收缩而遭破坏，常用的包埋剂是非水溶性的，细胞中游离水影响包埋剂的浸透。常用脱水剂有乙醇、丙酮、甲醇、乙二醇、聚乙二醇、氧化丙烯（环氧丙烷）、乙烯甘醇、水溶性环氧树脂等。常用的脱水剂是乙醇和丙酮，乙醇引起细胞中脂类物质的抽提较丙酮少，不会使材料变硬变脆，故最常用。乙醇不易与环氧树脂相混溶，在包埋前要用中间剂——环氧丙烷过渡，它比乙醇和丙酮易与环氧树脂混溶，挥发快，利于浸透和包埋。生物样品中的水分占一定的空间，急骤脱水会引起细胞收缩，须采用等级系列脱水法，即逐级加大脱水剂的浓度逐步把水分置换出来。所用系列浓度一般为 30%→50%→70%→80%→90%→95%→100%。材料在每一浓度停留 10～20min，80%浓度以前在低温下操作，80%浓度以上转入室温操作，室内相对湿度要在 50%以下。根据材料本身结构致密程度或特殊需要，可适当延长或缩短脱水时间，选择合适起始梯度或增加脱水剂的系列等级。一般认为，在脱水剂浓度低于 70%时，组织处于膨胀状态，高于 70%则处于收缩状态，在 70%浓度的状态是组织体积变化最小的状态，可让样品在 70%的脱水剂中停留过夜。一般组织脱水剂浓度在 70%→90%时收缩最严重，脱水剂浓度梯度间隔不要相差太大。用 100%乙醇或丙酮脱水时，必须先用无水硫酸铜或用无水氯化钙吸收脱水剂中的水分，保证细胞脱水彻底。脱水时间不可过长，减少细胞成分的抽提和丢失。

4. 包埋

包埋是用包埋剂逐步取代组织样品中的脱水剂，并制备出适合机械切割的固体包埋块，以获得高质量的连续切片，必须掌握包埋剂的性能、配方、聚合及操作。理想的包埋剂应黏稠度低、易渗透；聚合均一，不产生体积收缩；能耐受电子束轰击，高温下不易升华、不变形；对组织成分抽提少，能良好地保存精细结构；本身在电镜高放大倍数下不显示结构；有良好的切割性能；切片易染色，对人体无害。环氧树脂是目前常用的包埋剂。它具有三维交联结构，聚合收缩率小、均匀，对组织损伤小，耐电子束的轰击。但切片较困难，染色后反差较弱，呈液态时对皮肤有过敏刺激。常用的有 Epon、Araldite、Maraglas、EBL-4206 等，我国生产的环氧树脂有 618，600，711 等。Epon、ERL-4206 是目前普遍采用的优良包埋质，但价格较贵。国产环氧树脂黏度大、浸透不均匀，但对组织损伤少，切割性能、电子反差甚至比 Epon812 好，来源容易，价格便宜，已成为常用包埋剂。Epon812 是一种微黄色液体，系甘油酯族环氧树脂，黏稠度较低（25℃时为 150～210mPa・s），故渗入组织较快。其包埋块易受潮回软，切片时有时易皱，切出的片子易产生颤痕。水溶性包埋剂组织材料可在其中同时进行脱水和包埋，避免了在脱水时因使用乙醇、丙酮等所造成的对样品成分的抽提，能较好地保存脂肪成分。但单纯用水溶性包埋剂制作的切片易被水溶解，因此，最终的包埋最好由能与水溶性树脂混溶的环氧树脂（如 Araldite）来完成。它能最大程度保存样品的生物化学活性，这类包埋剂多用于组织化学和细胞化学研究。

包埋包括浸透、包埋、聚合三个步骤。将材料置入脱水剂和环氧树脂混合物逐步浸透，其中脱水剂的比例应逐渐减少，即用包埋剂逐步取代脱水剂，直至完全取代以致最后进入纯的树脂混合液浸透。浸透的程序可依材料类型不同而异，浸透时可采用倾斜旋转振动或抽真空的方法提高渗透效率。浸透步骤完成之后，可用纯树脂包埋剂进行包埋。用牙签从浸透液中挑出组织块放在胶囊底部中央，然后向胶囊中注满包埋剂，放上标有此样品代号的标签即可。一般用于包埋的胶囊有药用空心胶囊、锥形塑料囊、多孔橡胶或塑料模具，依据不同需要有多种规格。为保证高质量包埋及利于下步操作，应尽量使组织块在胶囊底部中间，不要使包埋剂产生气泡。包埋后不要立即聚合，维持一段时间效果更好，一般动植物材料可保持半天或过夜，单细胞材料须保持 1～2h。条形、棒状材料很难直立在胶囊底部中央，用常规方法包埋的材料难以控制切片方向，必须用特殊方法包埋方能定向切片。一是浅槽包埋，用硅橡胶的定型浅槽模板，先加入包埋剂，后将材料定位于浅槽头部的包埋剂中，待聚合后夹在特殊的鸭咀形样品夹中进行横切或纵切。二是进行二次包埋，把第一次包埋的样品削成长条形，然后放入胶囊中重新包埋。三是夹条包埋，用一宽度与胶囊直径相同的长方形夹层硬纸，将其一端分开两层，然后将条形材料夹在中间，垂直插入胶囊，使材料正好直立在底部中间，注满包埋剂即可。包埋方法见图 15-3。

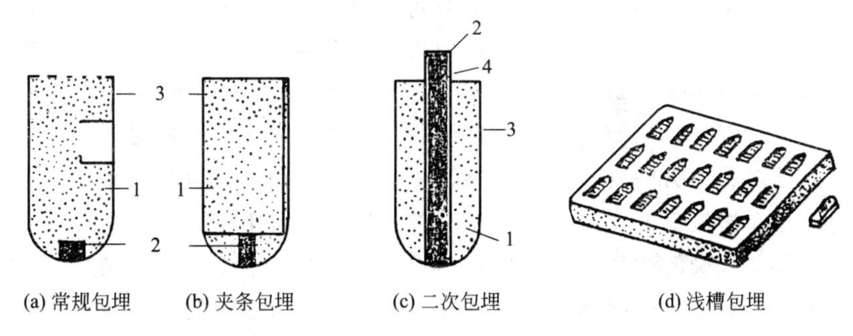

图 15-3　包埋的方法

1—新鲜树脂；2—组织；3—胶囊；4—固体树脂

把用常规方法或定向包埋好的材料置于恒温箱中聚合。可在 37℃→45℃→60℃升温聚合，时间分别为 12h、12h、24h 或在 60℃一次聚合 48h。材料聚合后剥掉胶囊，即可进入切片程序。在配制包埋剂和包埋操作时，要始终保持环境的相对湿度在 60%以下，药品要防潮，所用器皿要充分干燥后使用，否则将直接影响包埋块的质量。包埋块应保存在干燥器中，若受潮变软可在 60℃恒温箱中加热 24h，使其恢复原有硬度。

5. 超薄切片

超薄切片应是厚度适中、均匀、平整、无刀痕、无颤纹和皱折。进行超薄切片前应先将包埋块修成便于切片的一定大小的形状。目的是除去组织周围多余的包埋介质和不感兴趣的部分，使切面尽可能是所要观察的组织，以提供较多的有效观察面积，同时亦为了使切面内软硬度一致而利于切片。一般将包埋块修整成锥体，锥体顶端面为梯形，正方形或长方形。要求截面平整，上下边（或称作底）要平行（见图 15-4），梯形上底短、下底长，且相互平行，易获得连续切片。修整后的顶面一般为 0.5mm×0.5mm 左右，只要利于切片，根据材料可适当增大或减少顶面面积。

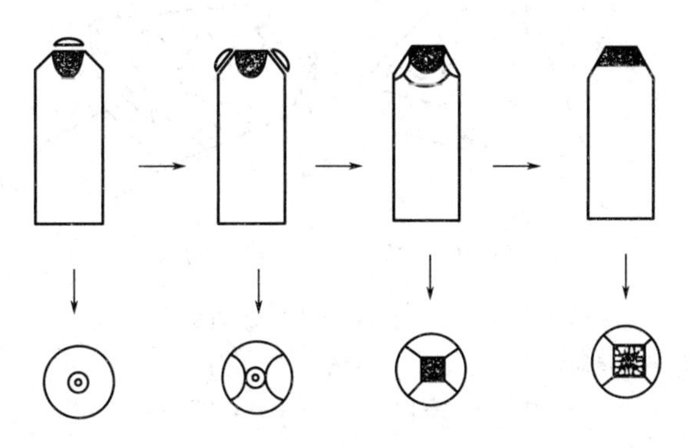

图 15-4　包埋块的修整

超薄切片刀有两种，金刚刀（又叫钻石刀）价格昂贵，质地坚硬，经久耐用。主要用于切硬质材料如木材、植物老根、钙化组织、厚壁细胞植物样品、骨骼，甚至某些金属，并可获得高质量的切片。每把钻石刀有一固定的前角值，必须严格按照厂家标示的要求使用。玻璃刀是目前普遍使用的切片刀，制作方便价格低廉，但刀刃较脆不耐用，不能切硬质材料。制刀用的玻璃为漂浮法生产的硬质玻璃，含硅量在72%～75%以上，内应力小，厚度4～6.5mm，质硬而干净。首先将玻璃条断成方块，然后在方块上稍偏离对角线方向刻痕，再加压力断裂成两个三角形玻璃刀。为使切下的超薄切片漂浮在液面上，围绕刀口要制作一个槽，并用石蜡密封。有现成的金属槽和塑料槽可直接安装封用，也可用胶带制作槽。槽中的液体可用蒸馏水，为减小表面张力，也可用10%的乙醇或丙酮溶液。

切片机在切片过程中，是使一个装有包埋块的活动臂向下运动通过刀刃，在每次切削过程中同时使样品臂对着刀刃做出微小的推进，使一极薄的切片得以从标本块的表面上脱落下来，离开刀刃悬浮在槽液面上。切片机上有三种进尺范围（粗调、超微进尺、微进尺）以调节切片厚度，并保证准确的线性运动、良好的重复性和被选择速度的恒定。在超薄切片时，当一个切程结束，样品臂上行回到初始位置过程中，有一后缩运动，可以避免因端面与刀刃距离太近而发生沾水、带片、相碰等。在切片机上还附有一个用于选择刀口、刀刃与标本块的对准、观察切片的双筒显微镜；用于观察不同厚度切片的日光灯和用于检查刀刃缺陷的聚光灯。按照自动进刀的原理，超薄切片机可分为机械推进式和热膨胀推进式两类。前者以微动螺旋和微动杠杆来提供微小的样品臂进给，后者是利用标本臂金属杆的热胀冷缩时产生的微小长度变化来提供进给的。

超薄切片操作步骤包括切片刀刃位置的选择、槽液面的调整、样品和刀的校正、切片、拨片、展片、切片的收集等，见图15-5。切片室温度要适中（20～25℃），湿度要小，无空气流动，防止振动影响。还需注意的是，在对某一样品进行切片时，由于所选择的刀角、前角和切片速度不同所得结果也不同。一般软硬适中的包埋块可选用45°刀角，3°～5°的前角，2mm/s的切速。偏硬的块可用较小角度的刀和较小间隙角及较慢的切速，偏软的块用大角度的刀、较大的间隙角及较快的切速。对一般适中的包埋块，切速选在2mm/s左右。为获得极薄的切片，切速应加快到20mm/s。若要获得较大的切片，则应减慢切速，甚至可低于1mm/s。

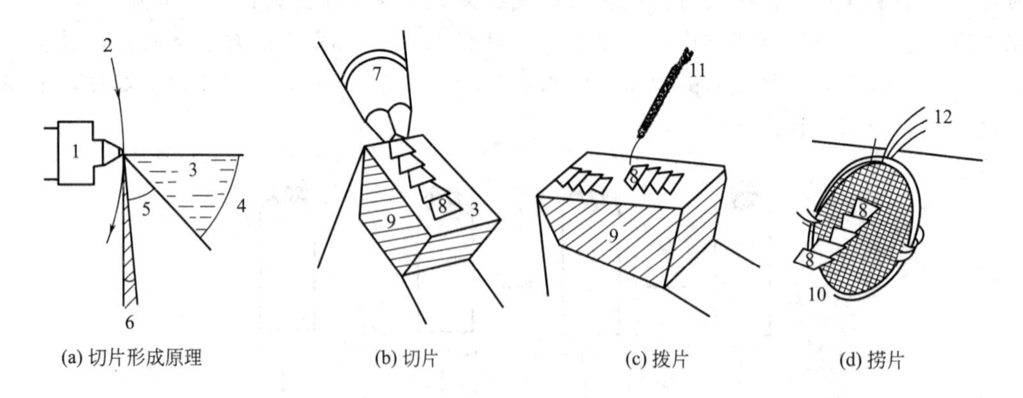

图15-5 超薄切片形成原理

1—样品夹；2—样品夹运动弧线；3—水；4—后角；5—刀角；6—前角；7—包埋块；8—切片；9—槽；10—载网；11—睫毛针；12—镊子

在理想的情况下，水槽液面上漂浮着一条厚度均匀的连续切片带，由于各种原因切片厚度可能是不均匀的。判断切片厚度一般以切片表面反射的光和从切片下面反射的光产生的干涉现象为依据，不同厚度的切片呈现不同的干涉颜色。作为一般材料的观察用银白色的片较好，既显示一定的结构，又有较好的反差；灰色及暗灰色的片较薄，有较高的分辨率，但反差较差；金黄色的切片反差好，但分辨率低，可用于分辨率要求不高的观察；紫色切片太厚，不能用普通透射电镜观察。切片很薄易皱褶使样品结构重叠，在捞片前需进行展片，将一块浸有氯仿或二甲苯的滤纸移近刀槽液面，借溶剂蒸汽的挥发使切片稍稍软化展平皱褶。用氯仿或二甲苯展片时间不宜过长，一般 3～4s 即可，距离切片也不要太近，这些溶剂的蒸汽可使聚合物过分软化，会损伤样品的细微结构，必须防止溶剂直接碰到漂有切片的槽液。切片展平后用睫毛做成的拨针把漂浮的切片带断成几段，用镊子夹住铜网边缘使覆膜面面向切片直接在液面上蘸取切片，用滤纸角吸掉多余水分即可。

6. 切片的染色

生物样品中的元素原子序数低，散射电子的能力弱，没有明显的电子散射差异，超薄切片需要进行电子染色后才利于电镜观察。电子染色是使铀、铅、锇、钨等重金属盐类中的重金属与组织中某些成分结合或被吸附。不同结构成分上吸附有不同数量的重金属原子，结合重金属较多的区域具有较强的电子散射能力，在电镜下呈现为电子致密的黑色。结合重金属较少的区域则为浅黑色，没有结合重金属的区域是电子透明的区域。电子染色可提高样品的反差，增加图像的清晰度。

醋酸铀［$UO_2(CH_3COO)_2 \cdot 2H_2O$，也称醋酸双氧铀］是广泛使用的染色剂，能产生较高的反差，具有放射性和化学毒性，遇光不稳定，贮藏和染色最好避光，溶液变混则失效。它以提高核酸、蛋白质和结缔组织纤维的反差为主，对膜染色效果较差。染色液一般用1%～3%的饱和溶液。可用 50%或 70%乙醇配制，对于环氧树脂包埋的超薄切片，在室温下染色 15～30min。亦可用双蒸水配制醋酸铀饱和水溶液，在室温下染色 20～30min 甚至 90min 或更长时间，提高温度至 40℃左右可缩短染色时间。铅盐染色剂是用得最广泛的电镜染色剂，密度大，对各种细胞结构都有广泛的亲和作用，能够显著提高细胞膜系统及脂类物质的反差铅盐毒性大，和空气中的 CO_2 接触易产生白色碳酸铅沉淀污染切片，电镜下呈黑色致密不定型颗粒。配好的染液可在其表面加一层液体石蜡或密封在注射器中，使染液与空气隔离，保存在冰箱内。配染液用的蒸馏水最好先煮沸以除去水中的 CO_2，高 pH 值（11～12）染色效果最好。为了避免 CO_2 污染，可适当缩短染色时间或在染色环境加一些固体 NaOH。常用的有柠檬酸铅、氢氧化铅、醋酸铅、酒石酸铅等，柠檬酸铅最常用。

先用醋酸铀染色，再用柠檬酸铅染色（见图 15-6），两种染色剂互相弥补使样品的各部分结构都得到很好的表现，对任何材料效果都好。

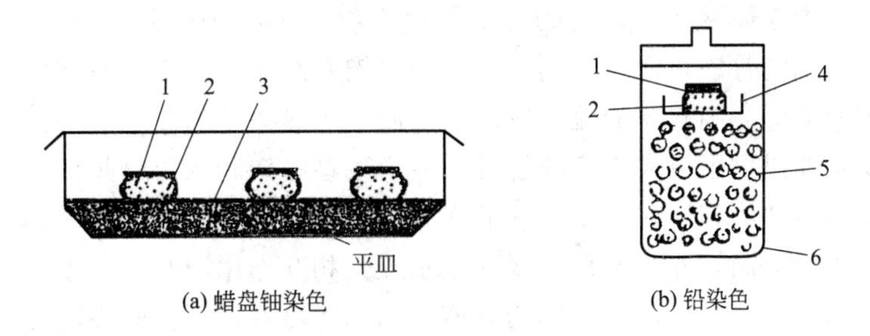

图 15-6　超薄切片染色

1—切片；2—染液滴；3—石蜡；4—蜡盒；5—氢氧化钠；6—称量瓶

第四节 透射电子显微镜在生物科学中的应用

电子显微镜以电子束作为照明源，突破了光学显微镜由于光波的衍射效应所限制的分辨极限，不仅使许多在光学显微镜下争论不休的问题得到了明确的回答，还使人们对微观世界的认识又产生了一次新的飞跃。

早在1886年，Adolf Mayer通过传毒实验发现烟草花叶病的病原物可以通过微孔漏斗(漏斗的微孔是足以阻止细菌滤过的)，滤过后的滤液仍具有侵染力，将其抹在烟草叶片上仍能致病。由于技术水平和实验条件的限制，当时是解释不了这种现象的。一直到1939年，Kaushe、Pfankuch和Ruska等利用刚刚发展的电子显微镜技术第一次看到了烟草花叶病毒，并对病毒这一类更为基本的生命形式有了认识之后，才解释了通过微孔滤膜的滤过物仍具有侵染力的原因。1967年，日本学者土居养二用电镜观察证明桑树萎缩病病株的维管束组织中带有大量类似菌原体（mycoplasma）的微生物，从此国际上许多专家对这一类病原物开始研究。另外，应用蛋白质展层技术通过电镜观察证明了另一种新的植物病原一类病毒(Viroid）的存在，如马铃薯纺锤块茎类病毒（PSTV）为一种低分子量的核糖核酸(RNA)，具有线状部分的环状结构。

早期的生物学家认为细胞的边界并没有真正的膜，细胞表面的物理特性不过是表面张力效应而已，此后Danielli和Davson虽然提出了生物膜模型，并估算质膜的最小厚度为75～80Å。但这些数字都超出了光学显微镜的分辨极限，实际上，当时在光学显微镜下看到的细胞膜仅仅是在细胞表面把细胞质与外部隔开的极细的密集界线。1959年，Robertson在电子显微镜下观察了用四氧化锇染色的肌纤维薄切片之后才完善了细胞膜的概念。他提出所有生物膜的厚度基本上是一致的，即外层、内层为蛋白质强嗜锇层，染色深，厚度各为20Å，中间为脂类弱嗜锇层，染色浅，厚35Å，总厚度为75Å，并把这种三层结构的膜称之为“单位膜”。在细胞分化的过程中，细胞发育成不对称形状，细胞内含物的川流运动等现象，过去仅看做是细胞分裂速度不同或局部凝缩的结果，但质膜本身既不是产生坚硬形态的结构，也没有进行运动的可能性。那么是什么机理促使细胞改变形状和进行运动呢？Osborn，Weber和Porter等应用荧光标记物和高压电子显微镜技术，观察到细胞内有由粗细不等的纤维组成的网络结构，其中直径为20～25nm较粗的纤维叫做微管，含有的主要成分是微管蛋白，微管的功能是保持细胞形状和辅助细胞内运输；直径为5～6nm较细的纤维叫做微丝，它所含有的分子与肌肉中肌动蛋白、肌球蛋白和原肌球蛋白相同，也有像肌肉一样的收缩功能，因此它与细胞的移动、细胞质的川流运动有关。微管、微丝和一种直径为7～16nm的居间纤维一起形成了纤维立体网络，称为细胞的微梁系统（microtrabecular system)。因此，可以认为，微管是细胞的骨骼，而微丝则是细胞的肌肉系统，这样细胞基质内的微结构和收缩机理就有了合理的解释。细胞膜的流体镶嵌模型满足了热力学的要求，并且为细胞膜的通透特性和其他生物特性提供了令人满意的解释。这个模型将磷脂双层设想成一个不连续的流体薄膜，而球状蛋白质“漂移”在其中。它们在磷脂层的定向和渗透程度由其表面上的极性和非极性基因的分布所控制，并且遵循疏水和亲水最大相互作用原则。这个模型得到了冰冻蚀刻电子显微镜技术有力的支持，细胞膜的冰冻蚀刻图像显示出嵌在断裂膜内的球形蛋白质颗粒。流体镶嵌模型为细胞表面现象的一些新的实验性假说提供了理论性的依据，例如用与糖类结合的植物凝集素检出遭受恶性变异的细胞的可凝集性增加，肿瘤细胞丧失“抑制控制”，以及细胞膜内的协作现象等。由上可见，电子显微镜技术从根本上充实和深化了生物学的内容，在研究生物形态与功能之间的关系上，具有不可取代的优越性。

电镜技术不断发展，应用领域不断拓展。此后相继出现了能直接进行活体观察的超高压电镜（HVEM），能在观察样品形态结构的同时进行微区化学成分及结构分析、灵敏度达到 10^{-20}g 的分析电镜（AEM）和兼有扫描电镜、透射电镜以及探针显微分析仪的多功能的扫描透射电子显微镜（STEM）等各种类型的电子显微镜。电子显微镜技术的发展不仅表现在仪器本身性能的高度完善和种类的明显增多上，还突出地反映在与其相应的各种样品制备和应用技术上。人们从常规的超薄切片技术开始研究出了各种各样的技术方法，例如能增加样品反差的金属投影技术，能用透射电镜观察物体表面结构的复型技术，便于观察微小颗粒材料的负染技术，能暴露出材料内部结构的冷冻断裂和冷冻复型技术，能进行生物合成转移定位研究的电镜放射自显影技术，利用抗原-抗体相互作用特异性结合为基础的免疫电镜技术，利用特异的化学反应产生细胞化学产物（不溶性电子致密沉淀物）来识别和定位的电镜细胞化学技术，观察核酸分子的单分子展层技术，用来分析各种不同组织细胞中存在的元素的微区成分分析技术。此外，近年来电镜图像的旋转积分、线性积分和光学傅里叶变换等光学处理方法和计算机处理技术，全息显微术等，不仅能对人眼看起来是“杂乱无章”的图像进行去伪存真，还原细节，重构三维图像，还能存贮图像信息及构制彩色电镜图像等。可见电子显微镜和多种新技术相结合而形成的综合性的电子显微镜技术，已经在生物医学、材料科学等许多学科的基础研究和应用技术的研究工作中成为卓有成效的技术手段和研究方法。人们应用电子显微镜技术全面地观察了各种细胞器的形态，深入地研究了它们的功能，拍下了大肠杆菌中 DNA 转录 mRNA 遗传基因信息的复制过程；以 TMV 为开始，相继发现和鉴定了许多病毒，实现了以 TMV 为代表的病毒人工再构成；从观察原子的晶格像到获得“原子核和电子云”的原子像等。鉴于电子显微镜在科学技术发展中的作用，电镜技术的应用得到了科学界的重视。比如，A. KIug 由于其在发展晶体电子显微学及核酸-蛋白质复合体结构研究方面所作出的卓越贡献而获得了 1982 年诺贝尔化学奖。由 G. Binning 和 H. Rohrer 近年来发展起来的能以原子尺度获得样品表面浮凸信息的扫描隧道显微镜（STM），成为表面研究的重要实验手段，G. Binning 和 H. Rohrer 因而与第一台透射电镜研制者 E. Ruska 共同获得 1986 年诺贝尔物理奖。

思考题与习题

1. 透射电子显微镜的工作原理是什么？
2. 透射电子显微镜的结构有哪些？
3. 试述一般生物样品超薄切片制备的技术。
4. 如何选用载网？载网清洗的方法有哪些？
5. 生物样品取材的基本原则是什么？
6. 试述双固定技术。
7. 试述超薄切片双染色技术及其注意事项。
8. 试述透射电镜在科研、教学及生产中的应用。

第十六章　扫描电子显微技术

扫描电子显微镜是在透射电子显微镜基础上发展起来的一种新型电子光学仪器，用于探测样品自然表面或内部断面构貌信息，获得的图像景深大，富有立体感，对样品的适应性较强。以扫描电镜为基础或与透射电镜相结合，匹配以各种附件，相继开发了分析电镜、扫描透射电镜等。用于扫描电镜的制样技术快速发展，有的制样程序简单且易于操作，有的需要特殊的实验仪器设备，例如：金属投影技术、复型技术、负染色技术、冷冻断裂和复型技术、电镜细胞化学技术、单分子展层技术、微区成分分析技术等。扫描电镜技术已在生物医学、材料科学等研究中成为有效的手段。

第一节　扫描电子显微镜的基本原理

一、扫描电镜成像原理

电子束与样品作用时，由于样品表面形貌，结构等的差异，各处被激发出的二次电子数量不同，从而在显像管的对应位置上以相应的明暗反差形成样品表面形貌特征的图像，即二次电子图像。当入射电子束强度一定时，二次电子信号强度随样品倾斜角的增大而增大，这一现象称为倾斜角效应。这是因为随着样品倾斜角的增大，入射电子束在样品表面层 50～100Å 范围内运动的总轨迹增长，引起价电子电离机会增多，因此产生二次电子的数量就增多。在样品边缘和尖端部位射入一次电子时，由于此处被激发的核外电子极易脱离样品，所以产生的二次电子数量就多，图像异常明亮，称为边缘效应。边缘效应能造成不自然的反差，这种异常反差会降低图像的质量，影响观察效果，可采取降低加速电压，减少电子束的能量，缩小产生二次电子的范围等措施减少边缘效应对成像的影响。原子序数高的元素被激发产生的二次电子数量多，而原子序数低的元素则少，因此在同样条件下前者图像明亮，这一现象叫作原子序数效应。在观察生物样品时，在样品表面均匀地喷镀一层原子序数高的薄金属膜，就是利用这一效应改善图像的质量。生物样品绝大多数是高绝缘性的，入射电子不能在样品中构成回路导入大地，堆积在样品上的入射电子造成较强的负电荷区，产生突然放电现象或排斥后续入射电子使其被检测器吸收，或者轰击样品室其他部件，严重影响二次电子图像的质量。采用镀膜、导电胶粘贴等导电化处理，可减少充放电效应的影响。扫描电镜图像的反差主要是由样品表面凹凸状态决定的，越是凸出的部位产生二次电子的数量应该越多，图像也越发明亮。但是样品表面凹凸状态是通过所产生的二次电子数量反映到反差上的，而二次电子的产生是受多种因素影响的，由二次电子数量所表现出的图像的实际亮度有时与样品实际的表面形状有差异。

二、扫描电镜的工作原理

在扫描电子显微镜中，由电子枪发射并经聚光镜会聚的电子束在偏转线圈作用下，对样品表面进行光栅状扫描，激发样品产生各种电信号。检测器检测其中某种电信号，并按顺序、成比例地将其转换为视频信号，信号经放大和处理之后，用来调制阴极射线管的电子束强度，使之显像。扫描电镜的图像是由许多明暗相间的小点组成，这些小点是构成图像的基本单元，称为像素。像素越多，图像质量越好，如一幅不到十万个像素的传真照片，由于相邻的像素之间间隔较大，图像就粗糙缺少细节，而35mm电影胶片中约有100万个像素，就觉察不出像素间的间隔，图像就细腻逼真。观察扫描电镜图像时，可根据需要选择不同像素数的图像，一般每条线是由1000个像点组成，而每幅图像的扫描线可在200～2000条中选择（因仪器不同而有差异）。

电子束对样品表面进行的扫描，是从左到右、自上而下依次进的。把电子束从左到右的扫描运动叫做行扫描或水平扫描，自上而下的扫描运动叫做帧扫描或垂直扫描。两者速度不同，行扫描的速度比帧扫描快，对于1000条扫描线的图像，行扫描扫完一行时，帧扫描仅完成1/1000，行扫描回到左边，开始第二行扫描时，帧扫描向下移动1/1000的距离，行扫描与帧扫描的合成结果，如图16-1所示。行扫描转行速度虽然很快，但总会留下痕迹，对图像不利，转行时需消除回扫痕迹，使其只是显出一条条的横线，即扫描光栅。光栅越密，行间间隔越小，能呈现出的细节越多，若要求扫描电镜图像分辨率高，则扫描线应该多，相应的电子束直径必须细。当行间隔小于0.1mm时，人眼就区分不出光栅线条。扫描信号发生器是向行、帧扫描线圈供给扫描电流的装置，它的特点是产生的电流强度随时间增长而增大，当达到设定值的瞬间降为零，如此周而复始。在示波器上，这种电流波形呈锯齿形，所以这种信号发生器也叫做锯齿波发生器。可根据行、帧扫描需要分别设计不同电流强度和变化周期的扫描信号发生器。

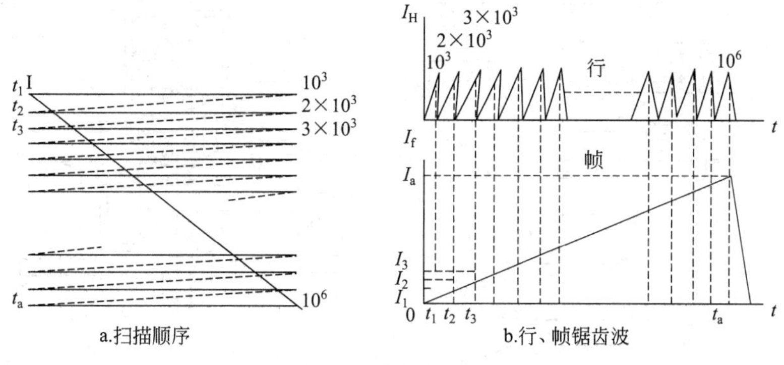

图16-1　锯齿波形

显像管与镜筒的行偏转线圈和帧偏转线圈中的行、帧偏转电流都是由同一个锯齿波发生器供给的。这样，扫描样品的电子束和显像管中扫描荧光屏的电子束是按光栅状扫描规律同步运动，因此保证扫描样品的部位和屏上图像是一一对应的。扫描电镜的放大倍率就是显像管上图像尺寸与镜筒内电子束在样品上扫描长度之比，或者放大后图像面积与扫描面积平方根之比。荧光屏的尺寸是固定的（常数），保持加到显像管偏转线圈上的信号强度不变（即屏上图像大小不变），改变加到镜筒偏转线圈中偏转电流的大小（改变扫描样品的面积），使荧光屏上图像的面积与扫描样品面积之比发生变化，这样就调节了放大倍率。实际操作是通过电位器改变镜筒偏转线圈中的电流，来调节放大倍率。图像的实际倍率由位于显示器上的数码管显示。

三、二次电子图像的质量

决定扫描电镜图像分辨率的主要因素是入射电子束的束斑直径、束流大小和电子波长、镜筒真空度、一次电子在样品中的扩散范围和产生二次电子的范围。若束斑直径为 100Å，则成像的分辨率再高也达不到 100Å。要想提高分辨率，首先必须缩小束斑直径，为此要用 2～3 级聚光镜将电子枪发射出的 30～50μm 的交叉光斑缩小为 3～10nm 的探针。探针的电流强度必须保证在 10^{-12}～10^{-11}以上。若电流太小，激发出的二次电子数量少，图像过暗，难以区分图像细节。电子波长越短分辨率越高，电子波长一致才能避免色差。具有高而稳定的真空度，才能保证束流稳定，波长一致。电子束射入样品之后，由于散射作用将向各方向扩散，其形状呈水滴状，其范围大小由入射电子本身所具有的能量、样品成分及性质决定。可采取低压观察薄样品的方法及增加样品导电性、喷镀重金属膜等方法缩小扩散范围。

第二节　扫描电子显微镜的结构

扫描电子显微镜主要由电子光学系统、信号检测及显示系统、真空系统和电源系统组成，见图 16-2。多数扫描电子显微镜是将上述各系统分成两部分装配的，一是主机部分，装有镜筒、样品室、真空装置等；另一个是控制部分，装有荧光屏，各种控制开关及调节旋钮。

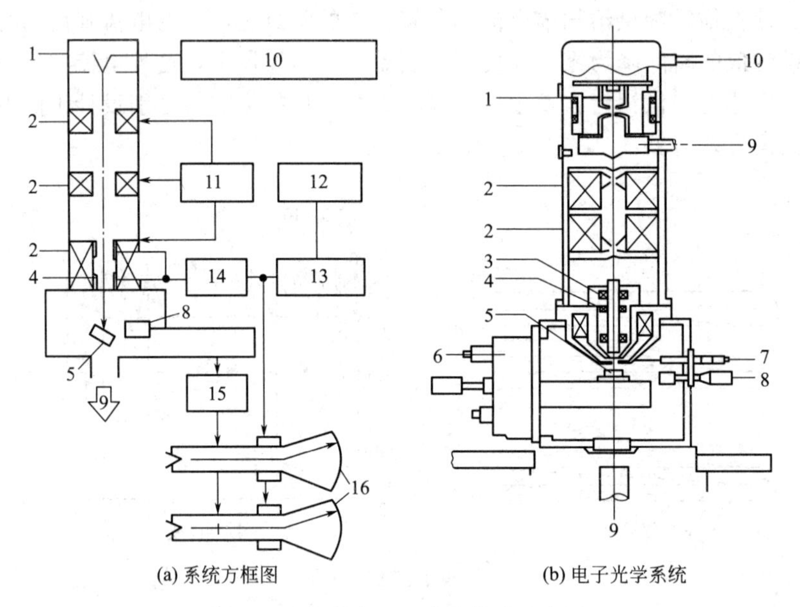

图 16-2　扫描电子显微镜构造示意图

1—电子枪；2—聚光镜；3—消像散线圈；4—扫描线圈；5—样品台；6—样品微动装置；7—物镜可动光阑；8—二次电子检测器及光电倍增管；9—接真空系统；10—灯丝及高压电源；11—聚光镜电源；12—扫描发生器；13—扫描放大器；14—放大控制；15—视频放大；16—显像管

一、电子光学系统

扫描电镜的镜筒位于主机部分的上部，由电子枪、聚光镜、灯丝对中线圈、光阑、扫描（偏转）线圈、消像散器、样品室等部件组成。它的作用是产生具有较高的亮度和尽可能小的束斑直径的电子束即电子探针，激发样品使其产生电讯号。扫描电镜电子枪的构造、用途与透射电镜基本相同，仅性能参数稍有差异。扫描电镜阳极加速电压值可在 2～30kV 中选用，生物样品常用 10～20kV。新型六硼化镧灯丝或钨单晶场致发射枪性能有很大改善。灯丝合轴线圈、消像散器等构造、用途与透射电镜基本相似。在电子枪下方装有 2～3 级磁透镜，其作用是将电子枪所发射出的 20～50μm 的束斑会聚成 3～10nm 的细小探针，因此称其为聚光镜，其中最下面的一级聚光镜靠近样品，习惯上称为物镜。扫描电镜一般只有一个可动光阑即物镜光阑，孔径约为 100μm、200μm、300μm、400μm。有的扫描电镜在电子枪与第一聚光镜之间装一空气闭锁装置，空气闭锁实际上就是一个阀门，可根据需要进行开关，以达到关断或开通电子枪室与电子枪室以下镜筒之间的联系。当打开闭锁时，电子束可以由电子枪畅通无阻地射向样品并对电子枪室抽真空；关闭时，可维持电子枪室的真空，使换样品时空气不能进入电子枪室，保护灼热的灯丝不因与空气接触而被氧化，从而延长灯丝寿命。扫描线圈也叫偏转线圈，由两组小电磁线圈构成，作用是控制电子束在 X、Y 两个方向上有规律的偏转。扫描电镜中有三处装有扫描线圈，一处安装在镜筒中末级聚光镜上极靴孔内，作用是使电子探针以不同的速度和不同方式在样品表面做扫描运动；另两处分别装在观察用和摄影用显像管中，用于控制显像管中的电子束在荧光屏上做同步扫描运动。扫描电镜样品室位于主机部分中部，上部承载镜筒，下部与真空系统相连接。样品室内可装各种信号检测器及样品微动装置。为适应观察较大样品及观察样品各个面的需要，扫描电镜样品室的空间都较大，可放入最大样品台约 100mm。样品微动装置能在水平面的 X、Y 方向上移动 30mm 左右，在垂直面的 Z 方向上升降 5～40mm，还可以倾斜（－15°～90°）及旋转(360°)，可更换机械对中样品台、冷冻样品台等各种不同用途的样品台。

二、信号检测及显示系统

信号检测放大器的作用是检测样品在入射电子束的作用下产生的各种电信号，然后经视频放大，提供给显示系统作为调制信号。检测器有二次电子检测器、背散射电子检测器和吸收电子检测器等。图像显示和记录装置包括观察用显像管、摄影用显像管、照相机及调整和记录装置，其作用是将信号放大器获得的输出调制信号通过显像管转换成图像。为适应人眼观察习惯，观察用显像管采用长余辉管，而摄影管用短余辉管，二者显示的图像与镜筒内电子束扫描样品是同步的。有的扫描电镜观察和摄影同用一支显像管，也有的在同一显像管上同时显示不同倍率或不同性质的图像。显像管本身的分辨率（指每幅能容纳的行数）对成像质量有很大影响，如果显像管本身的分辨率不高（即电子束在荧光屏上的光斑太大）就不能包含很多像素，从而无法容纳检测系统所获得的信息量。扫描电镜摄影时，是对一幅图像一点一点依次曝光，这要求在整个摄影过程中，电镜性能要稳定。照相机曝光时间是经实验选择最佳数据、设定参数后自动控制的。显像管显示图像同时还可以显示片号、放大倍率、标尺长度及加速电压等。可根据需要将这些参数拍摄到底片上。在控制面板上数码管所显示的放大倍率是观察屏上的图像被放大的倍率，摄影屏的倍率要小，一般相当于观察屏的 0.6 倍。为了适应不同观察方式（粗略观察与精细聚焦）的需要，很多扫描电镜设置了不同观察方式键（小屏幕和大屏幕方式）和不同扫描速度键（快扫描、慢扫描）。

三、真空系统和电气系统

扫描电镜真空系统和电气系统与透射电镜相似。

第三节　扫描电子显微镜样品前处理

生物样品含水分较多且质地柔软，干燥脱水之后即干瘪、皱缩、变形；一些幼嫩材料的形态、结构极易受渗透压、pH 值等环境变化的影响；机械强度低，不能耐受电子束的轰击；多数生物组织主要是由碳、氢、氧等原子序数较低的元素组成，不易被激发产生二次电子。扫描电镜要求被观察的样品必须干燥不含水分或其他可挥发性物质；在一定程度上能耐受电子束轰击，具有一定的机械强度；被激发时能产生二次电子；具有一定的导电性能。生物样品须进行适当处理以满足电镜的要求。扫描电镜样品的种类繁多，性质差异很大，制样的基本程序主要有取材、清洗与固定、脱水与干燥、增强导电性。

一、取材

取材迅速而准确，保证取得所要观察的材料。必要时可对所取材料进行破碎、解剖、切割、分离和提纯，以便暴露出试材最佳位置或获得最理想样品。如果拟观察试材刨面，切刀应锋利，不能有锯痕或挤、拉、压等损伤。含水分多的幼嫩材料用冷冻断裂法取材效果更好，断裂面立体感强，成分和形态保存的好，无切痕。材料不宜过大，在能满足观察要求的前提下越小越好，不能超过样品台的面积。样品厚度在几毫米之内即可。采取花粉、孢子一类易分散的材料时要注意防尘，避免样品飞散造成混杂。观察游离细胞等混在液体中的试材时，数量必须取够，避免后续处理时由于丢失造成材料不足而影响观察，这类材料取出后即应不间断地进行后续处理。

二、清洗与固定

制样程序有3次清洗，第一次是用清洗液洗掉样品表面的附着物，充分暴露样品表面。第二次及第三次清洗是除掉没有和样品成分发生反应的固定剂。常用的清洗液有蒸馏水、生理盐水，各种缓冲液及含酶的清洗液等，可根据研究目的、样品性质和样品对环境变化的敏感程度选用不同的清洗液和清洗方法。例如，带土壤的植物根应先取材后清洗，而研究不同条件下叶表气孔开闭状态时，则应提前清洗叶表，叶片在植株上时先予以固定，然后再取材，或者不清洗，活体固定后立即取材。动物脏器表面含有较多黏液，使用含酶的清洗液效果较好。附着在微小样品上的微细粉尘可用超声波清洗。游离细胞可用相应的缓冲液清洗。有些样品表面有油脂、蜡质等，观察前应该用相应的溶剂处理，注意防止溶剂对样品损伤。用固定剂尽量完善地稳定和保存样品细胞内的各种成分和结构，使其接近生活时的状态。扫描电镜样品的固定方法很多，常用的方法是戊二醛-四氧化锇双固定法，适用于对各种材料的固定处理。对于一些观察要求不高的材料可只用戊二醛固定。观察固体培养基上培养的真菌菌丝之类材料时，可用四氧化锇蒸气熏蒸固定。干种子、花粉、孢予等即使不固定其形态结构也不会发生变化。冷冻固定适于含水分较多的样品。固定剂的种类、配制方法、固定时间、操作条件及要求等都与透射电镜样品固定处理相同，按透射电镜样品固定操作即可满足扫描电镜样品制备要求。

三、脱水与干燥

用脱水剂取代样品中的游离水，以便进行干燥处理。常用乙醇或丙酮等级系列脱水，起始浓度视样品所含水分而定，一般是从30%或50%开始。为减少样品被损伤的机会，最好是采用样品不移出容器，只弃、加脱水剂的方法换液。在100%脱水剂中要过2～3次。间隔时间视样品的体积而定，一般是5～20min。干燥的目的是去除样品中游离态的水分或脱水剂，使样品中不含有液态物质达到真正干的状态，使样品在脱水干燥时不受或少受表面张力影响，尽量维持样品原有的形态与结构。临界点干燥样品完全是在无表面张力影响下被干燥的，样品形态微细结构保存最好。临界点干燥是先用中间剂置换样品中的脱水剂；再用干燥剂置换样品中的中间剂；然后使干燥剂进入临界状态并维持其临界状态，排尽干燥剂。中间剂既能与脱水剂又能与干燥剂相溶，目的使样品从含有脱水剂的状态转换到只含有干燥剂的状态，常用的中间剂是醋酸戊酯或醋酸异戊酯。常用液体二氧化碳做干燥剂。将经两次置换的样品放入一个耐高压并可密封的容器中，充入一定数量的液体二氧化碳之后密闭容器并对容器加热。容器受热温度升高，液体二氧化碳体积增大密度降低，同时液体二氧化碳不断气化使气体二氧化碳密度增大，容器内压力增加。当容器中二氧化碳达到 31.1℃和 72.8 大气压即二氧化碳的临界值时，气、液态二氧化碳密度相等而相界消失，即临界状态。这时液态二氧化碳的分子内聚力为零，液体表面张力系数为零，即不存在表面张力。继续对容器加热，保持临界状态情况下以一定速度排放二氧化碳气体直到放尽为止，样品在无表面张力的临界状态下得以干燥。

四、粘样与镀膜

粘贴样品保证样品在样品台上不移动或掉落，所用导电胶可增强样品与样品台之间的导电性，使样品上聚集的电子能通过导电胶层传输到样品台上，而不发生聚集。粘贴样品的胶应具有一定的黏性并且与样品或样品台不发生反应，具有一定的导电性，电阻率越小越好，颗粒越细越好。常用的有银粉导电胶、石墨粉导电胶、普通胶水及双面胶带等。普通胶水和双面胶带导电能力差，银粉胶质量虽好但价格较贵，粘样时可酌情选用。粘样要粘牢并能增加导电性，使被观察部位面向上并且分布在水平面的同一高度上，操作中注意防尘、防潮和防止易飞散样品的互相混杂。镀膜是把粘贴到样品台上的样品和样品台的表面同时喷镀上一层金属膜，镀膜必须薄而均匀，本身无结构，能再现样品表面固有形态，不掩盖和改变样品表面微细结构，化学性质稳定，不与样品成分发生反应。镀膜再现了生物样品表面的形态，可以认为扫描电镜观察的是镀膜表面形态，样品镀膜后易产生大量二次电子，使图像反差、亮度、分辨率和清晰度都得到了改善，提高图像的质量。镀膜防止了来自组织内部的信息混入到有用的信号中，保证收集到的信号只是样品表面信息，从而使图像更真实。金属膜的机械强度和抗电子束轰击能力都比生物样品高，所以镀膜能防止或减轻电子束对样品的损伤。金属电阻率较生物材料低，样品与样品台的镀膜是相连的，这有利于一次电子的释放，从而可防止或减轻放电现象。常用离子溅射法和真空喷镀法镀膜。

第四节　负染色技术

负染色技术又称为阴性反差染色技术。所谓负染色是指通过重金属盐在样品四周的堆积而加强样品外周围的电子密度，使样品显示负的反差，从而衬托出样品的形态和大小。负染色技术早在 20 世纪 50 年代即应用于生物大分子的研究（Hall，1955 年；Huxfey，1956 年），后被 Brenner 和 Horne（1959 年）改良为常规方法并大量用于病毒结构的研究。与超薄切片（正染色）技术相比，不仅快速简易，而且分辨率高，目前广泛用于生物大分子、细菌、原生动物、亚细胞碎片、分离的细胞器、蛋白晶体的观察及免疫学和细胞化学的研究工作中，尤其是病毒病原的快速鉴定及其结构的研究所必不可少的一项技术。

一、负染的原理

负染色技术虽然应用广泛，具有不少优点，但其原理至今尚不清楚，对其规律难以捉摸，有时在相同的条件下或成功或失败，令人费解。迄今仍对负染色原理缺乏一致的看法，根据部分实验资料，大体可归纳为以下两种看法。

密度反差原理　不同原子序数的元素组成的物质具有不同的密度，电子束通过原子序数高的元素时，与其中的电子和原子核碰撞的机率较高，容易发生散射而形成负反差。一般认为任何物体假如被密度比本身大2倍以上的物质所包围或浸没时，在电镜下反差就能得到加强而形成负反差。如磷钨酸（PTA）的密度为4，而生物样品的密度一般为1，故染色后形成负反差像。

异常反差原理　用PTA对氧化镁晶体染色时，有人发现氧化镁晶体发生了异常反差。在有氧化镁晶体的载网上遮挡一部分，使其不受PTA染色。在电镜下观察发现，在同一视野内凡被PTA包绕着的氧化镁晶体全部变为透明（白色）的结晶体，未被PTA染色的氧化镁晶体则呈现不透明（暗黑色）的晶体。这种异常反差可能是因PTA在电子束照射下，负荷电子在标本周围形成了静电场，它起到一个“静电小透镜”的作用，把电子聚焦于样品上，使样品中的电流密度得到加强，结果使样品图像的亮度加强，使不透明的氧化镁晶体变成透明了。

二、负染样品的制备

用于负染技术的标本有一个共同特点，即欲观察的物体（如细菌、病毒、细胞器、酶等）均处于悬浮状态。依据样品来源和实验观察目的可以分为直接取样（如固体培养基上的微生物、噬菌斑、感病的植物叶、根、茎、芽或动物的血液、体液、分泌排泄物等）和纯化样品（包括粗提液和纯化物的悬浮液）。

植物病毒负染样品作为一般病毒鉴别和病毒病害的诊断，只要采取浸出法即可，在病毒悬液中，浓度达到10^5个/mL以上，在电镜下就不难找到病毒。为使感染寄主细胞中的病毒游离出来，而又不混入大量的感染寄主细胞内含物，可在双蒸水或缓冲液中用刀片切碎组织使病毒游离出来；也可在PTA染液中用刀片切碎组织，使病毒游离在染液中。对一些含量较高的病组织，可在有支持膜的载网上滴一滴PTA，用刀片将病组织切一伤口，迅速地把伤口在载网上的染液中沾一下，亦可再切一新伤口，重复浸沾。对一些样品数量少，又要继续活体保存毒源的样品，可在不离体的病叶上滴一滴双蒸水，用针在水滴中刺一些小孔，使叶中病毒游离到水中，也可用被膜的载网蘸取病株叶缘的水珠进行负染观察。病毒提纯物（不论是粗提液还是纯化物的悬浮液）均可直接用铜网蘸取、滴加或喷雾。有些病毒易聚集成团而影响观察，可在病毒悬液中加0.03%卵清白蛋白，使病毒充分分散均匀。

在斜面培养基上培养的细菌培养物，可用白金丝接菌环刮取少许菌苔，用适量的双蒸水配成悬浮液。若要观察鞭毛，须用培养不超过24h的新菌落，可直接在培养物中加入双蒸水，依靠细菌自动游动悬浮起来而形成的悬浮液，便可进行负染色观察；血清需用等量的蒸馏水稀释，15000*g*离心去除上清液中的低分子蛋白质，将沉淀用适当蒸馏水重新悬浮即可；粪便用蒸馏水制成10%悬液，3000r/min离心15～30min，取上清1500r/min离心60min左右，悬浮沉淀作负染观察；尿液样品，可取尿液5～10mL，先3000r/min离心15～30min，弃沉淀，将上清液经15000r/min离心60min，弃上清液，稀释沉淀即可负染色。若病毒量少，可取大量尿液超速离心浓缩；病毒性泡疹液最好选用未破裂的泡疹，用拉细的毛细管直接插入泡中，吸取泡液，直接滴于载网上进行负染色；在鸡胚中生长的病毒，其尿囊液和羊水中常含有丰富的病毒。将尿囊液和羊水15000r/min离心60min，使病毒浓缩。负染色后可进行电镜观察；脑脊髓液，取病人脑脊髓少许，用双蒸水等量稀释后直接进行负染色；痰液可用磷酸盐缓冲液进行1∶4稀释，并用匀浆器匀浆，经3000r/min离心5～10min，再以15000r/min离心60min，取沉淀稀释后负染色；活组织，取病组织加缓冲液匀浆，3000r/min离心5～10min，再经15000r/min离心60min，以沉淀悬浮液作负染色。组织刮取物，痂皮或结合膜细胞数量较少。加少许蒸馏水使细胞膜胀破，即可作负染色。动物病毒组织培养物应进行浓缩以增加病毒的检出率。例如，大多数黏液病毒和副黏液病毒可用红细胞吸附法浓缩，方法是将病毒培养物与红细胞等量混合，静止 5min，使病毒吸附于红细胞表面，然后以 800r/min 离心 15min，沉淀用生理盐水悬浮，在冰箱中放 3～4h，病毒即从红细胞表面释放到上部溶液中。所用双蒸水和生理盐水均需灭菌。

三、负染色液

凡密度比生物样品大 4 倍以上的重金属盐类均可以作为负染色剂，常用的有磷钨酸及其钠盐和钾盐、醋酸铀、甲酸铀、钼酸铵、硅钨酸等。各种负染色剂具有不同的特点，应针对样品的特性正确选择。最好同时备有几种负染色液供选用。

1. 常用负染色剂的特点

① 磷钨酸类　包括磷钨酸（PTA）、磷钨酸钾（KPT）、磷钨酸钠（NaPT）。这是最经常用的几种负染色剂，适用于大多数直接取样的样品和纯化样品，颗粒细腻，反差良好，图像背景干净，杂质少。一般配成 1%～3%的水溶液，用 NaOH 或 KOH 调至 pH6.0～7.0 使用，可保存在室温下，相当稳定。磷钨酸的缺点是显示样品的结构细节较差，对某些病毒样品有破坏作用，例如磷钨酸会对黄瓜花叶病毒组的病毒、弹状病毒、苜蓿花叶病毒等产生破坏作用，使病毒颗粒崩塌变形，这种情况下，应改用其他破坏性小的负染色剂。

② 醋酸铀　是一种常用的优良负染色剂，能较好地显示病毒颗粒结构的细节，反差较强，对样品的破坏作用小。一般配成 0.5%～1%的水溶液，pH4.2～4.5。醋酸铀见光不稳定，需保存在棕色瓶中，室温下可保存 2 周。醋酸铀的缺点是细小的颗粒性杂质较多，最好经过滤后使用。当样品中含有较高浓度的缓冲液盐分和组织汁液，或 pH 值超过 6.0 时，即产生沉淀而失效，因此需用双蒸水清洗后再负染色。

③ 甲酸铀　特别适合于具螺旋对称的病毒颗粒，能显示出病毒的蛋白质亚基结构。一般配成 0.5%～1%的水溶液，甲酸铀极不稳定，只能临用前配制，不宜保存。

④ 钼酸铵　反差较弱，但性能稳定，破坏作用小，尤其适合于有界膜的生物样品负染。一般配成 1%～2%的水溶液，用 HCl 或氨水调至 pH4.0～9.0 使用。可长时间保持稳定。

⑤ 硅钨酸　性能类似于磷钨酸，在中性偏碱性情况下使用可以更好地显示出病毒颗粒的细微结构，一般配成 1%～2%的水溶液。一般新配的染液放置 1～2 天后使用效果最好。对新配的染液及有沉淀物的染液用微孔滤膜或双层滤纸过滤，可获得较干净的负染色图像。

2. 负染色液 pH 值对染色效果的影响

负染色液的 pH 值对负染效果有较大的影响，一般偏酸的染液能获得较好的染色效果，越是偏碱效果越差，碱性染液往往造成生物标本的凝聚变形。通常磷钨酸盐的 pH 值在6.0～7.0，比较容易获得较好的效果。磷钨酸及其盐类的水溶液一般是偏酸的，常用 1mol/L 的 NaOH 将 pH 值调到 6.0～7.0。醋酸铀和甲酸铀的 pH 值在 4.0～5.2 较好，常用氨水和盐酸来调节 pH 值。对特殊的样品应灵活掌握。对于一些怕酸的病毒（如鼻病毒、口蹄疫病毒）染色时，其 pH 值可以调到 8。也有人对流感病毒和牛痘病毒染色时用 3%硅钨酸，在 pH9.0 时取得较好的效果。因此，对于一些特殊的样品，可以进行试验，以确定染液的最佳 pH 值。

四、负染的操作方法

1. 滴染法

一般先将样品用拉长的毛细吸管吸一滴在被膜的载网上，用滤纸靠在载网边吸去多余的样品，使样品在载网上仅有一层水膜而无液滴存在。在水膜未干时，再加一滴负染液在铜网上，然后用滤纸靠在载网边上吸去多余的染液，这是常规的负染方法。由于病毒在液滴的边缘分布较多，上述方法可能造成较多的病毒丢失。改良的方法是用毛细吸管在载网中部加1～1.5mm直径的一小滴病毒悬液，不用滤纸吸干而任其在自然状态下稍干后再加入一小滴染液，也不用滤纸吸干，令其自然干燥。染液的密度取决于液滴的量和它的浓度，应经试验确定，此法对于一些浓度低的病毒样品可能获得较好的效果。

2. 漂浮法

先将需负染的样品滴几滴在干净的载玻片上，再将有支持膜的载网漂浮在样品液滴上以蘸取样品，用滤纸吸干样品余液，使样品在载网上仅有一薄层液膜，在样品未干时即加一滴负染液在铜网上，用滤纸吸干多余的染液即可。也可在磷钨酸染液液滴中加入少许提纯的病毒混匀，将有膜的铜网漂浮在液面上蘸取有病毒的染液，用滤纸靠在铜网边吸干。

3. 喷雾法

将样品与染液混合，用特制的喷雾器将混合液喷洒在有膜的载网上。这种方法的优点是样品在载网上的分布十分均匀，但需要特殊的设备，故较少采用。而且染液和样品消耗量较大，又易造成病毒的扩散。

五、负染色中应注意的问题

1. 负染色操作的关键环节

①负染的时机十分重要，一般不应在载网上的样品完全干了之后，也不应该在载网上尚有肉眼可见的水珠时着手染色。应该在用滤纸吸干载网上的样品液滴，肉眼看不见残液，又未干燥时滴加染液；②提纯的病毒在负染时最好进行1∶10～1∶100倍的稀释，悬浮病毒的缓冲浓度应尽可能稀一些。较浓的缓冲液会使载网上产生许多盐类的结晶而影响图像的质量。缓冲液较浓时，宜先用双蒸水稀释；③负染用的载网支持膜（尤其是碳膜），有时因疏水性的影响蘸样后会形成一个球形液珠，用滤纸一吸即全部吸光，样品难以附着在支持膜上。遇到这种情况，需用离子溅射仪对载网进行亲水处理，改善支持膜的亲水性；④负染中常遇到颗粒悬滴样品的凝集现象，即生物样品与染色剂形成电子致密的团块，致使无法观察超微结构。这种现象是由多种因素引起的，除了上述支持膜疏水性影响外，还可能是悬液浓度过大，悬液中细胞碎片过多，悬液pH值不适等。可以通过对样品稀释，进行2000～5000r/min离心和调节悬液pH值到中性或偏酸性来解决。

2. 提高悬液颗粒的分散性

悬液颗粒分散性差，可以用分散剂来加以解决。①用0.005%～0.05%牛血清白蛋白（BSA）加入提纯的病毒中，加入量无严格规定，一般100mL样品中加3～4滴即可，如效果不好可适当增加。也可直接用0.01%BSA作为离心沉淀物的悬浮液。②将杆菌肽粉末按30～50μg/mL的浓度用蒸馏水配成溶液，用来稀释离心沉淀的颗粒标本或按适当比例加到需负染的样品中去。也可以按样品、磷钨酸和杆菌肽等量混合再滴到载网上，吸干即可观察。③除上述两种分散剂外，还有人采用甘油丙二醇作为分散剂，也有人用1%二甲基亚砜（DMSO）加到染液里加强染液的穿透力和扩散作用。最近有人用十八（碳）烷的单分子层作为湿润剂，使不易染色的某些生物大分子易着色。

3. 负染色应注意的其他问题

某些病毒对负染色液较为敏感，负染色液会破坏其形态结构，遇到这种情况，除改用其他种类的负染色液之外，还可在负染前先用1%的戊二醛按比例与样品悬液混合，固定

15min。或者在蘸样后，将载网漂在 0.1%的戊二醛液滴上进行固定。也可以用四氧化锇蒸气熏蒸固定，然后再作负染色。滴样后用双蒸水进行适当清洗，可以有效地改善负染色效果。尤其是使用醋酸铀作负染色液时，应尽量洗掉样品中的缓冲液盐、组织汁液等，以免与负染液反应产生沉淀。经固定后的样品必须经过清洗。对直接取自蔗糖密度梯度或氯化铯密度梯度离心沉淀带的悬浮样品，蘸取并经双蒸水适当清洗后，可直接进行负染色观察。

观察负染色的生物样品时，电镜应使用最小的物镜光阑（20～30μm），以增大反差。加速电压可稍高一些，以增加电子的穿透能力。尽量避免电子束的长时间照射，一般在 3 万～4 万倍的放大倍率下照相，均可获得高分辨率的电镜图像。

六、植物病毒的提取与纯化

负染色技术常用于对各种病毒的检测、观察等研究或教学，而植物病毒的研究是其中重要内容之一。纯化植物病毒是利用病毒颗粒与寄主细胞各种正常组分在理化特性上存在的差异来取相应方法，尽可能除去寄主细胞的组分，最后提出有侵染活性的纯的病毒制品。植物病毒都是利用植物体繁殖的，不能达到同步感染，因此大多数植物病毒比动物病毒难于纯化。植物病毒的含量远较动物病毒少，有的植物病毒存在于内含体中而不易游离出来。植物病毒的浓度达到 5～10mg/kg 鲜样时，才能比较成功地提取纯化。用稀释终点也可以做出简易的估价，如果一种植物病毒的稀释终点不超过 1∶100，则该病毒的纯化也会遇到困难。因此，纯化过程中必须尽可能减少病毒的丢失。

1. 纯化病毒的基本方法

（1）含病毒汁液的抽提

提纯病毒首先必须有良好的含病毒的植物材料，病毒要先用生物分离的方法进行纯化。在自然界，多种病毒复合侵染的现象是经常发生的，通过理化方法分离复合侵染材料中不同的病毒是相当困难的，但是要用各种病毒寄主范围、传播介质、致死温度等特性的差别，以及使用多次单斑分离纯化，则可以保持一种病毒的生物纯度。此外，在同一病毒的不同寄主中，有的寄主的植物组分较易去除，如烟草通常是繁殖某些病毒提纯材料较好的寄主。有些寄主的植物组分难以去除。当寄主幼嫩，施肥适当，在温度为 20～25℃的遮阴潮湿条件下生长时，植物组分更易除去。在繁殖寄主被接种后，体内的病毒浓度一直在发生着变化，通常植物病毒的含量在接种后的显症前后远比被病毒侵染时间较长的植株为高，只有少数病毒在侵染寄主相当长时间之后仍保持较高的浓度，如烟草花叶病毒和芜菁黄色花叶病毒。

含病毒的植物组织必须经过对细胞的充分破碎后病毒才能释放出来。细胞的破碎通常利用机械的方法，如乳钵、组织匀浆机、石臼等。一些单子叶植物组织难以破碎，利用石臼捣碎时在病组织中加一些金刚砂可收到较好的效果。一般病叶中的病毒仅有一半能被抽提到缓冲液中去，利用缓冲液反复研磨残渣，可以获得更多的病毒。破碎时，还应考虑温度、pH 值等条件。①温度：大多数病毒在较高的温度下不稳定，提纯病毒时，从匀浆开始就应该在 4℃的低温或冰浴实验环境条件下操作。②缓冲液及 pH 值：为使破碎的细胞中的病毒保持稳定，并使病毒更易从细胞中游离出来，必须在匀浆时加 3～5 倍体积的缓冲液。常用 pH 值 6～8、0.005～0.1mol/L 的磷酸、柠檬酸、硼酸、Tris 等缓冲液。一些木本植物汁液中含有单宁而使病毒难以纯化，可以采用提高缓冲液 pH 值，加大抽提缓冲液的比例以及加入 0.8%～2.5%的尼古丁阻止单宁对病毒的沉淀。③还原剂：组织中含有可引起病毒不稳定或产生聚集的物质，为防止细胞破碎后这些物质（如多元酚氧化酶）引起病毒的钝化，可在汁液中加入还原剂阻止氧化。

常用的有 0.1mol/L 的 Na_2SO_3、0.01mol/L 的巯基乙醇、0.01mol/L 巯基乙酸、0.1mol/L 抗坏血酸、0.1mol/L 的半胱氨酸等。引起病毒钝化的含铜的多元酚氧化酶还可被铜的螯合物如 0.01mol/L 的二乙基硫代氨基甲酸钠（DIECA）、黄原酸乙酯或氰化钾所抑制。

在某些情况下，获得的植物粗汁液可直接用于负染色实验，但有时还要进一步纯化和浓缩病毒，以获得更纯的浓度适当的标本样品。常用的主要有离心、沉淀、过滤和电泳四种方法。

（2）离心法

离心是纯化和浓缩病毒十分有效的方法。每一种质粒都有它的沉降系数（S），病毒为 50～1000s，大多数病毒为 100～200s，细胞壁、叶绿体、线粒体等 s>1000，核糖体在 25～100s，可溶性植物蛋白多为 4s 和 18s，铁蛋白为 16s，简单的氨基酸和蔗糖分子小于 2s，所以选择一个合适的离心速度和时间或通过调节悬浮介质的密度常可以使寄主组分和病毒分离。利用低速（3000～10000g）以及超速（75000～150000g）和不同的离心时间把病毒和其他成分分开称为差速离心法。一般低速下离心数分钟可沉淀除去细胞器，而病毒及可溶性高分子化合物则留在上清液中。在超速下离心 1～3h 能沉淀大多数病毒，除去上清液中的可溶性蛋白质、核酸、氨基酸、糖类和色素。一些含量高的植物病毒如 TMV 容易通过差速离心纯化。植物抽提液中的核糖体、铁蛋白和某些细胞碎片具有与病毒相似的 S 值，难以用差速离心分离，常采用梯度离心来去除。常用的有速率区带密度梯度离心和平衡密度梯度离心。前者是事先在离心管中用不同浓度的甘油和蔗糖制成梯度，然后将粗提的浓缩病毒加在梯度液面上，经 1～3h 70000～170000g 的离心，病毒会沉降在梯度管中的某一高度，形成含病毒的区带。后者是用氯化铯、硫酸铯、氯化铷和溴化钾等无机盐，配成 6～9mol/L 的浓度加入离心管，上面加浓缩的粗提病毒。经过十多个小时的离心，无机盐溶液形成连续的梯度，病毒则处于梯度管中某一高度形成区带。平衡密度梯度法提纯病毒能获得较高的产量。

（3）沉淀法

蛋白质的溶解度主要决定于其表面电荷及水合作用。因此凡能降低水合作用及表面电荷的化合物均能使蛋白质沉淀，变性。由于病毒的四级结构的稳定性，使病毒比蛋白质不易变性，常能形成可逆的沉淀，沉淀被重新悬浮时，病毒与寄主蛋白则分离开来，这类方法称为沉淀法。无机盐在高浓度下具有去水合及去电荷的作用，可以用于病毒提纯，使用最多的是用 1/3～3/4 饱和度的硫酸铵。不同的有机溶剂在不同程度上有亲水性和脱水作用，在和水分子竞争下能使蛋白质失水，同时增加分子间的吸附而沉淀蛋白质，所以也广泛地用于病毒的分离提纯。常用的有正丁醇、氯仿、四氯化碳、乙醚、乙醇和丙酮。聚乙二醇（PEG）是目前在病毒提纯中应用最广泛的试剂。PEG 可以任意比例溶解于水，它能替代病毒周围水合分子，从而使病毒粒体与 PEG 形成凝集团。聚乙二醇沉降病毒的能力与 NaCl 浓度有关，例如，TMV 可以被 4%PEG（含 0.1%NaCl）和 2%PEG（含 0.3%NaCl）所沉淀。常用的 PEG 是相对分子质量为 6000 的聚合物。一般病毒粒体越大，则使用聚乙二醇的浓度越小，作用时间越短。杆状病毒使用的浓度较球状病毒小一些，球状病毒常用 6%PEG（含 3% NaCl）。此外，还可利用病毒在等电点时溶解最低的特点来沉淀病毒达到纯化的目的，对于等电点（pI）在 pH4.5 以下的病毒较适用。一般先将 pH 值调到 4.8～5.0，低速离心去除寄主蛋白成分，然后把 pH 值调到等电点，离心沉淀收集病毒。

（4）过滤法

通过凝胶过滤把粗提的病毒进一步纯化，是一种比较温和的提纯病毒的方法，对一些不稳定和含量较低的球状病毒比较适用。当把粗提的病毒浓缩液通过凝胶色谱柱时，溶质在色谱柱中移动的速率因分子量大小和固定相上阻滞作用差异而不同。分子量大的物质阻滞作用小，沿凝胶颗粒间孔隙随溶剂流动，移动速度快，先流出色谱柱。分子量小的物质阻滞作用大，因它可以渗透到凝胶颗粒内部，移动速度慢，比大分子量的物质迟流出色谱柱。因此凝胶过滤的基本原理是溶质按照分子量的大小分别先后流出色谱柱。用一台核酸蛋白检测仪在254nm 波长检测色谱柱流出溶液，病毒流出色谱柱时在 254nm 波长不会出现吸收高峰，可避免病毒的丢失。吸收高峰的收集液可在电镜下观察确认是否病毒。由于病毒的分子量都在数百万以上，因此，色谱柱中多用琼脂糖凝肢（septiarasd）和葡聚糖凝胶（sephadex）。

（5）电泳法

电泳方法也用于病毒的提纯。病毒的蛋白和核酸都有可解离的基因，除在等电点之外，在溶液中形成带电荷的阳离子和阴离子，在电中场是可以定向移动的。不同的病毒粒体乃至一种病毒的不同株系均可有不同的电泳迁移率。迁移率是病毒表面带电密度的反映，而不取决于病毒粒体的形态大小和分子量。由于一般单胶电泳介质孔径小，病毒较难通过，所以应用较少。20 世纪 60 年代发展了蔗糖密度电泳，可有效地去除杂蛋白，对于弹状病毒这类不稳定的病毒的提取纯化很有效。

（6）其他方法

除上述一些方法外，还有使用液态两相分离法。纤维素、硅藻土或活性炭吸附法以及用寄主正常抗血清和各种蛋白水解酶去除寄主杂蛋白，但由于种种原因，应用的不广泛。

2. 不同形态病毒纯化的特殊方法

（1）杆状病毒的纯化

杆状病毒一般较易分离，特别是像 TMV 这样的病毒，含量很高，其形态与细胞器差别较大，利用常规差速离心和蔗糖密度梯度离心就能较容易地纯化。但也有像甜菜坏死黄脉病毒（BNYVV）这样的含量低而易聚集的病毒，要避免用超速离心这种强烈的手段，采用PEG 沉淀、凝胶过滤和等电点的方法，易取得较好的效果。

（2）线状病毒的纯化

线状病毒形态与细胞器差别较大，但其中较长的如马铃薯 Y 病毒组（Potyvirus）和黄化病毒组（Glosterovirus），纯化过程中病毒易聚集成团或吸附于寄主细胞的膜结构上，在低速离心时发生丢失。匀浆时也很易使病毒断裂。分离纯化时尽可能少采用易引起聚集的磷酸缓冲液，添加 Triton X-100，Tween-80 和 Igepen T-73 等可减少聚集，尽可能用 PEG 沉淀代替超速离心，用硫酸铯梯度离心或蔗糖梯度离心来进一步纯化病毒。

（3）球状病毒的纯化

球状病毒的形态大小与寄主的一些细胞器和细胞器的碎片相似，比较难于分离，一般提纯的步骤要多一些。另一方面球状病毒中含有多颗粒体系，如黄瓜花叶病毒组（Cucurnovirus）含有三种病毒粒体，它们的大小虽然一致，但沉降系数不同，在提纯过程中应注意这一特点。此外球状病毒在寄主体内含量差异很大，如水稻普矮病毒含量较高，容易提纯，而小麦黄矮病毒含量很低，提纯相当困难。纯化球状病毒一般采用差速离心结合凝胶色谱方法易得到较好的效果。有些比较大的复杂的球状病毒，如玉米粗缩病毒，在双层蛋白膜外边还有 A 突起，A 突起一般是糖蛋白构成的，极易被蛋白酶水解，抽提时可用戊二醛或甲醛固定，或加苯甲基磺酰氟等抑制蛋白酶的活性。

除上述三种形态的病毒外，还有一些病毒在纯化时要注意其特殊性。如弹状病毒具有一层脂蛋白的外膜，有机溶剂会使其结构受到破坏，连续地超离心也会使病毒颗粒不完整。应采用活性炭、硅藻土、DEAE-纤维素（二乙胺乙基纤维素）、碱性磷灰石等吸附剂去除杂质，用PEG浓缩病毒，用蔗糖梯度电泳来进一步纯化病毒。有些小球状病毒和卫星病毒大小约18nm左右，很接近70S的核糖体（16nm）和铁蛋白（16nm），可用EDTA降解核糖体，以梯度离心分离去除铁蛋白，双联病毒在纯化时双联易分离，可事先用戊二醛固定。

第五节 扫描电子显微镜在生物科学中的应用

扫描电子显微镜（SEM）能直接观察样品表面或内部断面的立体结构，高度发展的生物医学电子显微镜应用技术，在应用理论和实验方法上为农业电镜应用技术打下了良好的基础，使起步较晚的农业电镜应用技术得到了飞速的发展。农业科技工作者在疾病诊断和防治、植物保护、良种繁育、品种分类和鉴定、性状鉴别、成分分析、土壤改良等多学科的生产与科研工作中都取得了显著成果。如中国农业科学院哈尔滨兽医研究所利用透射、扫描、冷冻蚀刻等技术确定了马传贫病毒（Equine infectious anemia virus）的三维结构为典型球形，直径约为100nm，表面附有长约10nm的钉突，核芯为螺旋结构，其外包有芯壳，病毒膜厚约9nm，分为三层，病毒基质介于毒膜和芯壳之间，核芯呈锥状。在上述观察基础上建立了马传贫病毒的结构模型，填补了该病毒的形态学空白，这项成果在国际上处于领先地位。又如新疆畜牧科学院兽医研究所利用透射电镜研究绵羊进行性肺炎的病原，证实了其病原体是梅迪病毒（Maedi virus），并拍摄了国内第一张梅迪病毒的照片，成果达到国家先进水平。此后，他们提出了绵羊进行性肺炎检疫规程，得到了国家的承认，列入国家动植物检疫规程中。北京农业大学等单位利用电子显微镜技术研究了发生在内蒙古严重危害甜菜栽培和制糖业生产的甜菜丛根病，确诊该病是由Beet necrotic yellow vein virus引起的。南京林业大学与其他单位合作，经长期研究，确认在我国分布极广、严重危害多种林木生长的中国绿刺蛾群体自然死亡是由于质型多角体病毒（Cytoplasmic polyhedrosis rirus）所致。在此基础上，他们观察并完成了该病毒的病原特征、病症，组织病理及毒力测定的研究工作，为开展有效的生物防治工作奠定了基础。近年来，很多单位观察研究了多种植物花粉的形态结构，根据表面纹饰等微细结构特点开展了品种分类与鉴定、育种等工作。西北农业大学等单位分别研究了高粱、水稻茎秆的微细结构与倒伏的相关性，为育种工作提供了性状指标。陕西省农业科学院及辽宁省盐碱地研究所利用扫描电镜观察了施用土壤改良剂、各种肥料之后，土壤微细结构的变化，探索出一研究土壤改良的新方法。沈阳农业大学利用电镜技术完成了“鸟类原生殖细胞的研究”工作，填补了目前世界上脊椎动物中尚没在鸟类中发现原生殖质的空白。北京农业大学进行了辐射对作物生长发育及形态结构影响的工作。还有很多单位开展了施肥、施药、施加各种理化因素对害虫及植物生长发育、形态结构、细胞成分的影响及其作用机理的研究，这些工作为治病害、增加产量、提高品质、培育良种等工作开辟了新途径。可见，我国农业电镜技术在农业生产和科学研究工作中已经发挥了巨大的作用。

随着科学技术的不断进步，电子显微镜技术正迎来其蓬勃发展的新时期。不久前问世的一种设置有电磁棱镜的新型透射电镜，可以对不同能量的电子进行处理成像，极有利于研究样品中的元素成分，提高图像质量；用来观察未经染色的生物材料，反差良好。作为观察微观世界的“科学之眼”的电子显微镜所具有的高分辨直观性的特点是任何其他科学仪器无法代替的，电子显微镜已成为现代科学技术中不可缺少的工具。如果说电子显微镜的发明曾经促进了科学技术和工农业生产的发展，那么随着科学技术、工农业生产的发展又给电子显微学提出了各种新课题，反过来推动了电子显微学的发展。

思考题与习题

1. 试述扫描电镜的结构及其特点（与透射电镜比较）。
2. 试述扫描电镜的工作原理。
3. 什么是负染色技术？负染色的原理是什么？
4. 试述负染色操作技术及其应注意的事项。
5. 试述扫描电镜生物样品的制备技术。
6. 试述植物病毒的提取与纯化。
7. 结合生物样品的特点，说明扫描电镜制样的原因。

参考文献

[1] Rubinson K A. 现代仪器分析. 影印版. 北京：科学出版社，2003.

[2] 陈培榕，李景虹，邓勃. 现代仪器分析实验与技术. 北京：清华大学出版社，2006.

[3] 陈琉茎. 生物化学实验方法与技术. 北京：科学出版社，2002.

[4] 陈耀祖，涂亚平. 有机质谱原理及应用. 北京：科学出版社，2001.

[5] 陈义. 毛细管电泳技术及应用. 第2版. 北京：化学工业出版社，2006.

[6] 丁益. 生化分析技术实验. 北京：科学出版社，2012.

[7] 方惠群，于俊生，史坚. 仪器分析. 北京：高等教育出版社，2002.

[8] 冯玉红. 现代仪器分析实用教程. 北京：北京大学出版社，2008.

[9] 高英杰，郝林琳. 高级生物化学实验技术. 北京：科学出版社，2011.

[10] 何华，倪坤义. 现代色谱分析. 北京：化学工业出版社，2004.

[11] 何忠效. 电泳. 北京：科学出版社，1999.

[12] 黄兰友. 电子显微镜与电子光学. 北京：科学出版社，1991.

[13] 金绿松，林元喜. 离心分离. 北京：化学工业出版社，2008.

[14] 康莲娣. 生物电子显微技术. 合肥：中国科学技术大学出版社，2003.

[15] 李伯勤. 生物医学超微结构与电子显微术. 济南：山东医科大学，1997.

[16] 李伯勤. 医学超微结构基础. 济南：山东科学技术出版社，2003.

[17] 李民赞. 光谱分析技术及其应用. 北京：科学出版社，2006.

[18] 廖杰等. 色谱在生命科学中的应用. 北京：化学工业出版社，2007.

[19] 刘海学. 现代仪器分析技术. 北京：中国农业出版社，2011.

[20] 刘立行. 仪器分析. 北京：中国石化出版社，2008.

[21] 刘约权. 现代仪器分析. 第2版. 北京：高等教育出版社，2006.

[22] 孟令芝，龚淑玲，何永炳. 有机波谱分析. 第2版. 武汉：武汉大学出版社，2003.

[23] 宁永成. 有机波谱学谱图解析. 北京：科学出版社，2010.

[24] 宁永成. 有机化合物结构鉴定与有机波谱学. 第2版. 北京：科学出版社，2000.

[25] 潘清林. 材料现代分析测试实验教程. 北京：冶金工业出版社，2011.

[26] 祁景玉. 现代分析测试技术. 上海：同济大学出版社，2006.

[27] 阮榕生. 核磁共振技术在食品和生物体系中的应用. 北京：中国轻工业出版社，2009.

[28] 史永刚. 仪器分析实验技术. 北京：中国石化出版社，2012.

[29] 孙凤霞. 仪器分析. 北京：化学工业出版社，2004.

[30] 孙汉文. 原子光谱分析. 北京：高等教育出版社，2002.

[31] 汪聪慧. 有机质谱技术与方法. 北京：中国轻工业出版社，2011.

[32] 汪晓峰，杨志敏. 高级生物化学实验. 北京：高等教育出版社，2010.

[33] 汪正范等. 色谱联用技术. 北京：化学工业出版社，2007.

[34] 魏福祥. 现代仪器分析技术及应用. 北京：中国石化出版社，2011.

[35] 夏之宁，季金苟，杨丰庆. 色谱分析法. 重庆：重庆大学出版社，2012.

[36] 徐金森. 现代生物科学仪器分析入门. 北京：化学工业出版社，2005.

[37] 徐经伟等. 波谱分析. 北京：科学出版社，2013.

[38] 严宝珍. 图解核磁共振技术与实例. 北京：科学出版社，2010.

[39] 叶宪曾，张新祥. 仪器分析教程. 北京：北京大学出版社，2007.

[40] 张汉辉. 波谱学原理及应用. 北京：化学工业出版社，2011.

[41] 张华，刘志广. 仪器分析简明教程. 大连：大连理工大学出版社，2007.

[42] 章晓中. 电子显微分析. 北京：清华大学出版社，2006.

[43] 周天泽，邹洪. 原子光谱样品处理技术. 北京：化学工业出版社，2006.

[44] 朱明华，胡坪. 仪器分析. 北京：高等教育出版社，2009.

[45] 朱宜. 扫描电镜图像的形成处理和显微分析. 北京：北京大学出版社，1991.